TEUBNER-TEXTE zur Informatik

Band 34

Christoph Walther

Semantik und Programmverifikation

TEUBNER-TEXTE zur Informatik

Als relativ junge Wissenschaft lebt die Informatik ganz wesentlich von aktuellen Beiträgen. Viele Ideen und Konzepte werden in Originalarbeiten, Vorlesungsskripten und Konferenzberichten behandelt und sind damit nur einem eingeschränkten Leserkreis zugänglich. Lehrbücher stehen zwar zur Verfügung, können aber wegen der schnellen Entwicklung der Wissenschaft oft nicht den neuesten Stand der Entwicklung wiedergeben.

Die Reihe *TEUBNER-TEXTE zur Informatik* soll ein Forum für Einzel- und Sammelbeiträge zu aktuellen Themen aus dem gesamten Bereich der Informatik sein. Gedacht ist dabei insbesondere an herausragende Dissertationen und Habilitationsschriften, spezielle Vorlesungsskripten sowie wissenschaftlich aufbereitete Abschlussberichte bedeutender Forschungsprojekte. Auf eine verständliche Darstellung der theoretischen Fundierung und der Perspektiven für Anwendungen wird besonderer Wert gelegt. Das Programm der Reihe reicht von klassischen Themen aus neuen Blickwinkeln bis hin zur Beschreibung neuartiger, noch nicht etablierter Verfahrensansätze. Dabei werden bewusst eine gewisse Vorläufigkeit und Unvollständigkeit der Stoffauswahl und Darstellung in Kauf genommen, weil so die Lebendigkeit und Originalität von Vorlesungen und Forschungsseminaren beibehalten und weitergehende Studien angeregt und erleichtert werden können.

TEUBNER-TEXTE erscheinen in deutscher oder englischer Sprache.

Christoph Walther

Semantik und Programmverifikation

B. G. Teubner Stuttgart · Leipzig · Wiesbaden

Die Deutsche Bibliothek – CIP-Einheitsaufnahme
Ein Titeldatensatz für diese Publikation ist bei
der Deutschen Bibliothek erhältlich.

Prof. Dr. rer. nat. habil. Christoph Walther

Studium der Informatik an der Universität Karlsruhe und an der Technischen Universität Wien. Anschließend an der Universität Karlsruhe Wissenschaftlicher Angestellter, Promotion, Hochschulassistent und Habilitation. Seit 1990 Professor für Informatik an der Technischen Universität Darmstadt.
Arbeitsschwerpunkte und -interessen: Automatisches Beweisen, Maschinelle Lernverfahren für Beweissysteme, Semantik, Beweisverfahren und Systeme zur Programmverifikation und zum Nachweis der Sicherheit und Verlässlichkeit von Kommunikationsprotokollen.

1. Auflage November 2001

Der Verlag Teubner ist ein Unternehmen der Fachverlagsgruppe BertelsmannSpringer.

www.teubner.de

Umschlaggestaltung: Ulrike Weigel, www.CorporateDesignGroup.de

Gedruckt auf säurefreiem und chlorfrei gebleichtem Papier.

ISBN-13: 978-3-519-00336-6 e-ISBN-13: 978-3-322-86768-1
DOI: 10.1007/978-3-322-86768-1

Vorwort

Ein zentrales Problem der Informatik ist der Nachweis der Korrektheit von Programmen, d.h. der Nachweis, daß Programme auch das tun, was der Programmierer beabsichtigt. Dieser Nachweis - also die *Programmverifikation* - muß durch einen formalen (mathematischen) Beweis erbracht werden:

(*1*) Mit Definition der *Semantik* einer Programmiersprache (d.h. der Definition der *Bedeutung* der Ausdrücke der Sprache) können Programmen Formeln der mathematischen Logik zugeordnet werden.

(*2*) Durch Formeln der mathematischen Logik wird formal *spezifiziert*, was ein Programm leisten soll.

(*3*) Damit kann das Verifikationsproblem, d.h. der Nachweis, daß ein *Programm* die *Spezifikation* auch *erfüllt*, auf ein Beweisproblem zurückgeführt werden, und somit sind zu dessen Lösung bekannte Resultate der Formalen Logik und des Automatischen Beweisens verwendbar.

Am Beispiel einer einfachen funktionalen Programmiersprache, der Sprache $\mathcal{FP}$, werden in diesem Buch Grundlagen der *Semantik*, der *Spezifikation* und der *Verifikation* von Programmen vorgestellt. Zur Definition von $\mathcal{FP}$ und zur Formulierung von Aussagen über Programme dieser Programmiersprache verwenden wir Grundbegriffe der Formalen Logik, die zusammen mit dem erforderlichen mathematischen Rüstzeug in Kapitel *1* wiederholt werden. In Kapitel *2* wird dann die Programmiersprache $\mathcal{FP}$ eingeführt sowie deren *operationale* und *denotationale Semantik* definiert und verglichen. Hierbei handelt es sich um Standardstoff aus dem Gebiet der Semantik von Programmiersprachen, erläutert anhand der Programmiersprache $\mathcal{FP}$. Kapitel *3* behandelt schließlich die Verifikation von $\mathcal{FP}$-Programmen, also den Nachweis der *Terminierung* sowie

Beweistechniken zum Nachweis der *partiellen Korrektheit* von $\mathcal{FP}$-Programmen.* Ergänzende, vertiefende und weiterführende Literatur wird im Literaturverzeichnis angegeben.

Das vorliegende Buch ist aus der erstmalig im Wintersemester *1995/96* an der Technischen Universität Darmstadt gehaltenen Vorlesung *Semantik und Programmverifikation* entstanden. Ich danke zahlreichen Hörern der Vorlesung für kritische und konstruktive Kommentare sowie meinen Mitarbeitern, Herrn Dipl.-Inform. Matthias Bormann und Herrn Dr. Jürgen Giesl, die beim Korrekturlesen oft Fehler bemerkten, die dann noch rechtzeitig behoben werden konnten. Trotzdem wird das Buch immer noch nicht fehlerfrei sein, für entsprechende Hinweise bin ich daher dankbar.

Zu guter Letzt danke ich der *CA Computer Associates* GmbH, die mit ihrer Anzeige ein preiswerteres Erscheinen dieses Buches ermöglichte.

Darmstadt, im Juli 2001 *Christoph Walther*

---

* Ein Auszug aus Kapitel *3* erschien in: "C. Walther *Criteria for Termination.* In "Intellectics and Computational Logic: Papers in Honor of Wolfgang Bibel", S. Hölldobler (Hrsg.), Kluwer Academic Publishers, 1999, 361 – 386".

Inhaltsverzeichnis

1 Formale Grundlagen

In diesem Kapitel werden diejenigen formalen Grundbegriffe eingeführt, die in den nachfolgenden Abschnitten erforderlich sind. Wir verwenden Konzepte der *sortierten Prädikatenlogik erster Stufe*, um funktionale Programme zu definieren, ihre Semantik zu formalisieren und Korrektheitsaussagen über diesen Programmen zu formulieren.

Abschnitte *1.1* und *1.2* behandeln Syntax und Semantik der Prädikatenlogik, also Standardstoff, wie er in gängigen Einführungstexten zur *Mathematischen Logik* und zum *Automatischen Beweisen* zu finden ist.

Da Programmiersprachen üblicherweise verschiedene *Datentypen*, wie etwa natürliche Zahlen, Listen von natürlichen Zahlen, Baumstrukturen u.s.w., kennen, verwenden wir eine *sortierte* prädikatenlogische Sprache. Die *Sortensymbole* dienen dabei als *Namen* für die jeweiligen Datentypen. Eine sortierte Sprache bzw. eine Programmiersprache mit Datentypen ist theoretisch nicht erforderlich, aber für die Anwendung in vielfacher Hinsicht sehr praktisch. Dies gilt sowohl für die Prädikatenlogik, als auch für Programmiersprachen.

In den Abschnitten *1.3* und *1.4* behandeln wir mit *fundierten Mengen* das zentrale mathematische Konzept zur *rekursiven Definition* von Funktionen und zum Beweis von Eigenschaften solcher Funktionen durch das *Induktionsprinzip*.

Abschließend betrachten wir in Abschnitt *1.5 konfluente Relationen*, mit denen *indeterministische* Ableitungsprozesse elegant formuliert werden können.

1.1 Syntax der Prädikatenlogik 1. Stufe

Definition 1.1.1 (Sorten und sortenindizierte Mengen)
Sei $\mathcal{S}$ eine nicht-leere Menge von *Sortensymbolen*, d.h. eine Menge von *Namen* für Mengen, und sei M irgendeine nicht-leere Menge. Dann bezeichnet 2^M die Potenzmenge von M und M^* die Menge aller endlichen Folgen (oder Zeichenreihen) von Elementen aus M, einschließlich der leeren Folge λ. Wir verwenden M^+ als Abkürzung für $M^*\backslash\{\lambda\}$. Für eine $\mathcal{S}$-indizierte Familie von Mengen $M=(M_s)_{s\in\mathcal{S}}$ und ein $w=s_1...s_k\in\mathcal{S}^*$ bezeichnet M_w die Menge aller endlichen Folgen $m_1...m_k\in M^*$ mit $m_i\in M_{si}$ für $1\leq i\leq k$, und wir definieren $M_\lambda=\{\lambda\}$.

Wir nennen eine Abbildung $f{:}M\rightarrow N$ mit $M=(M_s)_{s\in\mathcal{S}}$ und $N=(N_s)_{s\in\mathcal{S}}$ *sortenerhaltend* (engl. *sort preserving*) und schreiben $f{:}M\rightarrow_{\mathcal{S}}N$, gdw. $f(M_s)\subset N_s$ für jedes $s\in\mathcal{S}$. Jede Abbildung $f{:}M\rightarrow_{\mathcal{S}}N$ kann als *Homomorphismus* zu einer Abbildung $f{:}M_w\rightarrow N_w$ erweitert werden, d.h. $f(\lambda)=\lambda$ und $f(m_1...m_{|w|})=f(m_1)...f(m_{|w|})$ für alle $w\in\mathcal{S}^+$ und alle $m_1...m_{|w|}\in M_w$. Dabei ist $|w|$ die *Länge* der Folge w. $\{M\rightarrow N\}$ bezeichnet die Menge aller (totalen) Abbildungen $f{:}M\rightarrow N$. ♦

Definition 1.1.2 (Sortenindizierte Signaturen)
Eine *$\mathcal{S}$-sortierte Signatur* $\Sigma=(\Sigma_{w,s})_{w\in\mathcal{S}^*,s\in\mathcal{S}}$ ist eine $\mathcal{S}^+$-indizierte Familie von paarweise disjunkten Mengen. Jedes $f\in\Sigma_{w,s}$ ist ein *Funktionssymbol* mit *Rang ws*, *Stelligkeit w* und *Sorte s*. Die Elemente von $\Sigma_{\lambda,s}$ heißen auch *Konstanten* der Sorte s.

Σ ist eine *Teilsignatur* von Σ', kurz $\Sigma\subset\Sigma'$, gdw. $\Sigma_{w,s}\subset\Sigma'_{w,s}$ für alle $w\in\mathcal{S}^*$ und alle $s\in\mathcal{S}$. Wir unterteilen jede $\mathcal{S}$-sortierte Signatur Σ in einen *Konstruktorteil* Σ^c und einen *Definitionsteil* Σ^d. Σ^c ist eine Teilsignatur von Σ mit $\Sigma_{\lambda,s}\subset\Sigma^c{}_{\lambda,s}$ für alle $s\in\mathcal{S}$. Die Elemente von Σ^c werden *Konstruktorfunktionssymbole* oder auch *Konstruktoren* genannt. Σ^d ist eine Teilsignatur von Σ mit $\Sigma_{dw,s}=\Sigma_{w,s}\setminus\Sigma^c{}_{w,s}$ für alle $w\in\mathcal{S}^*$ und alle $s\in\mathcal{S}$. Die Elemente von Σ^d heißen *definierte Funktionssymbole* oder kurz *definierte Symbole*. ♦

Definition 1.1.3 (Terme)
Sei Σ eine $\mathcal{S}$-sortierte Signatur und $\mathcal{V}=(\mathcal{V}_s)_{s\in\mathcal{S}}$ eine $\mathcal{S}$-indizierte Familie nicht-leerer, paarweise disjunkter und unendlicher Mengen mit $\mathcal{V}\cap\Sigma=\emptyset$. Die Elemente von $\mathcal{V}_s$ heißen *Variable der Sorte s*. Für $s\in\mathcal{S}$ bezeichnet $\mathcal{T}(\Sigma,\mathcal{V})_s$ die Menge aller *Terme der Sorte s* (über Σ und $\mathcal{V}$). $\mathcal{T}(\Sigma,\mathcal{V})_s$ ist die kleinste Teilmenge von $(\Sigma\cup\mathcal{V})^*$ mit

(*i*) $\mathcal{V}_s \subset \mathcal{T}(\Sigma,\mathcal{V})_s$ und
(*ii*) $ft^* \in \mathcal{T}(\Sigma,\mathcal{V})_s$, wenn $f \in \Sigma_{w,s}$ und $t^* \in \mathcal{T}(\Sigma,\mathcal{V})_w$ für ein $w \in \mathcal{S}^*$.

$\mathcal{T}(\Sigma)_s$ steht für $\mathcal{T}(\Sigma,\emptyset)_s$ und bezeichnet die Menge aller *variablenfreien* Terme (der Sorte *s*) oder auch die Menge aller *Grundterme* (der Sorte *s*). $\mathcal{T}(\Sigma,\mathcal{V}) = (\mathcal{T}(\Sigma,\mathcal{V})_s)_{s\in\mathcal{S}}$ ist die Menge aller Terme (über Σ und $\mathcal{V}$) und $\mathcal{T}(\Sigma)=(\mathcal{T}(\Sigma)_s)_{s\in\mathcal{S}}$ bezeichnet die Menge aller Grundterme. Entsprechend ist $\mathcal{T}(\Sigma^c)_s$ die Menge aller *Konstruktorgrundterme der Sorte s* und $\mathcal{T}(\Sigma^c)=(\mathcal{T}(\Sigma^c)_s)_{s\in\mathcal{S}}$ ist die Menge aller *Konstruktorgrundterme* (beliebiger Sorte).

Ein Term *t* heißt *f-Term*, gdw. $t=ft^*$ für ein $f \in \Sigma_{w,s}$ und ein $t^* \in \mathcal{T}(\Sigma,\mathcal{V})_w$. $\Sigma(t) \subset \Sigma$ ist die Menge aller Funktionssymbole in *t* und $\Sigma(T)=\cup_{t\in T}\Sigma(t)$ für $T \subset \mathcal{T}(\Sigma,\mathcal{V})$. $\mathcal{V}(t) \subset \mathcal{V}$ ist die Menge aller Variablensymbole in *t*. Für $T \subset \mathcal{T}(\Sigma,\mathcal{V})$ definieren wir $\mathcal{V}(T)=\cup_{t\in T}\mathcal{V}(t)$.

Ein Term *q* ist ein *Teilterm* (*Unterterm, Subterm*) von *t*, kurz $q \leq_{\mathcal{T}} t$, gdw. $t=q$ oder $t=ft_1...t_n$ und *q* ist Teilterm von t_i für ein t_i mit $1 \leq i \leq n$. Ein Teilterm *q* von *t* ist *echt*, kurz $q <_{\mathcal{T}} t$, gdw. $q \neq t$. *q* ist ein *direkter* Teilterm von *t* gdw. $t=ft_1...t_n$ und $q=t_i$ für ein t_i mit $1 \leq i \leq n$. ♦

Terme sind *Zeichenreihen* über $(\Sigma \cup \mathcal{V})$, die gewissen Forderungen genügen. Übliche Schreibweisen verwenden (formal überflüssige) Klammern und Kommata, um die Lesbarkeit nicht zu erschweren, also etwa $f(a,g(g(b)))$ anstatt *faggb*. Wir werden nachfolgend beide Schreibweisen verwenden.

Terme und Operationen auf Termen lassen sich gut durch gewisse Bäume veranschaulichen: Ein *Termbaum TB*(*t*) für einen Term *t* besteht lediglich aus einem mit *t* markierten Wurzelknoten, falls $t \in (\Sigma \cup \mathcal{V})$. Für $t=ft_1...t_n$ (mit $n \geq 1$) ist die Wurzel *w* von *TB*(*t*) mit *f* markiert und *w* hat *n* Nachfolgerknoten $w_1,...,w_n$, wobei jeder Knoten w_i der Wurzelknoten des Termbaums $TB(t_i)$ für den Term t_i ist, vgl. Bild *1.1.1*(*i*). Der Wurzelknoten *w* eines *Teiltermbaums TTB*(*t*) für einen Term *t* ist mit *t* markiert. Der Wurzelknoten ist der einzige Knoten von *TTB*(*t*), falls $t \in (\Sigma \cup \mathcal{V})$. Für $t=ft_1...t_n$ (mit $n \geq 1$) hat *w n* Nachfolgerknoten $w_1,...,w_n$, wobei jeder Knoten w_i der Wurzelknoten des Teiltermbaums $TTB(t_i)$ für den Term t_i ist, vgl. Bild *1.1.1*(*ii*).

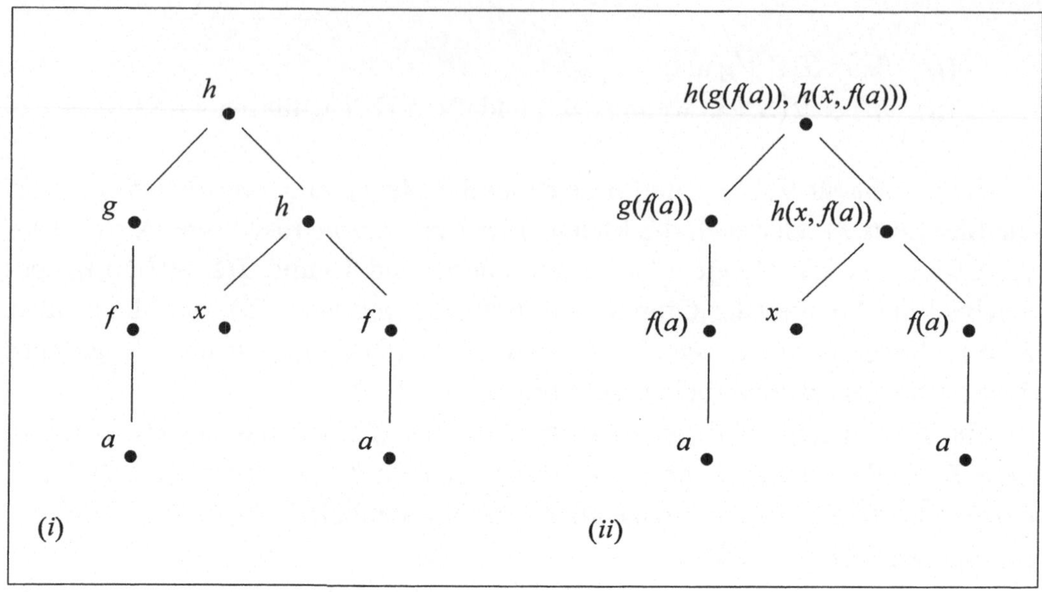

Bild 1.1.1 (*i*) Termbaum und (*ii*) Teiltermbaum für $h(g(f(a)), h(x, f(a)))$

Definition 1.1.4 (Formeln erster Stufe)
Für $t_1,t_2 \in \mathcal{T}(\Sigma,\mathcal{V})_s$ heißt ein Ausdruck der Form $t_1 \equiv t_2$ eine *Gleichung* (über Σ und $\mathcal{V}$), d.h. $\equiv$ wird als *syntaktisches Gleichheitszeichen* verwendet. Eine *atomare Formel* (über Σ und $\mathcal{V}$) ist entweder eine Gleichung oder das Zeichen TRUE (als syntaktische Benennung der Wahrheit). $\mathcal{A}t(\Sigma,\mathcal{V})$ ist die Menge aller atomaren Formeln (über Σ und $\mathcal{V}$) und $\mathcal{A}t(\Sigma)$ steht für $\mathcal{A}t(\Sigma,\varnothing)$.

$\mathcal{F}(\Sigma,\mathcal{V})$ ist die Menge aller *Formeln* (erster Stufe) über Σ und $\mathcal{V}$. $\mathcal{F}(\Sigma,\mathcal{V})$ ist die kleinste Teilmenge von $(\mathcal{S}\cup\Sigma\cup\mathcal{V}\cup\{\equiv, \text{TRUE}, (,), \neg, \wedge, \forall, :\})^*$ mit

(*i*) $A \in \mathcal{F}(\Sigma,\mathcal{V})$, wenn $A \in \mathcal{A}t(\Sigma,\mathcal{V})$,
(*ii*) $\neg\varphi \in \mathcal{F}(\Sigma,\mathcal{V})$, wenn $\varphi \in \mathcal{F}(\Sigma,\mathcal{V})$,
(*iii*) $(\varphi \wedge \psi) \in \mathcal{F}(\Sigma,\mathcal{V})$, wenn $\varphi,\psi \in \mathcal{F}(\Sigma,\mathcal{V})$,
(*iv*) $(\forall x{:}s\ \varphi) \in \mathcal{F}(\Sigma,\mathcal{V})$, wenn $s \in \mathcal{S}$, $x \in \mathcal{V}_s$ und $\varphi \in \mathcal{F}(\Sigma,\mathcal{V})$.

$\mathcal{F}(\Sigma,\mathcal{V})$ wird auch die *Sprache erster Stufe* genannt und $\mathcal{F}(\Sigma)$ steht für $\mathcal{F}(\Sigma,\varnothing)$. Ein *Literal* L (über Σ und $\mathcal{V}$) ist entweder eine atomare Formel A oder deren Negat $\neg A$. In beiden Fällen ist der *Betrag* $|L|$ von L definiert als A. $\mathcal{L}it(\Sigma,\mathcal{V})$ ist die Menge aller Literale (über Σ und $\mathcal{V}$) und $\mathcal{L}it(\Sigma)$ steht für $\mathcal{L}it(\Sigma,\varnothing)$. Eine Formel ψ ist eine *Teilformel* (*Unterformel*, *Subformel*) von φ, kurz $\psi \leq_{\mathcal{F}} \varphi$, gdw. $\psi=\varphi$, oder aber $\varphi=\neg\varphi_1$, $\varphi=(\varphi_1 \wedge \varphi_2)$, oder $\varphi=(\forall x{:}s\ \varphi_1)$ und

$\psi \leq_{\mathcal{F}} \varphi_i$ für ein $i \in \{1,2\}$. Eine Teilformel ψ von φ ist *echt*, kurz $\psi <_{\mathcal{F}} \varphi$, gdw. $\psi \neq_{\mathcal{F}} \varphi$. ψ ist eine *direkte* Teilformel von φ gdw. $\varphi = \neg\varphi_1$, $\varphi = (\varphi_1 \wedge \varphi_2)$, oder $\varphi = (\forall x{:}s\ \varphi_1)$ und $\psi = \varphi_i$ für ein $i \in \{1,2\}$.

Ein Term t ist ein *Teilterm* (*Unterterm, Subterm*) einer *atomaren* Formel $\psi = t_1 \equiv t_2$, kurz $t \leq_{\mathcal{T}} \psi$, gdw. $t \leq_{\mathcal{T}} t_1$ oder $t \leq_{\mathcal{T}} t_2$, und t ist ein *Teilterm* einer *Formel* φ, kurz $t \leq_{\mathcal{T}} \varphi$, gdw. $t \leq_{\mathcal{T}} \psi \leq_{\mathcal{F}} \varphi$ für eine atomare Formel ψ.

Für eine Formel φ ist $\Sigma(\varphi) \subset \Sigma$ die Menge aller Funktionssymbole in φ und $\Sigma(\Phi) = \cup_{\varphi \in \Phi} \Sigma(\varphi)$ für $\Phi \subset \mathcal{F}(\Sigma, \mathcal{V})$. $\mathcal{V}(\varphi)$ ist die Menge aller Variablensymbole x mit $x \leq_{\mathcal{T}} \varphi$, und wir definieren $\mathcal{V}(\Phi) = \cup_{\varphi \in \Phi} \mathcal{V}(\varphi)$ für eine Menge von Formeln Φ. Eine Variable x ist *frei* in einer atomaren Formel φ, gdw. $x \in \mathcal{V}(\varphi)$. Eine Variable x ist *frei* in einer Formel $\varphi = \neg\varphi_1$ oder $\varphi = (\varphi_1 \wedge \varphi_2)$, gdw. $x \in \mathcal{V}(\varphi)$ in φ_1 oder in φ_2 frei ist. Eine Variable x ist *frei* in einer Allquantifizierung $\varphi = \forall y{:}s\ \varphi'$, gdw. $x \in \mathcal{V}(\varphi)$ frei in φ' ist und $x \neq y$. $\mathcal{V}_f(\varphi)$ ist die Menge aller freien Variablen von φ.

Eine Formel φ ist *geschlossen*, gdw. $\mathcal{V}_f(\varphi) = \emptyset$, d.h. keine Variable ist frei in φ. $\mathcal{F}_g(\Sigma, \mathcal{V})$ ist die Menge aller geschlossenen Formeln und $\mathcal{F}_f(\Sigma, \mathcal{V})$ ist die Menge aller *quantorfreien* Formeln.

Eine Formel $\varphi \in \mathcal{F}(\Sigma, \mathcal{V})$ heißt *universell* gdw. $\varphi = (\forall x_1{:}s_1(\ldots(\forall x_n{:}s_n\ \psi)\ldots)$, $\psi \in \mathcal{F}_f(\Sigma, \mathcal{V})$ und $\mathcal{V}(\psi) \subset \{x_1, \ldots, x_n\}$ mit $n \geq 0$. $\mathcal{F}_\forall(\Sigma, \mathcal{V}) \subset \mathcal{F}_g(\Sigma, \mathcal{V})$ ist die Menge aller universellen Formeln. ♦

Wie allgemein üblich verwenden wir Abkürzungen und Kurzschreibweisen für Formeln: "$\forall x^*{:}w\ \varphi$" steht als Abkürzung für "$(\forall x_1{:}s_1(\ldots(\forall x_n{:}s_n\ \varphi)\ldots)$", wobei $w = s_1 \ldots s_n$, $x^* = x_1 \ldots x_n$ und alle x_i voneinander verschieden sind. Des weiteren verwenden wir die Abkürzungen

FALSE	für	$\neg$TRUE,
$(\varphi \vee \psi)$	für	$\neg(\neg\varphi \wedge \neg\psi)$,
$(\varphi \rightarrow \psi)$	für	$\neg(\varphi \wedge \neg\psi)$,
$(\varphi \leftrightarrow \psi)$	für	$(\neg(\varphi \wedge \neg\psi) \wedge \neg(\neg\varphi \wedge \psi))$, und
$(\exists x{:}s\ \varphi)$	für	$\neg(\forall x{:}s\ \neg\varphi)$.

Klammern werden oft weggelassen, wobei die üblichen Bindungsprioritäten $\{\neg\} > \{\wedge\} > \{\vee, \rightarrow, \leftrightarrow\} > \{\forall, \exists\}$ der Junktoren unterstellt werden, also etwa "$\neg\varphi \wedge \psi$" für "$(\neg\varphi) \wedge \psi)$" und "$\exists x{:}s\ \varphi \wedge \psi$" für "$\exists x{:}s\ (\varphi \wedge \psi)$". Bei Mehrdeutigkeiten wird "rechts" geklammert, d.h. z.B. "$\forall x_1{:}s_1(\ldots(\forall x_n{:}s_n\ \varphi)\ldots)$" für "$\forall x_1{:}\ s_1 \ldots \forall x_n{:}s_n\ \varphi$" und "$\varphi_1 \vee (\varphi_2 \rightarrow (\varphi_3 \leftrightarrow \varphi_4))$" für "$\varphi_1 \vee \varphi_2 \rightarrow \varphi_3 \leftrightarrow \varphi_4$".

Wir verwenden nachfolgend die *Quantoren* $\forall$ und $\exists$ sowie die *Junktoren* $\neg$, $\wedge$, $\vee$, $\rightarrow$ und $\leftrightarrow$ auch in der *Metasprache*, d.h. wenn wir *über* (Bestandteile von)

Formeln aus $\mathcal{F}(\Sigma,\mathcal{V})$ sprechen. Auch dies muß formal als abkürzende Schreibweise verstanden werden. Beispielsweise steht "$\forall t\in\mathcal{T}(\Sigma).\ \mathcal{V}(t)=\varnothing$" als Kurzschreibweise für "*für alle* $t\in\mathcal{T}(\Sigma)$ gilt: $\mathcal{V}(t)=\varnothing$".

Wir werden später insbesondere *universelle* Formeln verwenden. Dabei ist zu beachten, daß die Menge $\mathcal{F}_\forall(\Sigma,\mathcal{V})$ der universellen Formeln eine *echte* Teilmenge von $\mathcal{F}_g(\Sigma,\mathcal{V})$ ist, denn beispielsweise gilt $(\exists x{:}s\ \varphi)\notin\mathcal{F}_\forall(\Sigma,\mathcal{V})$ bzw. $\neg(\forall x{:}s\ \neg\varphi)\notin\mathcal{F}_\forall(\Sigma,\mathcal{V})$. Man kann zeigen, daß die Sprache $\mathcal{F}_\forall(\Sigma,\mathcal{V})$ damit *ausdrucksschwächer* als die Sprache $\mathcal{F}_g(\Sigma,\mathcal{V})$ ist. Um einen Eindruck zu gewinnen, welche Ausdrücke wir verlieren, wenn wir nur universelle Formeln verwenden, betrachten wir wichtige Normalformen für Formeln *1*. Stufe:

Definition 1.1.5 (Pränexe Normalform, (volle) disjunktive Normalform)

(*i*) Eine Formel $\varphi\in\mathcal{F}(\Sigma,\mathcal{V})$ ist in *pränexer Normalform* gdw. $\varphi\in\mathcal{F}_f(\Sigma,\mathcal{V})$ oder $\varphi=(Q_1x_1{:}s_1\ \dots\ Q_nx_n{:}s_n\ \psi)$ mit $Q_i\in\{\forall,\exists\}$ und $\psi\in\mathcal{F}_f(\Sigma,\mathcal{V})$. ψ ist die *Matrix* und $Q_1x_1{:}s_1\ \dots\ Q_nx_n{:}s_n$ ist der *Präfix* von φ.

(*ii*) Eine Formel $\psi\in\mathcal{F}_f(\Sigma,\mathcal{V})$ ist in *disjunktiver Normalform* gdw. $\psi=\psi_1\vee\dots\vee\psi_m$, $\psi_i=L_{i,1}\wedge\dots\wedge L_{i,n_i}$ und $L_{i,j}\in\mathcal{L}it(\Sigma,\mathcal{V})$ für alle $i\in\{1,\dots,m\}$, $j\in\{1,\dots,n_i\}$.

(*iii*) Die Formel ψ ist in *voller* disjunktiver Normalform gdw. zusätzlich $\{|L_{i,1}|,\dots,|L_{i,n_i}|\}=\{|L_{k,1}|,\dots,|L_{k,n_k}|\}$ und $|L_{i,j}|\neq|L_{i,h}|$ für alle $i,k\in\{1,\dots,m\}$, $j,h\in\{1,\dots,n_i\}$ mit $j\neq h$. ♦

Beispiel 1.1.1

(*i*) Seien $\alpha,\beta\in\mathcal{F}_f(\Sigma,\mathcal{V})$ mit $\mathcal{V}(\alpha)=\{x,y\}$ und $\mathcal{V}(\beta)=\{x\}$ und seien $\varphi_1,\varphi_2,\varphi_3\in\mathcal{F}(\Sigma,\mathcal{V})$ mit

$$\varphi_1 := (\forall x{:}s\ (\exists y{:}s\ \alpha) \vee (\exists x{:}s\ \beta)),$$
$$\varphi_2 := (\forall x{:}s\ (\exists y{:}s\ (\alpha \vee \beta[x/y]))), \quad \text{und}$$
$$\varphi_3 := (\exists x{:}s\ (\forall z{:}s\ (\exists y{:}s\ (\alpha[x/z] \vee \beta)))),$$

wobei $\beta[x/y]$ aus β entsteht, indem jedes Vorkommen von x in β durch y ersetzt wird und $\alpha[x/z]$ entsteht aus α, indem jedes Vorkommen von x in α durch z ersetzt wird. Dann ist φ_1 *nicht* in pränexer Normalform und φ_2 sowie φ_3 sind in pränexer Normalform.

(*ii*) Seien $P,Q,R\in\mathcal{L}it(\Sigma,\mathcal{V})$ und $\psi_1,\psi_2,\psi_3\in\mathcal{F}(\Sigma,\mathcal{V})$ mit

$$\psi_1 := ((P \vee Q) \wedge R),$$
$$\psi_2 := (P \wedge R) \vee (Q \wedge R), \quad \text{und}$$

$$\psi_3 := (P \wedge Q \wedge R) \vee (P \wedge \neg Q \wedge R) \vee (\neg P \wedge Q \wedge R) .$$

Dann ist ψ_1 *nicht* in disjunktiver Normalform, ψ_2 ist in disjunktiver Normalform, aber *nicht* in *voller* disjunktiver Normalform, und ψ_3 ist in voller disjunktiver Normalform. ♦

Definition 1.1.6 (Substitution, Umbenennung, Matcher)
Eine Abbildung $\sigma:\mathcal{V}\to_S\mathcal{T}(\Sigma,\mathcal{V})$ heißt *Substitution* (über Σ und $\mathcal{V}$) gdw. $\sigma(x)\neq x$ für *endlich viele* $x\in\mathcal{V}$. $\text{SUB}(\Sigma,\mathcal{V})$ bezeichnet die Menge aller Substitutionen über Σ und $\mathcal{V}$. $\varepsilon\in\text{SUB}(\Sigma,\mathcal{V})$ ist die *identische* Substitution (oder auch *leere* Substitution), mit $\varepsilon(x)=x$ für alle $x\in\mathcal{V}$.

$\text{DOM}(\sigma)\subset\mathcal{V}$ heißt die *Domain* von σ und ist definiert als $\{x\in\mathcal{V} \mid \sigma(x)\neq x\}$. Da $\text{DOM}(\sigma)$ endlich ist, kann jede Substitution σ durch eine endliche Menge von Termpaaren $\{x/\sigma(x) \mid \sigma(x)\neq x\}$ eindeutig *dargestellt* werden. σ ist eine *Grundsubstitution*, kurz $\sigma\in\text{SUB}(\Sigma)$, gdw. $\sigma(\text{DOM}(\sigma))\subset\mathcal{T}(\Sigma)$.

Für $V\subset\text{DOM}(\sigma)$ ist $\sigma_{|V}\in\text{SUB}(\Sigma,\mathcal{V})$ die Substitution mit $\text{DOM}(\sigma_{|V})=V$ und $\sigma_{|V}(x)=\sigma(x)$ für alle $x\in V$.

Substitutionen σ werden homomorph zu Abbildungen $\sigma:\mathcal{T}(\Sigma,\mathcal{V})\to_S\mathcal{T}(\Sigma,\mathcal{V})$ erweitert, d.h. $\sigma(ft^*)=f\sigma(t^*)$ für alle $f\in\Sigma_{w,s}$ und alle $t^*\in\mathcal{T}(\Sigma,\mathcal{V})_w$. Wir wenden Substitutionen auch auf Formeln an und definieren

(*i*)	$\sigma(\text{TRUE})$	:=	TRUE,	
(*ii*)	$\sigma(t_1\equiv t_2)$	:=	$\sigma(t_1)\equiv\sigma(t_2)$,	
(*iii*)	$\sigma(\neg\varphi)$	:=	$\neg\sigma(\varphi)$,	
(*iv*)	$\sigma(\varphi_1 \wedge \varphi_2)$	:=	$\sigma(\varphi_1) \wedge \sigma(\varphi_2)$	, und
(*v*)	$\sigma(\forall x{:}s\ \varphi)$	:=	$\forall x{:}s\ \sigma'(\varphi)$	, wenn $x\notin\mathcal{V}(\sigma'(\text{DOM}(\sigma')\cap\mathcal{V}_f(\varphi)))$ und $\sigma'=\sigma_{\lvert\text{DOM}(\sigma)\setminus\{x\}}$.

Für ein endliches $V\subset\mathcal{V}$ ist $\nu\in\text{SUB}(\Sigma,\mathcal{V})$ eine (Variablen)*Umbenennung* für V gdw. (*i*) $\text{DOM}(\nu)\subset V$, (*ii*) $\nu(\text{DOM}(\nu))\subset\mathcal{V}\setminus V$ und (*iii*) $|\nu(\text{DOM}(\nu))|=|\text{DOM}(\nu)|$. $\nu^{-1}\in\text{SUB}(\Sigma,\mathcal{V})$ ist die *Umkehrsubstitution* zu ν mit $\nu\circ\nu^{-1}=\nu^{-1}\circ\nu=\varepsilon$. ν^{-1} ist eine Umbenennung für $\nu(V)$.

Für $s,t\in\mathcal{T}(\Sigma,\mathcal{V})$ und $\sigma\in\text{SUB}(\Sigma,\mathcal{V})$ ist σ ein *Matcher* von s und t und s *matcht* t (mit σ) gdw. $\sigma(s)=t$. ♦

Für $x^*=x_1...x_n\in\mathcal{V}^n$ mit $x_i\neq x_j$ und $t^*=t_1...t_n\in\mathcal{T}(\Sigma,\mathcal{V})^n$ verwenden wir gelegentlich $\{x^*/t^*\}$ als Kurzschreibweise für die Substitution $\{x_1/t_1,...,x_n/t_n\}$.

Beispiel 1.1.2
Sei $\Sigma_s=\{a,b\}$, $\Sigma_{s,s}=\{f,g\}$, $\Sigma_{ss,s}=\{h\}$ und $\mathcal{V}_s=\{x,y,z,u,v,...\}$. Sei $\sigma\in\text{SUB}(\Sigma,\mathcal{V})$ mit $\sigma(x)=f(a)$, $\sigma(y)=h(y,f(b))$, $\sigma(z)=f(x)$ und $\sigma(w)=w$ für alle anderen Variablen w.

Dann ist σ durch $\{x/f(a),\ y/h(y,\ f(b)),\ z/f(x)\}$ eindeutig repräsentiert, und wir schreiben ab jetzt abkürzend $\sigma=\{x/f(a),\ y/h(y,\ f(b)),\ z/f(x)\}$, um Substitutionen wie σ zu definieren. Es gilt

$$\sigma(\ h(g(x),y)\ ) = h(g(f(a)),\ h(y,f(b)))\ ,$$
$$\sigma(\ h(g(x),y)\equiv h(y,f(b))\ ) = h(g(f(a)),\ h(y,f(b)))\equiv h(h(y,f(b)),f(b)),$$
$$\sigma(\ \forall x{:}s\ h(g(x),y)\equiv h(y,f(b))\ )$$
$$= \forall x{:}s\ h(g(x),\ h(y,f(b)))\equiv h(h(y,f(b)),f(b)),$$
$$\sigma(\ \forall y{:}s\ h(g(x),y)\equiv h(y,f(b))\ ) = \forall y{:}s\ h(g(f(a)),y)\equiv h(y,f(b)),$$
$$\sigma(\ \forall x{:}s\ h(g(z),y)\equiv h(y,f(b))\ )\ \text{ist nicht definiert.}$$

Die Substitutionen σ, $\mu=\{x/u,\ y/x\}$ und $\lambda=\{x/u,\ y/u\}$ sind für kein $V\subset\mathcal{V}$ Umbenennungen. $\nu=\{x/u,\ y/v\}$ ist eine Umbenennung für $\{x,\ y\}$ und damit ist $\nu^{-1}=\{u/x,\ v/y\}$ eine Umbenennung für $\{u,v\}$. ν ist auch eine Umbenennung für $\{x,y,z\}$, aber nicht für $\{x,y,u\}$.

σ ist ein Matcher von $h(g(x),\ y)$ und $h(g(f(a)),\ h(y,f(b)))$, denn $\sigma(h(g(x),\ y))=h(g(f(a)),\ h(y,f(b)))$.

Dagegen matcht $h(g(x),\ x)$ nicht $h(g(f(a)),\ h(y,\ f(b)))$. Denn gäbe es einen Matcher θ für dieses Termpaar, so müßte sicher $\theta(x)=f(a)$ gelten und damit gilt $\theta(h(g(x),x))=h(g(f(a)),f(a))\neq h(g(f(a)),\ h(y,f(b)))$. ♦

Die Anwendung einer Substitution σ auf einen Term t kann durch einen Termbaum einfach veranschaulicht werden: Man erhält aus einem Termbaum $TB(t)$ den Termbaum $TB(\sigma(t))$ für $\sigma(t)$, indem jedes *Blatt* in $TB(t)$, das mit einer Variablen $x\in\text{DOM}(\sigma)$ markiert ist, durch den Termbaum $TB(\sigma(x))$ ersetzt wird, vgl. Bild *1.1.2*.

Definition 1.1.7 (Stellen)
Für einen Term t ist die Menge $Occ(t)$ aller *Stellen* (oder auch *Positionen*, engl. *occurrences* bzw. *positions*) in t definiert als die kleinste Teilmenge von $\mathbb{N}^*:=\mathbb{N}^+\cup\{\varepsilon\}$ mit

(*i*) $\varepsilon\in Occ(t)$ für alle $t\in\mathcal{T}(\Sigma,\mathcal{V})$ und
(*ii*) wenn $f\in\Sigma_{w,s}$, $1\leq i\leq|w|$ und $\pi\in Occ(t_i)$, dann $i\pi\in Occ(ft_1...t_{|w|})$.

Für einen Term t mit $\pi \in Occ(t)$ bezeichnet $t|_\pi$ den *Teilterm* von t *an der Stelle* π, definiert durch:

(*iii*) $t|_\pi = t$ für $\pi = \varepsilon$, und
(*iv*) $ft_1 \ldots t_n|_\pi = t_i|_{\pi'}$ für $\pi = i\pi'$ und $i \in \{1,\ldots,n\}$.

Für einen Term t mit $\pi \in Occ(t)$ und einen Term r bezeichnet $t[\pi \leftarrow r]$ den Term, der aus t durch Ersetzen von $t|_\pi$ in t durch r entsteht, d.h.

(*v*) $t[\pi \leftarrow r] = r$ für $\pi = \varepsilon$, und
(*vi*) $ft_1 \ldots t_n[\pi \leftarrow r] = ft_1 \ldots t_i[\pi' \leftarrow r] \ldots t_n$ für $\pi = i\pi'$ und $i \in \{1,\ldots,n\}$.

Für $\pi_1, \pi_2 \in \mathbb{N}^*$ schreiben wir $\pi_1 >_{\mathbb{N}^*} \pi_2$ und nennen π_1 ein (echtes) *Anfangsstück* von π_2 gdw. $\pi_1\pi = \pi_2$ für ein $\pi \in \mathbb{N}^+$. Wir schreiben $\pi_1 \perp_{\mathbb{N}^*} \pi_2$ und nennen π_1 und π_2 *voneinander unabhängig* gdw. weder $\pi_1 >_{\mathbb{N}^*} \pi_2$ noch $\pi_1 = \pi_2$ noch $\pi_1 <_{\mathbb{N}^*} \pi_2$ gilt. ♦

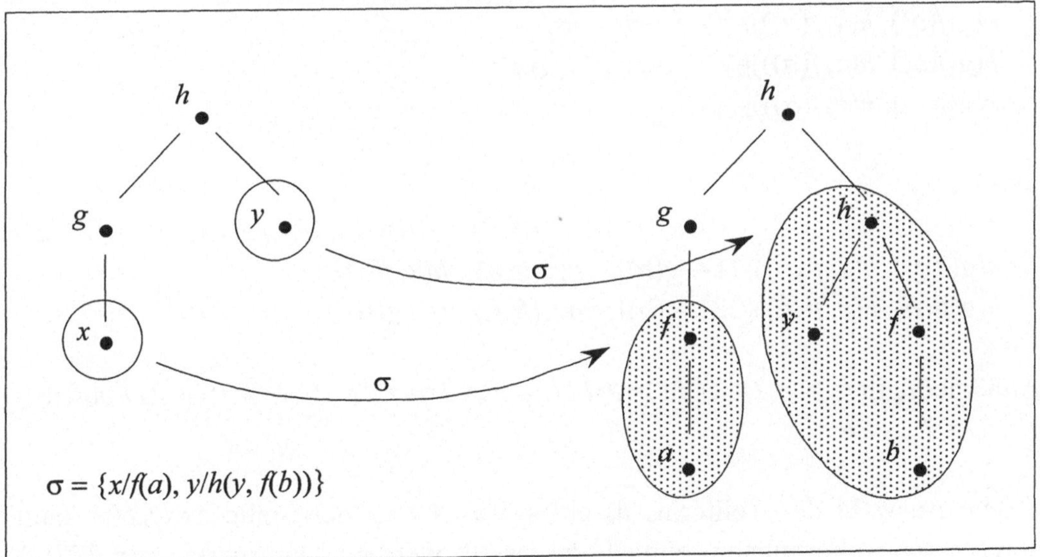

Bild 1.1.2 Termbäume für $h(g(x), y)$ und $\sigma(h(g(x), y))$

Die Stellen π eines Terms können als "Adressen" aufgefaßt werden, mit denen jeder Teilterm $t|_\pi$ eines Terms t eindeutig ausgewählt werden kann. Zeichenreihen $\pi \in \mathbb{N}^*$ mit $\pi \notin Occ(t)$ sind *ungültige* "Adressen" eines Terms t, d.h. $t|_\pi$ ist dann undefiniert.

Beispiel 1.1.3
Sei $\Sigma_{\lambda,s}=\{a,b\}$, $\Sigma_{s,s}=\{f,g\}$, $\Sigma_{ss,s}=\{h\}$ und $\mathcal{V}_s=\{x,...\}$. Dann gilt:

$$
\begin{array}{lcl}
Occ(x) = Occ(a) = Occ(b) & = & \{\varepsilon\}, \\
Occ(\,f(a)\,) = Occ(\,f(b)\,) & = & \{\varepsilon, 1\} \\
Occ(\,g(f(a))\,) & = & \{\varepsilon, 1, 11\} \\
Occ(\,h(x,f(a))\,) & = & \{\varepsilon, 1, 2, 21\} \\
Occ(\,h(g(f(a)), h(x,f(a)))\,) & = & \{\varepsilon, 1, 11, 111, 2, 21, 22, 221\}
\end{array}
$$

Damit gilt:

$$
\begin{array}{lcl}
h(g(f(a)), h(x,f(a)))|_{\varepsilon} & = & h(g(f(a)), h(x,f(a)))\,, \\
h(g(f(a)), h(x,f(a)))|_{1} & = & g(f(a))\,, \\
h(g(f(a)), h(x,f(a)))|_{11} & = & f(a)\,, \\
h(g(f(a)), h(x,f(a)))|_{111} & = & a\,, \\
h(g(f(a)), h(x,f(a)))|_{2} & = & h(x,f(a))\,, \\
h(g(f(a)), h(x,f(a)))|_{21} & = & x\,, \\
h(g(f(a)), h(x,f(a)))|_{22} & = & f(a)\,, \\
h(g(f(a)), h(x,f(a)))|_{221} & = & a\,,
\end{array}
$$

und weiter

$$
\begin{array}{l}
h(g(f(a)), h(x,f(a)))[\mathbf{11}\leftarrow \mathrm{g(b)}] = h(g(\mathbf{g(b)}), h(x,f(a)))\,, \\
h(g(f(a)), h(x,f(a)))[\mathbf{22}\leftarrow \mathrm{g(b)}] = h(g(f(a)), h(x, \mathbf{g(b)}))\,.
\end{array}
$$

Außerdem gilt $\varepsilon >_{\mathbb{N}^*} 1 >_{\mathbb{N}^*} 11 >_{\mathbb{N}^*} 111$, $\varepsilon >_{\mathbb{N}^*} 2 >_{\mathbb{N}^*} 21$, $2 >_{\mathbb{N}^*} 22 >_{\mathbb{N}^*} 221$ sowie $1... \perp_{\mathbb{N}^*} 2...$. ♦

Die Auswahl des Teilterms $t|_\pi$ eines Terms t an der Stelle $\pi \in Occ(t)$ kann durch einen Teiltermbaum einfach dargestellt werden: Man markiert in $TTB(t)$ jede Kante von einem Knoten mit Markierung $ft_1...t_n$ zu dem Nachfolgerknoten mit Markierung t_i mit i. Für $\pi=i_1...i_k$ wählt man dann ausgehend von der Wurzel den Knoten, zu dem die Kante mit Markierung i_1 führt, davon ausgehend dann den Knoten, zu dem die Kante mit Markierung i_2 führt, usw. Die Markierung des Knotens, zu dem schließlich die Kante mit Markierung i_k führt, ist dann der gesuchte Teilterm $t|_\pi$. Entsprechend entsteht der Teiltermbaum für $t[\pi\leftarrow r]$ aus dem Teiltermbaum $TTB(t)$, indem in $TTB(t)$ der Teilbaum mit Wurzelknoten an der

Stelle π durch den Teiltermbaum für r ersetzt wird, vgl. Bild *1.1.3* und Beispiel *1.1.3*.

Übung 1.1.1

Beweisen Sie die Behauptungen (*i*)-(*iii*) und widerlegen Sie Behauptung (*iv*):

(*i*) $Occ(\sigma(t)) = Occ(t) \cup \{\pi_1\pi_2 \mid \pi_1 \in Occ(t),\ t|_{\pi_1} \in \mathcal{V}$ und $\pi_2 \in Occ(\sigma(t|_{\pi_1}))\}$.

(*ii*) $\sigma(t)|_{\pi_1\pi_2} = \sigma(t|_{\pi_1})|_{\pi_2}$ für alle $\pi_1 \in Occ(t)$ und alle $\pi_2 \in Occ(\sigma(t|_{\pi_1}))$.

(*iii*) $t|_{\pi_1} >_{\mathcal{T}} t|_{\pi_2}$ für alle $\pi_1, \pi_2 \in Occ(t)$ mit $\pi_1 >_{\mathbb{N}^*} \pi_2$.

(*iv*) $\pi_1 >_{\mathbb{N}^*} \pi_2$ für alle $\pi_1, \pi_2 \in Occ(t)$ mit $t|_{\pi_1} >_{\mathcal{T}} t|_{\pi_2}$. ♦

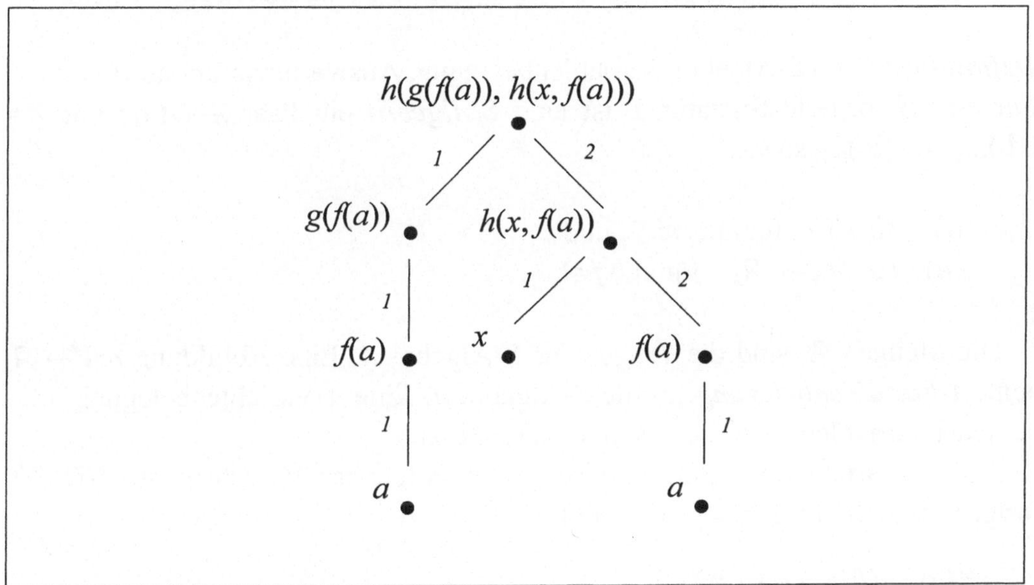

Bild 1.1.3 Teiltermbaum für t mit Kantenmarkierungen zur Berechnung von $t|_{\pi}$

1.2 Semantik der Sprache 1. Stufe

Mit Formeln aus $\mathcal{F}(\Sigma,\mathcal{V})$ sollen (mathematische) Aussagen *formal* repräsentiert werden. Dazu muß definiert werden, *was* genau durch eine Formel *ausgesagt* wird. Anders gesagt, man muß den Formeln eine *Semantik*, d.h. eine *Bedeutung*, zuordnen, um sie sinnvoll verwenden zu können. Die Definition der Semantik folgt dem (rekursiven) Aufbau der Formeln. Zunächst wird die Semantik von Termen erklärt und daran anschließend dann die Semantik von Formeln:

Definition 1.2.1 (Σ-Algebra, Variablenbelegung, Auswertungsfunktion)
Für eine $\mathcal{S}$-sortierte Signatur Σ ist eine Σ-*Algebra* ein Paar A=($\mathcal{A}$,α) mit $\mathcal{A}$= $(\mathcal{A}_s)_{s\in\mathcal{S}}$, $\alpha=(\alpha_f)_{f\in\Sigma}$ sowie

(*i*) $\mathcal{A}_s \neq \varnothing$ für alle $s\in\mathcal{S}$, und
(*ii*) $\alpha_f : \mathcal{A}_w \to \mathcal{A}_s$ für alle $f\in\Sigma_{w,s}$.

Die Mengen $\mathcal{A}_s$ sind die *Träger* der Σ-Algebra A. Eine Abbildung $a:\mathcal{V}\to_{\mathcal{S}}\mathcal{A}$ heißt *A-Variablenbelegung* für die Σ-Algebra A. Eine A-Variablenbelegung ordnet jeder Variablen $x\in\mathcal{V}_s$ ein Element $a(x)\in\mathcal{A}_s$ zu.

Eine A-Variablenbelegung a wird gemäß folgender Vorschrift auf $\mathcal{T}(\Sigma,\mathcal{V})$ fortgesetzt, d. h. $a : \mathcal{T}(\Sigma,\mathcal{V}) \to_{\mathcal{S}} \mathcal{A}$ mit

(*iii*) $a(ft^*) = \alpha_f(a(t^*))$

für alle $f\in\Sigma_{w,s}$ und alle $t^*\in\mathcal{T}(\Sigma,\mathcal{V})_w$. Man nennt a auch eine *Auswertungsfunktion* (für A) und sagt, daß a die Terme (über Σ und $\mathcal{V}$) *interpretiert*.

Für $x\in\mathcal{V}_s$ und $\mathfrak{a}\in\mathcal{A}_s$ ist $a[x/\mathfrak{a}]$ die A-Variablenbelegung mit $a[x/\mathfrak{a}](x)=\mathfrak{a}$ und $a[x/\mathfrak{a}](y)=a(y)$, falls $y\in\mathcal{V}_s$ mit $y\neq x$. ♦

Definition 1.2.2 (Σ-Interpretation, Erfüllbarkeit, Modell, Theorie)
Sei A eine Σ-Algebra und a eine A-Variablenbelegung. Dann ist das Paar I= (A, a) eine Σ-*Interpretation* und $I[x/\mathfrak{a}]$ ist die Σ-*Interpretation* (A,$a[x/\mathfrak{a}]$). Eine Σ-Interpretation I=(A,a) *erfüllt* eine Formel $\varphi\in\mathcal{F}(\Sigma,\mathcal{V})$, abgekürzt $I\models\varphi$, gdw.

(*i*) φ = TRUE,
(*ii*) $\varphi = t_1\equiv t_2$ und $a(t_1) = a(t_2)$,
(*iii*) $\varphi = \neg\varphi'$ und $I\not\models\varphi'$,

(*iv*) $\varphi = (\varphi_1 \wedge \varphi_2)$ und sowohl $I \models \varphi_1$ als auch $I \models \varphi_2$, oder
(*v*) $\varphi = (\forall x{:}s\ \varphi')$ und $I[x/a] \models \varphi'$ für alle $a \in \mathcal{A}_s$.

Eine Σ-Interpretation I ist ein *Modell* einer Formel φ oder einer Menge von Formeln Φ, gdw. $I \models \varphi$ bzw. $I \models \varphi$ für alle $\varphi \in \Phi$. φ wird durch Φ *semantisch impliziert*, abgekürzt $\Phi \models \varphi$, gdw. $I \models \varphi$ für jede Σ-Interpretation I mit $I \models \Phi$. Wir definieren die Menge aller aus Φ semantisch folgerbaren Formeln $\Phi^{\models}$ als $\Phi^{\models} := \{\varphi \in \mathcal{F}(\Sigma,\mathcal{V}) \mid \Phi \models \varphi\}$. Wie üblich schreiben wir $\models \varphi$ anstatt $\emptyset \models \varphi$ und nennen φ dann *allgemeingültig*. $\emptyset^{\models}$ ist die Menge aller allgemeingültigen Formeln.

Für eine Formelmenge $\Phi \subset \mathcal{F}(\Sigma,\mathcal{V})$ sind zwei Formeln $\varphi,\psi \in \mathcal{F}(\Sigma,\mathcal{V})$ *Φ-äquivalent*, kurz $\varphi \approx_\Phi \psi$, genau dann wenn $I \models \varphi$ dann und nur dann wenn $I \models \psi$ für jede Σ-Interpretation I mit $I \models \Phi$. Wir schreiben kurz $\varphi \approx \psi$ und nennen φ und ψ *äquivalent*, falls $\Phi = \emptyset$.

Da wir für die Deutung von *geschlossenen* Formeln und von *Grundtermen* keine Variablenbelegungen benötigen, verwenden wir Σ-Algebren auch als Σ-Interpretationen und schreiben dann $A \models \varphi$ anstatt $I \models \varphi$ und $A(t)$ anstatt $a(t)$ für $\varphi \in \mathcal{F}_g(\Sigma, \mathcal{V})$ und $t \in \mathcal{T}(\Sigma)$. Die *Theorie* $Th(A)$ einer Σ-Algebra A ist gegeben durch $Th(A) = \{\varphi \in \mathcal{F}_g(\Sigma,\mathcal{V}) \mid A \models \varphi\}$. ♦

Der Zusammenhang zwischen dem syntaktischen Begriff "Substitution" und dem semantischen Begriff "Variablenbelegung" wird durch folgendes Lemma beschrieben:

Satz 1.2.1 (Substitutionslemma)
Sei A eine Σ-Algebra, a eine A-Variablenbelegung und $\sigma = \{x_1/t_1,\ldots,x_n/t_n\}$ eine Substitution. Dann gilt

(*i*) $a(\sigma(t)) = a[x_1/a(t_1),\ldots,x_n/a(t_n)](t)$ für alle $t \in \mathcal{T}(\Sigma,\mathcal{V})$.
(*ii*) $(A,a) \models \sigma(\varphi)$ gdw. $(A,a[x_1/a(t_1),\ldots,x_n/a(t_n)]) \models \varphi$ für alle $\varphi \in \mathcal{F}(\Sigma,\mathcal{V})$ für die $\sigma(\varphi)$ definiert ist.

Beweis Übung. ♦

Die mit Definition *1.1.5* im letzten Abschnitt eingeführten Begriffe für "Normalformen" werden mit folgendem Satz gerechtfertigt:

Satz 1.2.2

(*i*) Für alle $\varphi \in \mathcal{F}(\Sigma,\mathcal{V})$ existiert ein $\varphi' \in \mathcal{F}(\Sigma,\mathcal{V})$ in pränexer Normalform mit $\varphi \approx \varphi'$.

(*ii*) Für alle $\psi \in \mathcal{F}_f(\Sigma,\mathcal{V})$ existiert ein $\psi' \in \mathcal{F}_f(\Sigma,\mathcal{V})$ in disjunktiver Normalform mit $\psi \approx \psi'$.

(*iii*) Für jedes $\psi' \in \mathcal{F}_f(\Sigma,\mathcal{V})$ in disjunktiver Normalform existiert ein $\psi'' \in \mathcal{F}_f(\Sigma,\mathcal{V})$ in voller disjunktiver Normalform mit $\psi' \approx \psi''$. ♦

Einen Beweis von Satz *1.2.2* findet man in jedem Lehrbuch über *Mathematische Logik* oder über klassisches *Automatisches Beweisen.* Satz *1.2.2* rechtfertigt die Bezeichnung "Normalform", denn wir können für jede Formel eine *äquivalente* Formel in pränexer Normalform finden und für jede quantorfreie Formel eine *äquivalente* Formel in voller disjunktiver Normalform.

Beispiel 1.2.1

(*i*) Für die Formeln φ_1, φ_2 und φ_3 aus Beispiel *1.1.1*(*i*) gilt $\varphi_1 \approx \varphi_2 \approx \varphi_3$.

(*ii*) Für die Formeln ψ_1, ψ_2 und ψ_3 aus Beispiel *1.1.1*(*ii*) gilt $\psi_1 \approx \psi_2 \approx \psi_3$. ♦

Mit Satz *1.2.2* verlieren wir also genau diejenigen Formeln, für die jeder Präfix einer äquivalenten Formel in pränexer Normalform mindestens einen Existenzquantor $\exists$ enthält, wenn wir uns auf *universelle* Formeln beschränken.

Übung 1.2.1

Zeigen Sie, daß für eine beliebige Σ-Algebra A gilt:

(*i*) $Th(A) \neq \emptyset$.

(*ii*) $\forall \varphi \in Th(A).\ \neg\varphi \notin Th(A)$, d.h. $Th(A)$ ist *konsistent.*

(*iii*) $\forall \varphi \in \mathcal{F}_g(\Sigma,\mathcal{V}).\ \varphi \in Th(A)$ oder $\neg\varphi \in Th(A)$, d.h. $Th(A)$ ist *vollständig.*

(*iv*) $\forall \varphi,\psi \in \mathcal{F}_g(\Sigma,\mathcal{V}).\ \psi \in Th(A)$, falls $\varphi \in Th(A)$ und $(\varphi \to \psi) \in Th(A)$.

(*v*) $Th(A)=Th(B)$ für jede Σ-Algebra B mit $Th(A) \subset Th(B)$. ♦

Übung 1.2.2

Beweisen Sie die folgenden Behauptungen:

(*i*) Seien $\varphi,\varphi' \in \mathcal{F}(\Sigma)$ sowie $t,t' \in \mathcal{T}(\Sigma)$ mit $t \leq_{\mathcal{T}} \varphi$ und φ' entsteht aus φ durch Ersetzen von t durch t'. Dann gilt $A \models \varphi$ gdw. $A \models \varphi'$ für jede Σ-Algebra A mit $A \models t \equiv t'$.

(*ii*) Seien $\varphi \in \mathcal{F}(\Sigma,\mathcal{V})$ und $\psi \in \mathcal{F}_f(\Sigma,\mathcal{V})$ mit $\varphi = (\forall x_1{:}s_1 \ \dots\ \forall x_n{:}s_n\ \psi)$ sowie $\mathcal{V}(\psi) \subset \{x_1,\dots,x_n\}$ und sei $\theta \in \mathrm{SUB}(\Sigma)$ mit $\theta(\psi) \in \mathcal{F}(\Sigma)$. Dann gilt $A \models \theta(\psi)$ für jede Σ-Algebra A mit $A \models \varphi$. ♦

Übung 1.2.3
(*i*) Beweisen Sie die folgende Behauptung: Sei $\Phi \subset \mathcal{F}_g(\Sigma,\mathcal{V})$ und $\varphi \in \mathcal{F}(\Sigma,\mathcal{V})$ mit $\Phi \models \varphi$. Dann gilt $\Phi \models Q_1 x_1{:}s_1 \ldots Q_n x_n{:}s_n\ \varphi$ für alle $Q_i \in \{\forall,\exists\}$, $s_i \in \mathcal{S}$ und $x_i \in \mathcal{V}_{si}$.
(*ii*) Gilt die Behauptung unter (*i*) auch für $\Phi \subset \mathcal{F}(\Sigma,\mathcal{V})$? ♦

1.3 Fundierte Mengen

Fundierte Mengen spielen eine zentrale Rolle in der Mathematik und der Informatik. Auf fundierten Mengen beruht das wichtige Beweisprinzip der vollständigen Induktion und (dual dazu) das Prinzip der rekursiven Definition totaler Funktionen. Wir beginnen mit einer Erinnerung an Grundbegriffe für Relationen:

Definition 1.3.1 (Operationen auf Relationen)
Seien M, N und K Mengen sowie $R \subset M{\times}M$, $Q \subset M{\times}N$ und $P \subset N{\times}K$. Dann ist :

(*i*) $Q^{-1} \subset N{\times}M$ die zu Q *inverse* Relation mit $Q^{-1} := \{(b,a) \mid (a,b) \in Q\}$,
(*ii*) $R \cup R^{-1} \subset M{\times}M$ die *symmetrische Hülle* von R, d.h.
$R \cup R^{-1} := \{(a,b) \mid (a,b) \in R \text{ oder } (b,a) \in R\}$,
(*iii*) $R^I \subset M{\times}M$ die *reflexive Hülle* von R mit $R^I := R \cup \{(a,a) \mid a \in M\}$,
(*iv*) $Q \circ P \subset M{\times}K$ die *Komposition* von Q und P mit
$Q \circ P := \{(a,c) \mid (a,b) \in Q \text{ und } (b,c) \in P \text{ für ein } b \in N\}$,
(*v*) $R^+ \subset M{\times}M$ die *transitive Hülle* von R mit:
(*1*) $R \subset R^+$, (*2*) $R \circ R^+ \subset R^+$, und (*3*) R^+ ist minimal ,
(*vi*) $R^* \subset M{\times}M$ die *reflexive und transitive Hülle* von R mit $R^* := (R^+)^I$. ♦

Die inverse Relation wird oft implizit durch "gespiegelte" Schreibweise eines Relationssymbols dargestellt. Man schreibt dann beispielsweise $<$ anstatt $>^{-1}$, $\leftarrow$ anstatt $\rightarrow^{-1}$ usw. Genauso drückt man oft die symmetrische Hülle durch entsprechende Schreibweise aus, also z.B. $\leftrightarrow$ anstatt $(\leftarrow \cup \rightarrow)$ u.s.w. Die reflexive Hülle wird oft durch Unterstreichung gekennzeichnet, also etwa $\geq$ und $\sqsupseteq$ anstatt $>^I$ und $\sqsupset^I$. Wir übernehmen diese Konventionen, ohne immer jeweils wieder darauf hinzuweisen.

Definition 1.3.2 (Begriffsbildungen für Relationen, fundierte Mengen)
Sei M eine Menge und $> \subset M \times M$, d.h. $>$ ist eine Relation *auf M*. Die Relation $>$ heißt

(*i*) *reflexiv* gdw. $m>m$ für alle $m \in M$,
(*ii*) *irreflexiv* gdw. $m>m$ für kein $m \in M$,
(*iii*) *symmetrisch* gdw. $m_1>m_2 \Rightarrow m_2>m_1$ für alle $m_1,m_2 \in M$,
(*iv*) *antisymmetrisch* gdw. $m_1>m_2 \wedge m_2>m_1 \Rightarrow m_1=m_2$ für alle $m_1,m_2 \in M$,
(*v*) *asymmetrisch* gdw. $m_1>m_2 \Rightarrow \neg\, m_2>m_1$ für alle $m_1,m_2 \in M$,
(*vi*) *transitiv* gdw. $m_1>m_2 \wedge m_2>m_3 \Rightarrow m_1>m_3$ für alle $m_1,m_2,m_3 \in M$,
(*vii*) *total* gdw. $m_1>m_2$ oder $m_2>m_1$ für alle $m_1,m_2 \in M$ mit $m_1 \neq m_2$ und andernfalls *partiell*,
(*viii*) *fundiert* (engl. *well-founded*) gdw. es keine unendliche Folge m_0, m_1, m_2, ... von Elementen aus M gibt, so daß $m_0>m_1>m_2>$.... gilt.

Eine Relation $\approx$ ist eine *Äquivalenzrelation* auf M gdw. $\approx$ reflexiv, symmetrisch und transitiv ist. Für alle $m \in M$ bezeichnet dann $[m]_\approx$ die *Äquivalenzklasse* von m, d.h. $[m]_\approx := \{m' \in M \mid m \approx m'\}$. $M_{/\approx}$ ist die *Quotientenmenge* von M bzgl. $\approx$, d.h. $M_{/\approx} := \{[m]_\approx \in 2^M \mid m \in M\}$.

Eine Relation $>$ ist eine (reflexive bzw. irreflexive / totale bzw. partielle / fundierte) *Ordnungsrelation* (kurz *Ordnung*) auf M gdw. $>$ antisymmetrisch und transitiv (sowie reflexiv bzw. irreflexiv / total bzw. partiell / fundiert) ist. Eine *fundierte* Ordnungsrelation wird auch eine *Wohlordnung* genannt.

Ist $\sqsubseteq$ eine *reflexive* Ordnungsrelation auf M, so nennt man $(M, \sqsubseteq)$ auch eine *Halbordnung* (engl. *partially ordered set*). Ist $>$ eine fundierte Relation auf M, so nennt man $(M, >)$ eine *fundierte Menge* (engl. *well-founded set*). Gelegentlich werden auch *reflexive* Relationen $\geq$ fundiert genannt, wenn deren *strikter Anteil* $> := \geq \cap \neq$ fundiert ist. ♦

Beispiel 1.3.1

(*i*) $(\mathbb{N}, >_\mathbb{N})$ ist eine fundierte Menge, wobei $>_\mathbb{N}$ die "übliche" größer-als-Relation auf den natürlichen Zahlen ist.

(*ii*) $(\mathcal{T}(\Sigma,\mathcal{V}), >_\mathcal{T})$ ist eine fundierte Menge. ($>_\mathcal{T}$ ist partiell.)

(*iii*) $(\mathcal{T}(\Sigma,\mathcal{V}), >_{||})$ ist eine fundierte Menge, wobei $s>_{||}t$ gdw. $|s|>_{\mathbb{N}}|t|$ (mit $|q|$ = Anzahl der Symbole in q). ($>_{||}$ ist total.)

(*iv*) $(\mathbb{N}, <_{\mathbb{N}})$ mit $n<_{\mathbb{N}}m$ gdw. $m>_{\mathbb{N}}n$ ist keine fundierte Menge.

(*v*) Für alle $c\in\mathbb{N}$ ist $(\mathbb{N}, <_c)$ mit $n<_c m$ gdw. $c>_{\mathbb{N}}m>_{\mathbb{N}}n$ eine fundierte Menge.

(*vi*) $(\mathbb{Z}, >_{\mathbb{Z}})$ ist keine fundierte Menge, wobei $>_{\mathbb{Z}}$ die "übliche" größer-als-Relation auf den ganzen Zahlen ist.

(*vii*) $(\mathbb{Q}^+, >_{\mathbb{Q}^+})$ ist keine fundierte Menge, wobei $>_{\mathbb{Q}^+}$ die "übliche" größer-als-Relation auf den positiven rationalen Zahlen $\mathbb{Q}^+$ ist.

(*viii*) Für alle $\varepsilon\in\mathbb{Q}^+$ mit $\varepsilon>_{\mathbb{Q}^+}0$ ist $(\mathbb{Q}^+, >_\varepsilon)$ mit $q>_\varepsilon r$ gdw. $(q-r) >_{\mathbb{Q}^+} \varepsilon$ eine fundierte Menge.

(*ix*) $(\mathbb{N}^*, >_{\mathbb{N}^*})$ ist keine fundierte Menge.

(*x*) $(Occ(t), >_{\mathbb{N}^*})$ ist für jedes $t\in\mathcal{T}(\Sigma,\mathcal{V})$ eine fundierte Menge. ♦

Definition 1.3.3 (Kette, untere/obere Schranke, maximale/minimale Elemente) Für eine Halbordnung $(M, \sqsubseteq)$ ist $K\subset M$ eine $\sqsubseteq$-*Kette* in M, gdw. $k_1\sqsubseteq k_2$ oder $k_2 \sqsubseteq k_1$ für alle $k_1,k_2\in K$ gilt. Damit ist M selbst eine Kette, falls $\sqsubseteq$ eine *totale* Ordnung auf M ist.

Für $N\subset M$ ist $m\in M$ eine *obere Schranke* (engl. *upper bound*) von N, gdw. $n\sqsubseteq m$ für alle $n\in N$ gilt. Gilt zusätzlich $m\in N$, so ist m *das größte Element* (engl. *greatest element*) von N. $m\in M$ ist eine *untere Schranke* (engl. *lower bound*) von N, gdw. $m\sqsubseteq n$ für alle $n\in N$ gilt. Gilt zusätzlich $m\in N$, so ist m *das kleinste Element* (engl. *least element*) von N.

Für $N\subset M$ ist $sup(N)\in M$ das kleinste Element der Menge aller oberen Schranken von N, vorausgesetzt so ein Element existiert. $sup(N)$ heißt *das Supremum, die kleinste obere Schranke* (engl. *least upper bound*) oder auch *die obere Grenze* von N. $inf(N)\in M$ ist das größte Element der Menge aller unteren Schranken von N, vorausgesetzt so ein Element existiert. $inf(N)$ heißt *das Infimum, die größte untere Schranke* (engl. *greatest lower bound*) oder auch *die untere Grenze* von N.

Für eine partielle (nicht notwendigerweise reflexive) Ordnung $\sqsubset \subset M \times M$ auf M und $N \subset M$ ist $m \in N$ *ein* $\sqsubset$*-maximales* Element von N und m ist $\sqsubset$*-maximal* in N, gdw. $m \sqsubset n$ für kein $n \in N$ mit $m \neq n$. $max_{\sqsubset}(N)$ bezeichnet die Menge aller $\sqsubset$-maximalen Elemente von N. $m \in N$ ist *ein* $\sqsubset$*-minimales* Element von N und m ist $\sqsubset$*-minimal* in N, gdw. $n \sqsubset m$ für kein $n \in N$ mit $m \neq n$. $min_{\sqsubset}(N)$ bezeichnet die Menge aller $\sqsubset$-minimalen Elemente von N. ♦

Für eine Halbordnung $(M, \sqsubseteq)$ besitzt jede Menge $N \subset M$ *höchstens ein* größtes Element, denn $\sqsubseteq$ ist antisymmetrisch. N kann keine, eine oder beliebig viele obere Schranken besitzen. Genausowenig ist die Existenz einer *kleinsten* oberen Schranke von N gesichert. Mit der Antisymmetrie von $\sqsubseteq$ kann es jedoch nur *höchstens eine* kleinste obere Schranke von N geben. Das größte Element einer Menge $N \subset M$ ist auch die kleinste obere Schranke von N. Die Umkehrung gilt jedoch i.allg. nicht, denn die kleinste obere Schranke von N ist nicht notwendigerweise Element von N. Ist m das größte Element einer *Kette* $K \subset M$, so gilt $max_{\sqsubseteq}(K)=\{m\}$. Für kleinste Elemente, (größte) untere Schranken und minimale Elemente gilt entsprechendes.

Beispiel 1.3.2

(*i*) Für $Q \subset \mathbb{R}$ mit $Q:=\{1-(q+1)^{-1} \mid q \in \mathbb{Q} \text{ und } q \geq_{\mathbb{R}} 0\}$ und eine Halbordnung $(\mathbb{R}, \sqsubseteq)$ mit $r_1 \sqsubseteq r_2$ gdw. $r_1, r_2 \in \mathbb{Q}$ und $r_1 \leq_{\mathbb{Q}} r_2$ ist Q eine $\sqsubseteq$*-Kette* in $\mathbb{R}$. $\{q \in \mathbb{Q} \mid q \geq_{\mathbb{Q}} 1\}$ ist die Menge aller *oberen Schranken* von Q und 1 ist die *kleinste obere Schranke* von Q, d.h. $sup(Q)=1$. Mit $1 \notin Q$ besitzt Q folglich kein *größtes* Element. $\{q \in \mathbb{Q} \mid q \leq_{\mathbb{Q}} 0\}$ ist die Menge aller unteren Schranken von Q und 0 ist die *größte untere Schranke* von Q, d.h. $inf(Q)=0$. Mit $0 \in Q$ besitzt Q damit ein *kleinstes* Element.

(*ii*) Für $Q \subset \mathbb{Q}$ mit $Q:=\{q \in \mathbb{Q} \mid q^2 \leq_{\mathbb{Q}} 2\}$ ist $\{r \in \mathbb{Q} \mid r^2 \geq_{\mathbb{Q}} 2\}$ die Menge aller *oberen Schranken* von Q in der Halbordnung $(\mathbb{Q}, \leq_{\mathbb{Q}})$. Mit $2^{1/2} \notin \mathbb{Q}$ besitzt Q jedoch keine kleinste obere Schranke.

(*iii*) Für $R \subset \mathbb{R}$ mit $R:=\{1-(r+1)^{-1} \mid r \in \mathbb{R} \text{ und } r \geq_{\mathbb{R}} 0\}$ und $\sqsubseteq \subset \mathbb{R} \times \mathbb{R}$ mit $r_1 \sqsubseteq r_2$ gdw. $r_1 = r_2$ oder $r_1, r_2 \in \mathbb{Q}$ und $r_1 \leq_{\mathbb{Q}} r_2$ ist 0 sowie jedes $r' \in R \setminus \mathbb{Q}$ $\sqsubseteq$*-minimal* in R, d.h. $min_{\sqsubseteq}(R)=\{0\} \cup R \setminus \mathbb{Q}$. Jedes $r' \in R \setminus \mathbb{Q}$ ist auch $\sqsubseteq$*-maximal* in R, d.h. $max_{\sqsubseteq}(R)=R \setminus \mathbb{Q}$. ♦

Die Transitivität einer Relation ist für deren Fundiertheit unerheblich, wie folgendes Lemma zeigt:

Lemma 1.3.1 (Fundiertheit und Transitivität)
$> \subset M{\times}M$ ist fundiert gdw. $>^+ \subset M{\times}M$ fundiert ist.

Beweis "=>" Angenommen, $(M, >^+)$ ist nicht fundiert. Dann gibt es eine unendlich absteigende $>^+$-Folge $\langle m_i\rangle_{i\in\mathbb{N}}$ in M. Mit Definition von $>^+$ existieren für jedes $i\in\mathbb{N}$ Elemente $m_{i,1},...,m_{i,n_i}\in M$ mit $n_i\geq 1$, so daß $m_i=m_{i,1}>m_{i,2}>...>m_{i,n_i}> m_{i+1}$, damit ist $m_{0,1}>...>m_{0,n_0} > m_{1,1}>...>m_{1,n_1} > m_{2,1}>...>m_{2,n_2} > m_{3,1}> ...$ eine unendlich absteigende $>$-Folge in M und $(M, >)$ ist nicht fundiert. ↯ √

"<=" Angenommen, $(M, >)$ ist nicht fundiert. Dann gibt es eine unendliche absteigende $>$-Folge $\langle m_i\rangle_{i\in\mathbb{N}}$ in M, mit $> \subset >^+$ ist $\langle m_i\rangle_{i\in\mathbb{N}}$ auch eine $>^+$-Folge in M und $(M, >^+)$ ist nicht fundiert. ↯ √ ♦

Mit dem folgenden Satz erhält man eine äquivalente Charakterisierung fundierter Mengen:

Satz 1.3.2 (Äquivalente Charakterisierung fundierter Mengen)
$(M, >)$ ist eine fundierte Menge gdw. jede nicht-leere Teilmenge M' von M ein *>-minimales* Element besitzt.

Beweis Man zeigt die beiden Richtungen der Äquivalenz jeweils durch einen Widerspruchsbeweis:

"=>" Angenommen, es gibt ein $M'\subset M$ mit $M'\neq\emptyset$, so daß M' kein >-minimales Element besitzt. Dann existiert für jedes $m_0\in M'$ ein $m'\in M'$ so daß $m_0>m'$. Wir definieren eine Abbildung $F{:}M'\rightarrow 2^{M'}$ durch $F(m_0) := \{m'\in M' | m_0>m'\}$. Dann gilt $F(m_0)\neq\emptyset$ für jedes $m_0\in M'$ und mit dem *Auswahlaxiom* existiert dann eine Abbildung $f{:}M'\rightarrow M'$ mit $f(m)\in F(m)$, d.h. $m>f(m)$, für alle $m\in M'$. Sei $\langle f^{(i)}(m)\rangle_{i\in\mathbb{N}}$ eine Folge von Elementen aus M' für ein beliebiges $m\in M'$. Dann gilt $f^{(i)}(m)>f(f^{(i)}(m))=f^{(i+1)}(m)$ für alle $i\in\mathbb{N}$ und mit $M'\subset M$ ist $\langle f^{(i)}(m)\rangle_{i\in\mathbb{N}}$ eine unendlich >-absteigende Folge von Elementen aus M. Damit ist $(M, >)$ nicht fundiert. ↯ √

"<=" Angenommen, $(M, >)$ ist nicht fundiert. Dann existiert eine Folge $\langle m_i\rangle_{i\in\mathbb{N}}$ von Elementen aus M mit $m_i>m_{i+1}$ für alle $i\in\mathbb{N}$. Sei $M':=\{m_i\in M | i\in\mathbb{N}\}$. Dann gilt $M'\subset M$ und $M'\neq\emptyset$. Für jedes $m_j\in M'$ gilt $m_j>m_{j+1}$, d.h. M' besitzt kein >-minimales Element. ↯ √ ♦

Übung 1.3.2
Zeigen Sie die Aussagen (*iv*), (*vi*) und (*vii*) aus Beispiel *1.3.1*. Hinweis: Verwenden Sie Satz *1.3.2*. ♦

Satz 1.3.3 (Induktionsprinzip, Noethersche Induktion)
Sei $(M, >)$ eine fundierte Menge. Dann gilt:

$$[\ \forall m \in M.\ [\forall k \in M.\ m > k \Rightarrow P(k)] \Rightarrow P(m)\ ] \Rightarrow \forall n \in M.\ P(n)\ .$$

Beweis Man zeigt die Gültigkeit der Formel " $[A] \Rightarrow B$" durch einen Widerspruchsbeweis, d.h. $[A]$ und $\neg B$ wird zum Widerspruch geführt:

Sei $M' := \{n \in M | \neg P(n)\}$. Dann gilt $M' \neq \varnothing$, da wir annehmen, daß "$\forall n \in M.\ P(n)$" falsch ist. Mit $M' \subset M$ und $M' \neq \varnothing$ besitzt M' mit Satz *1.3.2* ein >-minimales Element m_0. Nach Voraussetzung gilt "$[\forall k \in M.\ m_0 > k \Rightarrow P(k)] \Rightarrow P(m_0)$" und mit $m_0 \in M'$ gilt $\neg P(m_0)$. Also gilt "$\exists k \in M.\ m_0 > k \wedge \neg P(k)$". Mit $\neg P(k)$ gilt auch $k \in M'$ und mit $m_0 > k$ ist m_0 nicht >-minimal. ↯ ♦

Übung 1.3.3
Zeigen Sie, daß die Umkehrung des Induktionsprinzips ebenfalls gilt, d.h. beweisen Sie: $\forall n \in M.\ P(n) \Rightarrow [\ \forall m \in M.\ [\forall k \in M.\ m > k \Rightarrow P(k)] \Rightarrow P(m)\ ]$.♦

Mit der Noetherschen Induktion reicht es

$$(1.3.1) \quad \forall m \in M.\ [\forall k \in M.\ m > k \Rightarrow P(k)] \Rightarrow P(m)$$

zu zeigen, wenn $[\ \forall n \in M.\ P(n)\ ]$ bewiesen werden soll. Die Noethersche Induktion verallgemeinert das bekannte Induktionsprinzip, die *Peano-Induktion,* auf den natürlichen Zahlen:

$$(1.3.2) \quad P(0) \wedge [\ \forall k \in \mathbb{N}.\ P(k) \Rightarrow P(k+1)\ ] \Rightarrow \forall n \in \mathbb{N}.\ P(n)$$

Setzt man $M := \mathbb{N}$ und $m > k$ gdw. $m = k+1$, so erhält man aus der Formel von Satz *1.3.3* das Peano-Induktionsprinzip (*1.3.2*). Dabei verschmelzen Induktionsanfang und Induktionsschritt in (*1.3.2*) zu einer Formel, nämlich (*1.3.1*). Gilt $m=0$, so läßt sich (*1.3.1*) zu $P(0)$ vereinfachen. Für $m>0$ gilt $m=k+1$ und (*1.3.1*) wird zu $[\ \forall k \in \mathbb{N}.\ P(k) \Rightarrow P(k+1)\ ]$ vereinfacht.

Mit dem Noetherschen Induktionsprinzip ist man nicht mehr auf die übliche "größer-als" Relation auf den natürlichen Zahlen beschränkt:

Beispiel 1.3.3
Es soll [$\forall m \in \mathbb{N}.\ \lfloor m/2 \rfloor \times 2 \leq_{\mathbb{N}} m$] bewiesen werden, wobei $\leq_{\mathbb{N}}$ die "übliche" kleiner-oder-gleich Relation auf den natürlichen Zahlen ist. Dabei sollen lediglich folgende Fakten bekannt sein:

$$\lfloor 0/2 \rfloor = 0\,, \qquad \lfloor 1/2 \rfloor = 0\,, \qquad \lfloor (n+2)/2 \rfloor = \lfloor n/2 \rfloor + 1$$
$$0 \times 2 = 0\,, \qquad (n+1) \times 2 = n \times 2 + 2,$$
$$0 \leq_{\mathbb{N}} m\,, \qquad (n+1) \leq_{\mathbb{N}} (m+1) <=> n \leq_{\mathbb{N}} m\,.$$

Wir wählen $(\mathbb{N},>)$ mit $m > n$ gdw. $m=n+2$ als fundierte Menge und zeigen:

(i) [$\forall m \in \mathbb{N}.$ [$\forall k \in \mathbb{N}.\ m > k => \lfloor k/2 \rfloor \times 2 \leq_{\mathbb{N}} k$] $=> \lfloor m/2 \rfloor \times 2 \leq_{\mathbb{N}} m$]

Fall $m = 0$: Dann wird $\lfloor m/2 \rfloor \times 2 \leq_{\mathbb{N}} m$ in (i) zu $\lfloor 0/2 \rfloor \times 2 \leq_{\mathbb{N}} 0$ und weiter zu $0 \leq_{\mathbb{N}} 0$ vereinfacht. √

Fall $m = 1$: Dann wird $\lfloor m/2 \rfloor \times 2 \leq_{\mathbb{N}} m$ in (i) zu $\lfloor 1/2 \rfloor \times 2 \leq_{\mathbb{N}} 1$ und weiter zu $0 \leq_{\mathbb{N}} 1$ vereinfacht. √

Fall $m = m'+2$: Dann gilt $m>k$ mit $k=m'$ und (i) wird zu [$\forall m' \in \mathbb{N}.$ [$m'+2>m' => \lfloor m'/2 \rfloor \times 2 \leq_{\mathbb{N}} m'$] $=> \lfloor (m'+2)/2 \rfloor \times 2 \leq_{\mathbb{N}} m'+2$] und weiter zu [$\forall m' \in \mathbb{N}.\ \lfloor m'/2 \rfloor \times 2 \leq_{\mathbb{N}} m' => \lfloor (m'+2)/2 \rfloor \times 2 \leq_{\mathbb{N}} m'+2$] vereinfacht. Umformungen ergeben dann $\lfloor (m'+2)/2 \rfloor \times 2 = \lfloor (m'/2) \times 2 \rfloor + 2 \leq_{\mathbb{N}} m'+2 <=> \lfloor (m'/2) \times 2 \rfloor \leq_{\mathbb{N}} m'$ und damit die Umformung von (i) zu [$\forall m' \in \mathbb{N}.\ \lfloor m'/2 \rfloor \times 2 \leq_{\mathbb{N}} m' => \lfloor (m'/2) \times 2 \rfloor \leq_{\mathbb{N}} m'$]. Damit ist dieser Fall auch bewiesen. √

Man überzeuge sich, daß ein Beweis mit der Peano-Induktion nicht gelingt! ♦

Mit dem Noetherschen Induktionsprinzip kann man auch Induktionsbeweise "außerhalb" der natürlichen Zahlen führen:

Beispiel 1.3.4 (Induktion auf Termen)
Es soll [$\forall t \in \mathcal{T}(\Sigma,\mathcal{V}).\ t \notin \mathcal{T}(\Sigma) \vee \mathcal{V}(t)=\emptyset$] bewiesen werden. Wir wählen $(\mathcal{T}(\Sigma,\mathcal{V}), >_{\mathcal{T}})$ wie in Beispiel *1.3.1* als fundierte Menge und zeigen:

(i) $\forall s \in \mathcal{T}(\Sigma,\mathcal{V}).$
[$\forall t \in \mathcal{T}(\Sigma,\mathcal{V}).\ s >_{\mathcal{T}} t \rightarrow (t \notin \mathcal{T}(\Sigma) \vee \mathcal{V}(t)=\emptyset)$] $\rightarrow (s \notin \mathcal{T}(\Sigma) \vee \mathcal{V}(s)=\emptyset)$

Fall $s \in (\mathcal{V} \cup \Sigma_{\lambda,s})$: Für $s \in \mathcal{V}$ gilt $s \notin \mathcal{T}(\Sigma)$ und für $s \in \Sigma_{\lambda,s}$ gilt $\mathcal{V}(s)=\emptyset$. Also gilt $(s \notin \mathcal{T}(\Sigma) \vee \mathcal{V}(s)=\emptyset)$. √

Fall $s = ft_1...t_n$: Dann gilt $s >_{\mathcal{T}} t_i$ für alle i mit $1 \leq i \leq n$ und (i) wird umgeformt zu

$$\forall t_1,...,t_n \in \mathcal{T}(\Sigma,\mathcal{V}).\quad [\ \textstyle\bigwedge_{i=1..n} (t_i \notin \mathcal{T}(\Sigma) \vee \mathcal{V}(t_i)=\emptyset)\ ] \rightarrow (ft_1...t_n \notin \mathcal{T}(\Sigma) \vee \mathcal{V}(ft_1...t_n)=\emptyset).$$

Fall $\mathcal{V}(t_i)=\emptyset$ für alle i mit $1 \leq i \leq n$: Dann gilt auch $\mathcal{V}(ft_1...t_n)=\emptyset$. √

Fall $\mathcal{V}(t_i) \neq \emptyset$ für ein i mit $1 \leq i \leq n$: Dann gilt $t_i \notin \mathcal{T}(\Sigma)$ und damit $ft_1...t_n \notin \mathcal{T}(\Sigma)$. √ √ ♦

Übung 1.3.4 (Induktion auf Formeln)
Eine Σ-Algebra $A=(\mathcal{A},\alpha)$ heißt termerzeugt gdw. für alle $a \in \mathcal{A}$ ein $t \in \mathcal{T}(\Sigma)$ mit $a = A(t)$ existiert.

(i) Beweisen Sie, daß für beliebige Σ-Interpretationen $I_1=(A_1,a_1)$ und $I_2=(A_2,a_2)$ gilt:
$[\ \forall \varphi \in \mathcal{A}t(\Sigma,\mathcal{V}).\ (I_1 \models \varphi \leftrightarrow I_2 \models \varphi)\ ] \rightarrow [\ \forall \varphi \in \mathcal{F}(\Sigma,\mathcal{V}).\ (I_1 \models \varphi \leftrightarrow I_2 \models \varphi)]$,
falls A_1 und A_2 termerzeugt sind.

(ii) Gilt die Aussage (i) auch, wenn A_1 und A_2 *nicht* termerzeugt sind? ♦

Betrachten wir noch einmal Satz *1.3.3*. Sei $f{:}M \mapsto N$ eine Funktion und es gelte $P(m)$:<=> "$f(m)$ ist definiert". Mit Satz *1.3.3* folgt dann: Wenn für alle $k \in M$ mit $m>k$ aus "$f(k)$ ist definiert" folgt, daß $f(m)$ definiert ist, so ist $f(m)$ für alle $m \in M$ definiert. Anders gesagt, wir können eine *totale* Funktion $f{:}M \rightarrow N$ definieren, indem wir eine fundierte Relation > auf M wählen und dann den Wert für $f(m)$ nur aus >-kleineren Funktionswerten bilden (für >-minimale Elemente m muß $f(m)$ direkt angegeben werden). Dies ist das bekannte Prinzip der *rekursiven Definition*, das also direkt aus dem Noetherschen Induktionsprinzip gewonnen wird.

Korollar 1.3.4 (Prinzip der Rekursiven Definition)
Sei $(M, >)$ eine fundierte Menge, N eine Menge und $f{:}M \mapsto N$. Dann ist die Abbildung f *total* gdw.

$$[\ \forall m \in M.\ [\forall k \in M.\ m > k \Rightarrow f(k) \in N] \Rightarrow f(m) \in N\ ].$$

Beweis Folgt sofort aus Satz *1.3.3* und Übung *1.3.3* mit $P(x)$:<=> $f(x) \in N$. ♦

Beispiel 1.3.5 (Rekursive Definition)
Wir definieren eine Funktion $\|\|$: $\mathcal{T}(\Sigma,\mathcal{V}) \rightarrow \mathbb{N}$ durch :

(*i*) $|t| := 1$, wenn $t \in (\mathcal{V} \cup \Sigma_{\lambda,s})$
(*ii*) $|t| := 1 + \Sigma_{i=1...n} |t_i|$, wenn $t = ft_1...t_n$

Für $t \in \mathcal{T}(\Sigma,\mathcal{V})$ heißt $|t|$ die *Größe* von *t*.

Definiert man weiter $P(s)$:<=> $\exists n \in \mathbb{N}.\ |s|=n$, so kann man sofort durch Noethersche Induktion über $(\mathcal{T}(\Sigma,\mathcal{V}), >_{\mathcal{T}})$ zeigen, daß $[\forall s \in \mathcal{T}(\Sigma,\mathcal{V}).\ P(s)]$ gilt und damit die Totalität von $|\ |$: $\mathcal{T}(\Sigma,\mathcal{V}) \rightarrow \mathbb{N}$ beweisen.

Dies gelingt hier, da wir mit (*i*) $|t|$ für alle $>_{\mathcal{T}}$ -minimalen Argumente direkt definiert haben und mit (*ii*) den Wert von $|ft_1...t_n|$ aus den Werten $|t_i|$ der $>_{\mathcal{T}}$–kleineren Elemente bestimmen. ♦

1.4 Konstruktion fundierter Mengen

Der Nachweis, daß $(M, >)$ für eine bestimmte Menge M mit einer Relation $>$ eine *fundierte* Menge ist, kann mitunter sehr aufwendig sein. Häufig kann man jedoch aus *bekannten* fundierten Mengen in einfacher Weise weitere fundierte Mengen bilden und damit den Nachweis, daß eine Menge fundiert ist, auf die Existenz bereits bekannter fundierter Mengen zurückführen. Ausgangspunkt ist die fundierte Menge $(\mathbb{N}, >_{\mathbb{N}})$. Ein formaler Beweis für die Fundiertheit von $>_{\mathbb{N}}$ kann etwa im Rahmen der Axiomatischen Mengenlehre geführt werden, wobei man dann letztendlich auf ein Fundiertheits*axiom* zurückgreifen muß. Wir nehmen hier also einfach an, daß $(\mathbb{N}, >_{\mathbb{N}})$ fundiert ist. Damit haben wir schon einmal *eine* fundierte Menge und können weitere durch einfache "Konstruktionsprinzipien" bilden:

Satz 1.4.1 (Konstruktion fundierter Mengen)
Sei $(M, >_M)$ eine fundierte Menge.

(*i*) Sei $N \subset M$ und sei $>_N \subset N \times N$ mit $>_N \subset >_M$. Dann ist $(N, >_N)$ eine fundierte Menge.

(*ii*) Sei $f:N\rightarrow M$ eine Abbildung und sei $>_N\subset N\times N$ mit $n_1>_N n_2$:<=> $f(n_1)>_M f(n_2)$. Dann ist $(N, >_N)$ eine fundierte Menge.

(*iii*) Sei $(N, >_N)$ eine fundierte Menge und sei $>_{M\times N}\subset(M\times N)\times(M\times N)$ mit $(m_1,n_1)>_{M\times N}(m_2,n_2)$:<=> $m_1>_M m_2$ oder ($m_1=m_2$ und $n_1>_N n_2$). Dann ist $(M\times N, >_{M\times N})$ eine fundierte Menge.

Beweis (*i*) Angenommen, $(N,>_N)$ ist nicht fundiert. Dann gibt es eine unendlich absteigende $>_N$-Folge $\langle n_i\rangle_{i\in\mathbb{N}}$ in N. Die Folge $\langle n_i\rangle_{i\in\mathbb{N}}$ ist nach Voraussetzung auch eine $>_M$-Folge in M und folglich ist $(M, >_M)$ nicht fundiert. ⚡ √

(*ii*) Angenommen, $(N,>_N)$ ist nicht fundiert. Dann gibt es eine unendliche absteigende $>_N$-Folge $\langle n_i\rangle_{i\in\mathbb{N}}$ in N. Ersetzt man jedes Element n_i der Folge durch $f(n_i)$, so erhält man eine unendliche absteigende $>_M$-Folge $\langle f(n_i)\rangle_{i\in\mathbb{N}}$ in M, und damit ist $(M, >_M)$ nicht fundiert. ⚡ √

(*iii*) Angenommen, $(M\times N, >_{M\times N})$ ist nicht fundiert. Dann gibt es eine Folge $\langle(m_i,n_i)\rangle_{i\in\mathbb{N}}$ mit $(m_i,n_i)>_{M\times N}(m_{i+1},n_{i+1})$ und insbesondere $m_i\geq_M m_{i+1}$ für alle $i\in\mathbb{N}$.

Fall 1 Es gibt ein $h\in\mathbb{N}$ so daß $h<j$ => $m_h=m_j$ für alle $j\in\mathbb{N}$ gilt: Dann ist $\langle n_{h+i}\rangle_{i\in\mathbb{N}}$ eine Folge mit $n_{h+i} >_N n_{h+i+1}$ für alle $i\in\mathbb{N}$ und somit ist $(N, >_N)$ nicht fundiert. ⚡ √

Fall 2 Für jedes $h\in\mathbb{N}$ gibt es ein $j\in\mathbb{N}$ mit $h<j$ und $m_h\neq m_j$: Dann gilt $m_h>_{M^+} m_j$. Sei $j(h)$ der kleinste Index mit $h<j(h)$ und $m_h>_{M^+}m_{j(h)}$ und sei $k(0):=0$ und $k(i+1):=j(k(i))$. Dann ist $\langle m_{k(i)}\rangle_{i\in\mathbb{N}}$ eine Folge in M mit $m_{k(i)}>_{M^+} m_{k(i+1)}$ für alle $i\in\mathbb{N}$. Somit ist $(M, >_{M^+})$ nicht fundiert und mit Lemma *1.3.1* ist dann auch $(M, >_M)$ nicht fundiert. ⚡ √ √ ♦

Die fundierte Menge $(M\times N, >_{M\times N})$ (und die Relation $>_{M\times N}$) in *1.4.1*(*iii*) entsteht durch *lexikographische Kombination* der fundierten Mengen $(M, >_M)$ und $(N, >_N)$. $>_{M\times N}$ wird auch eine *lexikographische Ordnung* genannt, wenn $(M, >_M)$ und $(N, >_N)$ Ordnungen sind.

Übung 1.4.1

Beweisen Sie die Aussagen (*ii*), (*iii*), (*v*) und (*viii*) aus Beispiel *1.3.1*. Verwenden Sie dabei Aussage (*i*) und Satz *1.4.1*. Zeigen Sie zunächst Aussage (*iii*) mit *1.4.1* (*ii*) und dann Aussage (*ii*) mit *1.4.1*(*i*). Aussage (*v*) zeigt man ebenfalls mit *1.4.1*(*ii*). ♦

Beispiel 1.4.1

Mit dem Nachweis der Fundiertheit einer bestimmten Relation kann z.B. die Terminierung eines Algorithmus bewiesen werden. Wir betrachten als Beispiel den Algorithmus für die *Ackermann-Funktion*:

```
function A(m, n:ℕ):ℕ ⇐
  if m=0
    then n+1
    else ( if n=0 then A(m−1, 1) else A(m−1, A(m, n−1)) fi )
  fi
end
```

Wir ordnen dem Algorithmus A eine Relation $>_A$ auf $\mathbb{N}\times\mathbb{N}$ zu mit: $(m_1,n_1) >_A (m_2,n_2)$:<=> "bei Auswertung von $A(m_1,n_1)$ wird $A(m_2,n_2)$ rekursiv aufgerufen". Wenn die Relation $>_A$ fundiert ist, so terminiert A, denn dann können zu einer Eingabe nur endlich viele rekursive Aufrufe stattfinden. Genauso ist umgekehrt $>_A$ fundiert, wenn A terminiert, denn dann ist jede Folge rekursiver Aufrufe endlich.

Die Relation $>_A$ läßt sich umformen zu

$$(m+1, 0) >_A (m, 1) \quad ,$$
$$(m+1, n+1) >_A (m, A(m+1, n)) \quad , \text{und}$$
$$(m+1, n+1) >_A (m+1, n).$$

Mit Satz *1.4.1(iii)* ist $(m_1, n_1) >_{\mathbb{N}\times\mathbb{N}} (m_2, n_2)$:<=> $m_1 >_{\mathbb{N}} m_2$ oder $(m_1 = m_2$ und $n_1 >_{\mathbb{N}} n_2)$ fundiert. Offensichtlich gilt $>_A \subset >_{\mathbb{N}\times\mathbb{N}}$. Mit Satz *1.4.1(i)* ist dann auch $>_A$ fundiert und A terminiert. ♦

Fundiertheit setzt sich auf Schnittmengen fort, auf Vereinigungsmengen dagegen nicht:

Lemma 1.4.2

(*i*) Für fundierte Mengen $(M, >_M)$ und $(N, >_N)$ ist auch $(M\cap N, >_M\cap>_N)$ eine fundierte Menge.

(*ii*) Es gibt fundierte Mengen $(M, >_M)$ und $(N, >_N)$, so daß $(M\cup N, >_M\cup>_N)$ keine fundierte Menge ist.

Beweis (*i*) Folgt aus Satz *1.4.1*(*i*), denn $M\cap N\subset M$ und $>_M\cap>_N \subset >_M$. √

(*ii*) ($\mathbb{N}$, $>_{\mathbb{N}}$) und ($\mathbb{N}$, $<_2$) mit $m <_2 n$ gdw. $2 >_{\mathbb{N}} n >_{\mathbb{N}} m$ sind fundierte Mengen, vgl. Beispiel *1.3.1*(*v*). Damit ist ($\mathbb{N}$, $>_{\mathbb{N}} \cup <_2$) nicht fundiert, denn $1 >_{\mathbb{N}} 0 <_2 1 >_{\mathbb{N}} 0 <_2 \ldots$ ist eine unendliche $>_{\mathbb{N}} \cup <_2$-Folge in $\mathbb{N}$. √ ♦

Wir geben noch weitere Konstruktionsprinzipien für fundierte Mengen:

Lemma 1.4.3
Seien $(M, >_M)$ und $(N, >_N)$ fundierte Mengen.

(*i*) Seien $f: K \to M$ und $g: K \to N$ Abbildungen und sei $>_K \subset K \times K$ definiert durch $k_1 >_K k_2 :\Leftrightarrow f(k_1) >_M f(k_2)$ oder ($f(k_1) = f(k_2)$ und $g(k_1) >_N g(k_2)$). Dann ist $(K, >_K)$ eine fundierte Menge.

(*ii*) Sei $f: N \to M$ eine Abbildung und sei $>_K \subset N \times N$ definiert durch $n_1 >_K n_2 :\Leftrightarrow f(n_1) >_M f(n_2)$ oder ($f(n_1) = f(n_2)$ und $n_1 >_N n_2$). Dann ist $(N, >_K)$ eine fundierte Menge.

Beweis Übung (Hinweis: Verwenden Sie Satz *1.4.1*). ♦

Beispiel 1.4.2
Es soll die Terminierung des folgenden Algorithmus nachgewiesen werden:

```
function replace(x:V, c:Σλ,s, s:Stack_of_(Σ ∪ V)):Stack_of_(Σ ∪ V) ⇐
  if s=empty
    then empty
    else if top(s)∈V
           then if top(s)=x
                  then replace(x, c, push(c, pop(s)))
                  else push(top(s), replace(x, c, pop(s)))
                fi
           else push(top(s), replace(x, c, pop(s)))
         fi
  fi
end
```

Mit dem Aufruf *replace*(x, c, s) werden alle Vorkommen der Variablen x im Keller s durch die Konstante c ersetzt.

Wir ordnen dem Algorithmus *replace* eine Relation $>_{\text{replace}}$ auf *Stack_of_*$(\Sigma\cup\mathcal{V})$ zu mit: $s_1 >_{\text{replace}} s_2$:<=> "bei Auswertung von *replace*$(\ldots,s_1)$ wird *replace*$(\ldots,s_2)$ rekursiv aufgerufen". *replace* terminiert gdw. $>_{\text{replace}}$ fundiert ist, vgl. Beispiel *1.4.1*. Die Relation $>_{\text{replace}}$ läßt sich umformen zu

$$push(x, s') >_{\text{replace}} push(c, s') \quad \text{und} \quad push(a, s') >_{\text{replace}} s' \quad \text{für } a \neq x.$$

Sei $\#_1$:*Stack_of_*$(\Sigma\cup\mathcal{V})\rightarrow\mathbb{N}$ mit $\#_1(s)$:= "Anzahl der Variablen in s", sei $\#_2$:*Stack_of_*$(\Sigma\cup\mathcal{V})\rightarrow\mathbb{N}$ mit $\#_2(s)$:= "Anzahl der Symbole in s" und sei $\gg$ $\subset$ *Stack_of_*$(\Sigma\cup\mathcal{V})\times$*Stack_of_*$(\Sigma\cup\mathcal{V})$ mit $s_1 \gg s_2$ gdw. $\#_1(s_1) >_{\mathbb{N}} \#_1(s_2)$ oder $(\#_1(s_1)=\#_1(s_2)$ und $\#_2(s_1)>_{\mathbb{N}}\#_2(s_2))$. Dann gilt:

$$\begin{aligned}
&\#_1(push(x, s')) >_{\mathbb{N}} \#_1(push(c, s')) &&, \\
&\#_1(push(a, s')) \geq_{\mathbb{N}} \#_1(s') &&, \text{für } a \neq x, \text{ und} \\
&\#_2(push(a, s')) >_{\mathbb{N}} \#_2(s') &&, \text{für } a \neq x,
\end{aligned}$$

und damit

$$push(x, s') \gg push(c, s') \quad \text{sowie} \quad push(a, s') \gg s' \quad \text{für } a \neq x.$$

Also gilt $>_{\text{replace}} \subset \gg$. Mit Lemma *1.4.3(i)* ist $\gg$ fundiert, mit Satz *1.4.1(i)* ist dann auch $>_{\text{replace}}$ fundiert und *replace* terminiert. ♦

1.5 Konfluente Relationen

Algorithmen lassen sich oft elegant durch *Ableitungsrelationen* beschreiben, mit denen ausgehend von einem "Startproblem" "Probleme" schrittweise solange vereinfacht, d.h. umgeformt werden, bis eine Lösung gefunden ist. In diesem Abschnitt stellen wir einige in diesem Zusammenhang nützliche Begriffsbildungen sowie Eigenschaften solcher Relationen vor:

Definition 1.5.1 (Konfluente Relationen)
Eine Relation $\rightarrow \subset M \times M$ heißt *konfluent* gdw. $^*\!\leftarrow \circ \rightarrow^* \subset \rightarrow^* \circ\, ^*\!\leftarrow$, d.h. für alle $s,t,q \in M$ gilt (vgl. Bild *1.5.1*(*i*)):

Wenn $s \;^*\!\leftarrow q \rightarrow^* t$, dann existiert ein $r \in M$ mit $s \rightarrow^* r \;^*\!\leftarrow t$. ♦

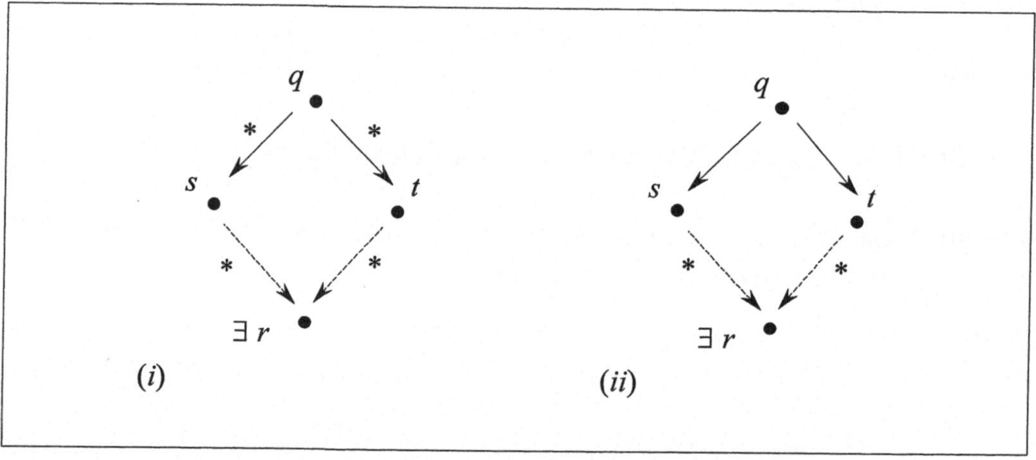

Bild 1.5.1 (*i*) Konfluenz und (*ii*) Lokale Konfluenz

Anschaulich bedeutet Konfluenz, daß zwei (unterschiedliche) "Wege" von q nach s und von q nach t immer zu einem *gemeinsamen* "Wegpunkt" r fortgesetzt werden können. Eine *Divergenz* "$s \;^*\!\leftarrow q \rightarrow^* t$" repräsentiert einen *Indeterminismus*, denn man kann ausgehend von q sowohl nach s als auch nach t gelangen. Die Eigenschaft der Konfluenz gewährleistet dann, daß solche Indeterminismen *beliebig aufgelöst* werden können: Unter der Voraussetzung, daß "Ziele" $\rightarrow$ -minimale Objekte sind, d.h. ausgehend von einem "Ziel" s ist kein anderer "Wegpunkt" mit $\rightarrow$ erreichbar, kann man mit konfluenten Relationen nicht in "Sackgassen" gelangen, also zu "Wegpunkten", aus denen kein "Ziel" erreichbar ist. Kann man etwa vom "Start" q zu einem "Ziel" s gelangen, d.h. $q \rightarrow^* s$, schlägt aber tatsächlich den Weg nach t ein, d.h. $q \rightarrow^* t$, so gewährleistet die Konfluenz, daß das "Ziel" s auch von t erreichbar ist, d.h. $t \rightarrow^* s$, denn es gilt $s \rightarrow^* r \,^*\!\leftarrow t$ und mit der $\rightarrow$ -Minimalität von s dann $s=r$.

Die Konfluenz einer Relation $\rightarrow$ ist i.allg. nicht entscheidbar. Wir formulieren jetzt einige Kriterien, die *hinreichend* für die Konfluenz einer Relation sind. Die Beweise dazu findet man in Lehrbüchern über *Termersetzungs-* bzw. *Reduktionssysteme*:

Definition 1.5.2 (Lokale Konfluenz)
Eine Relation $\rightarrow \subset M \times M$ ist *lokal konfluent* gdw. $\leftarrow \circ \rightarrow \subset \rightarrow^* \circ \,^*\!\leftarrow$, d.h. für alle $s,t,q \in M$ gilt (vgl. Bild *1.5.1(ii)*):

Wenn $s \leftarrow q \rightarrow t$, dann existiert ein $r \in M$ mit $s \rightarrow^* r \,^*\!\leftarrow t$. ♦

Mit $\leftarrow \circ \rightarrow \subset \,^*\!\leftarrow \circ \rightarrow^*$ ist trivialerweise jede konfluente Relation auch *lokal* konfluent. Die Umkehrung gilt jedoch nicht :

Beispiel 1.5.1
Sei $M=\{a,b,c,d\}$ und $\rightarrow \subset M \times M$ mit $b \rightarrow a$, $b \rightarrow c$, $c \rightarrow b$ sowie $c \rightarrow d$, vgl. Bild *1.5.2(i)*. Es gibt für $\rightarrow$ genau zwei *lokale* Divergenzen, nämlich $a \leftarrow b \rightarrow c$ und $b \leftarrow c \rightarrow d$. Mit $c \rightarrow b \rightarrow a$ und $b \rightarrow c \rightarrow d$ können diese beiden Divergenzen zusammengeführt werden, und mithin ist $\rightarrow$ lokal konfluent.

Mit $a \leftarrow b \rightarrow c \rightarrow d$ gibt es auch eine *nicht-lokale* $\rightarrow$ -Divergenz $a \,^*\!\leftarrow b \rightarrow^* d$. Damit ist $\rightarrow$ nicht konfluent, denn a sowie d sind $\rightarrow$ -minimal und $a \neq d$. ♦

Beispiel *1.5.1* zeigt, daß die Forderung nach *lokaler* Konfluenz i.allg. zu schwach ist, um die Konfluenz zu erzwingen. Fordert man jedoch noch zusätzlich die *Fundiertheit* der Relation $\rightarrow$, so ist lokale Konfluenz auch hinreichend für Konfluenz:

Satz 1.5.1 (Newman-Lemma)
Sei $\rightarrow \subset M \times M$ eine *fundierte* Relation. Dann ist $\rightarrow$ konfluent gdw. $\rightarrow$ lokal konfluent ist. ♦

Mit dem Newman-Lemma *1.5.1* kann der Konfluenztest "lokalisiert" werden, d.h., zur Überprüfung der Konfluenz müssen anstatt aller Divergenzen der Form $s \,^*\!\leftarrow q \rightarrow^* t$ lediglich die *lokalen* Divergenzen der Form $s \leftarrow q \rightarrow t$ auf Zusammenführbarkeit hin überprüft werden. Dies ist insbesondere dann von Vorteil, wenn $\rightarrow$ *endlich* oder zumindest *endlich darstellbar* ist. Der Preis für diese Vereinfachung des Konfluenztests besteht allerdings in der starken Forderung nach der *Fundiertheit* von $\rightarrow$. Unter Umständen kommt man jedoch auch ohne diese Forderung aus:

Definition 1.5.3 ($\rightarrow^{\leq 1}$, Strenge Konfluenz)
Sei $\rightarrow \subset M \times M$ und $\rightarrow^{\leq 1} := \rightarrow \cup =_M$. Dann ist $\rightarrow$ ist *streng konfluent* gdw. $\leftarrow \circ \rightarrow \subset \rightarrow^* \circ {}^{\leq 1}\!\!\leftarrow$, d.h. für alle $s,t,q \in M$ gilt (vgl. Bild *1.5.2(ii)*):

Wenn $s \leftarrow q \rightarrow t$, dann existiert ein $r \in M$ mit $s \rightarrow^* r \; {}^{\leq 1}\!\!\leftarrow t$. ♦

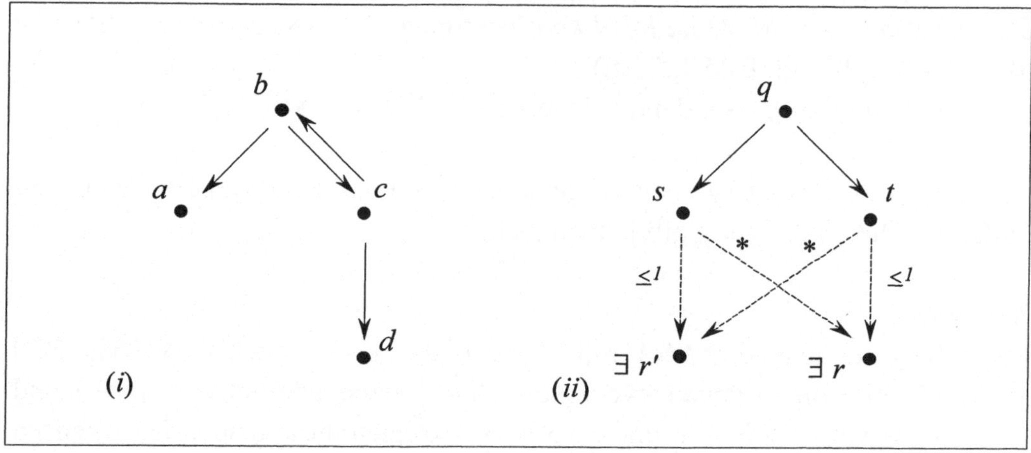

Bild 1.5.2 (*i*) Zu Beispiel *1.5.1* und (*ii*) Strenge Konfluenz

Satz 1.5.2
Ist $\rightarrow \subset M \times M$ streng konfluent, so ist $\rightarrow$ auch konfluent. ♦

Mit Satz *1.5.2* kann der Konfluenztest ebenfalls "lokalisiert" werden: Zur Überprüfung der Konfluenz müssen anstatt aller Divergenzen der Form $s \; {}^*\!\!\leftarrow q \rightarrow^* t$ lediglich die *lokalen* Divergenzen der Form $s \leftarrow q \rightarrow t$ daraufhin überprüft werden, ob $s \rightarrow^* r \; {}^{\leq 1}\!\!\leftarrow t$ für ein $r \in M$ gilt. Da die Relation $\leftarrow \circ \rightarrow$ *symmetrisch* ist, wird dabei implizit auch $s \rightarrow^{\leq 1} r' \; {}^*\!\!\leftarrow t$ für ein $r' \in M$ gefordert. Hier besteht der Preis für die Vereinfachung des Konfluenztests also in der (ebenfalls starken) Forderung nach $\leftarrow \circ \rightarrow \subset \rightarrow^* \circ {}^{\leq 1}\!\!\leftarrow$, die die Forderung nach Fundiertheit von $\rightarrow$ im Newman-Lemma ersetzt.

2 Funktionale Programme

Bevor wir uns mit der Verifikation von Programmen auseinandersetzen, müssen wir festlegen, welche Programmiersprachen betrachtet werden sollen. Wir unterscheiden hierfür zwischen verschiedenen *Programmierparadigmen*, wie etwa den *logischen*, den *imperativen* und den *applikativen* Programmiersprachen. Kennzeichnend für logische Sprachen, wie etwa PROLOG, ist

- die Repräsentation des Programmcodes sowie eines Aufrufs des logischen Programms durch (bestimmte) *prädikatenlogische Formeln*, sowie
- die Verwendung eines geeignet eingerichteten *Automatischen Beweisers* zur *Berechnung* eines *Beweises*, daß der Programmaufruf logisch aus den Formeln des Programms folgt, wobei
- aus dem *Beweis* das *Ergebnis* der *Programmausführung* abgelesen wird.

In imperativen Sprachen, wie z.B. PASCAL, wird mit *Anweisungen* programmiert. Kennzeichnend sind dabei

- das Konzept der *Programmvariablen*, die *Werte* besitzen, welche durch *Zuweisungsbefehle* der Form x:=t geändert werden können, sowie
- die *wiederholte Ausführung* von Programmteilen durch einen *Schleifenbefehl* der Form **while** b **do** S **done**.

Applikative Sprachen, wie etwa PURELISP, zeichnen sich aus durch

- das *Rekursionsprinzip*, und
- die *Anwendung* von rekursiv definierten Funktionen auf *Daten* mittels *Funktionalkomposition*.

Logische, imperative und applikative Programme erfordern unterschiedliche *Semantikkonzepte* und *Verifikationstechniken*, wodurch die Unterscheidung in die verschiedenen Programmierparadigmen motiviert wird. Wir werden uns im folgenden ausschließlich mit dem applikativen Paradigma beschäftigen. Um uns auf die wesentlichen kennzeichnenden Merkmale applikativer Programmiersprachen konzentrieren zu können, abstrahieren wir für unsere Untersuchungen von der Syntax konkreter Programmiersprachen – wie etwa PURELISP – und verwenden statt dessen eine *abstrakte Notation*, die Programmiersprache $\mathcal{FP}$ der *funktionalen Programme*.

Nachdem diese Programmiersprache in Abschnitt *2.1* definiert worden ist, muß die *Bedeutung*, d.h. die *Semantik*, von funktionalen Programmen bestimmt werden. Dies geschieht in den Abschnitten *2.2* bis *2.4*. Erst jetzt können Programme sinnvollerweise *verifiziert* werden, d.h. man kann jetzt versuchen nachzuweisen, ob ein Programm auch eine bestimmte angegebene Eigenschaft besitzt. In Abschnitt *2.5* erweitern wir die Programmiersprache $\mathcal{FP}$ dann noch um ein einfaches Konzept für *Datenstrukturen*, diskutieren Parameterübergabemechanismen für Funktionsprozeduren in Abschnitt *2.6* und untersuchen abschließend in Abschnitt *2.7* die Elimination von gegenseitigen Rekursionen.

2.1 Die Programmiersprache $\mathcal{FP}$

Wir beginnen mit einem einfachen Modell eines programmierbaren Rechners, der sogenannten Basismaschine BM. Diese Maschine arbeitet auf (einer Repräsentation der) *natürlichen Zahlen* ℕ und den *boolschen Werten* BOOL= {T,F}. Die Basismaschine kennt *8* Grundoperationen:

(*1*) die *0*-stellige Funktion *true* : → BOOL, (also eine *Konstante*),
(*2*) die *0*-stellige Funktion *false* : → BOOL, (also eine *Konstante*),
(*3*) die *0*-stellige Funktion *O*: → ℕ, (also eine *Konstante*),
(*4*) die Nachfolgerfunktion *succ* : ℕ → ℕ,
(*5*) die Vorgängerfunktion *pred* : ℕ → ℕ,
(*6*) die Vergleichsfunktion eq_{nat} : ℕ×ℕ → BOOL,
(*7*) die bedingte Funktion if_{nat} : BOOL×ℕ×ℕ → ℕ, und
(*8*) die bedingte Funktion if_{bool} : BOOL×BOOL×BOOL → BOOL.

Daten werden in der Maschine BM durch die Funktionssymbole *true*, *false*, *O* und *succ* repräsentiert. Wir definieren daher

- $\mathcal{S} = \{bool, nat\}$,
- $\Sigma^{c}_{\lambda,\text{nat}} = \{O\}$,
- $\Sigma^{c}_{\text{nat,nat}} = \{succ\}$, und
- $\Sigma^{c}_{\lambda,\text{bool}} = \{true, false\}$.

Damit kann jedes Datum von BM durch einen Konstruktorgrundterm aus $\mathcal{T}(\Sigma^{c})$ dargestellt, d.h. in eindeutiger Weise "konstruiert" werden. Ein boolscher Wert wird dabei durch *true* oder *false* repräsentiert und die natürliche Zahl *0* durch *O*. Eine natürliche Zahl $n \neq 0$ wird als *n*-maliger Nachfolger $succ^{(n)}(O)$ von *O* geschrieben, also etwa *succ*(*succ*(*succ*(*O*))) für die natürliche Zahl *3*. Die Funktionssymbole *pred*, if_{nat}, if_{bool} und eq_{nat} sind *definierte* Funktionssymbole, und wir definieren daher

- $\Sigma^{d}_{\text{nat,nat}} = \{pred\}$,
- $\Sigma^{d}_{\text{nat,nat,bool}} = \{eq_{\text{nat}}\}$,
- $\Sigma^{d}_{\text{bool,bool,bool,bool}} = \{if_{\text{bool}}\}$,
- $\Sigma^{d}_{\text{bool,nat,nat,nat}} = \{if_{\text{nat}}\}$, und

- $\Sigma(\mathsf{BM}) \quad = \Sigma^c \cup \Sigma^d$.

Die Maschine BM wird wie ein (sehr einfacher) Taschenrechner verwendet: Gibt man einen Ausdruck $t \in \mathcal{T}(\Sigma(\mathsf{BM}))$ ein, so wird dieser *ausgewertet* und das *Ergebnis* wird angezeigt. Beispielsweise erhält man folgende Ergebnisse durch Auswertung:

$$\begin{array}{rcl}
true & \Rightarrow & true, \\
false & \Rightarrow & false, \\
O & \Rightarrow & O, \\
succ(succ(succ(O))) & \Rightarrow & succ(succ(succ(O))), \\
pred(succ(succ(O))) & \Rightarrow & succ(O), \\
eq_{\text{nat}}(succ(succ(O)), succ(succ(O))) & \Rightarrow & true, \\
eq_{\text{nat}}(succ(succ(O)), succ(O)) & \Rightarrow & false, \\
if_{\text{nat}}(eq_{\text{nat}}(O, succ(O)), succ(O), O) & \Rightarrow & O, \\
if_{\text{nat}}(true, succ(O), O) & \Rightarrow & succ(O).
\end{array}$$

Natürliche Zahlen und boolsche Werte (genaugenommen deren *Repräsentationen*) werden also immer "zu sich selbst" ausgewertet. Anders gesagt, diese Eingaben sind schon ausgewertet und eine weitere Auswertung ist nicht möglich. Die Auswertung von *pred* implementiert die *Vorgängerfunktion* und eq_{nat} berechnet die *Identität* auf den *natürlichen Zahlen*. Die Funktionen if_{nat} und if_{bool} arbeiten wie eine *bedingte Anweisung*.

Formal *implementiert* die Maschine BM eine Auswertungsfunktion $eval_{\mathsf{BM}}$: $\mathcal{T}(\Sigma(\mathsf{BM})) \rightarrow_S \mathcal{T}(\Sigma^c)$ mit $eval_{\mathsf{BM}}(q)=q$ für alle $q \in \mathcal{T}(\Sigma^c)$. Für eine Eingabe $t \in \mathcal{T}(\Sigma(\mathsf{BM}))$ wird also $eval_{\mathsf{BM}}(t) \in \mathcal{T}(\Sigma^c)$ als Ergebnis angezeigt.

Die Maschine BM ist offenbar sehr leistungsschwach, da sie nur die Vorgängerfunktion, die bedingte Anweisung und die Identität auf den natürlichen Zahlen kennt. Wir erweitern die Basismaschine daher um eine *Programmiersprache* $\mathcal{FP}$, um sie mit *Programmen* $P \in \mathcal{FP}$, die für uns von Interesse sind, zu *programmieren*. Formal bedeutet das, daß wir die Signatur $\Sigma(\mathsf{BM})$ zu einer Signatur $\Sigma(P) \supset \Sigma(\mathsf{BM})$ erweitern und dafür sorgen, daß die Auswertungsfunktion $eval_{\mathsf{BM}}$ entsprechend zu $eval_{\mathsf{P}}$ erweitert wird. Allerdings fordern wir zunächst nur

(2.1.1) $\quad eval_{\mathsf{P}} : \mathcal{T}(\Sigma(P)) \mapsto_S \mathcal{T}(\Sigma^c)$,

d.h. $eval_{\mathsf{P}}$ ist (im Unterschied zu $eval_{\mathsf{BM}}$) eine *partielle* Funktion. Die Eigenschaft $eval_{\mathsf{P}}(q)=q$ für alle $q \in \mathcal{T}(\Sigma^c)$ bleibt jedoch erhalten.

Die Programmiersprache $\mathcal{FP}$ erlaubt die Definition *rekursiver Funktionsprozeduren* über einer Signatur Σ. Da wir mit (*2.1.1*) davon ausgehen, daß $eval_P$ alle Funktionen in Σ "kennt", also insbesondere auch die in Σ^d, die erst durch eine rekursive Funktionsprozedur eingeführt wurden, dürfen wir alle Funktionen aus Σ verwenden, wenn wir eine *neue* Funktionsprozedur *F* definieren:

Definition 2.1.1 (Funktionsprozeduren, Funktionale Programme, $\mathcal{FP}$)
Für eine Signatur Σ heißt ein Ausdruck *F* =

$$\textbf{function}\ f(x_1{:}s_1 \ldots x_n{:}s_n){:}s \Leftarrow R_f$$

eine *Funktionsprozedur* für *f* über Σ gdw.

- $n \geq 1$,
- $\{s_1,\ldots,s_n,s\} \subset \mathcal{S}$,
- $x_1 \in \mathcal{V}_{s1}, \ldots, x_n \in \mathcal{V}_{sn}$ und $|\{x_1,\ldots,x_n\}| = n$,
- $f \in \Sigma$, und
- $R_f \in \mathcal{T}(\Sigma,\{x_1,\ldots,x_n\})_s$.

Die Variablen $x_1,\ldots,x_n$ sind die *formalen Parameter* der Funktionsprozedur *F* und der Term R_f wird der *Rumpf* der Funktionsprozedur *F* genannt.

Eine Folge $P=\langle F_1,\ldots,F_k\rangle$ von Funktionsprozeduren für $f_1,\ldots,f_k$ mit $|\{f_1,\ldots,f_k\}|= k$ heißt ein *funktionales Programm* gdw. für alle $i \in \{1,\ldots,k\}$ F_i eine Funktionsprozedur über $\Sigma(P){:=}\Sigma(\mathsf{BM}) \cup \{f_1,\ldots,f_k\}$ ist. Als Sonderfall erlauben wir auch das *leere* Programm $P=\langle\rangle$.

Für $g \in \Sigma(P)$ und $f \in \{f_1,\ldots,f_k\}$ definieren wir $g <_{\Sigma(P)} f$ gdw. $g \in \Sigma(R_f)$, d.h. *g* wird zur Definition von *f* verwendet. Eine Funktionsprozedur *F* (für *f*) ist *rekursiv definiert* gdw. $f <_{\Sigma(P)^+} f$. Für $f <_{\Sigma(P)} f$ nennt man *F* auch *direkt* rekursiv definiert, und andernfalls ist *F* durch *gegenseitige* Rekursion (engl. *mutual recursion*) definiert. Das funktionale Programm *P* ist *rekursiv definiert* gdw. mindestens eine der Funktionsprozeduren in *P* rekursiv definiert ist.

$\mathcal{FP}$ ist die *Programmiersprache* von BM, d.h. die Menge aller funktionalen Programme von BM, und $\Sigma_{\mathcal{FP}}$ ist eine Signatur mit $\Sigma_{\mathcal{FP}} \supset \Sigma(P)$ für jedes funktionale Programm *P*. ♦

Beispiel 2.1.1
Der Ausdruck F_{zero} =

function $zero(x{:}nat){:}bool \Leftarrow eq_{\mathrm{nat}}(x, O)$

ist eine Funktionsprozedur für *zero* über Σ(BM)∪{*zero*}. F_{zero} ist nicht rekursiv definiert.

Der Ausdruck F_{or} =

function $or(x{:}bool, y{:}bool){:}bool \Leftarrow if_{\mathrm{bool}}(x, true, y)$

ist eine Funktionsprozedur für *or* über Σ(BM)∪{*or*}. F_{or} ist nicht rekursiv definiert.

Der Ausdruck F_{plus} =

function $plus(x{:}nat, y{:}nat){:}nat \Leftarrow if_{\mathrm{nat}}(zero(x), y, succ(plus(pred(x), y)))$

ist eine Funktionsprozedur für *plus* über Σ(BM)∪{*zero,plus*}. F_{plus} ist (direkt) rekursiv definiert.

Der Ausdruck F_{times} =

function $times(x{:}nat, y{:}nat){:}nat \Leftarrow$
$if_{\mathrm{nat}}(zero(x), O, plus(times(pred(x), y), y))$

ist eine Funktionsprozedur für *times* über Σ(BM)∪{*zero,plus,times*}. F_{times} ist (direkt) rekursiv definiert.

Der Ausdruck F_{fac} =

function $fac(x{:}nat){:}nat \Leftarrow$
$if_{\mathrm{nat}}(or(zero(x), zero(pred(x))), succ(O), times(x, fac(pred(x))))$

ist eine Funktionsprozedur für *fac* über Σ(BM)∪{*or,zero,times,fac*}. F_{fac} ist (direkt) rekursiv definiert.

Der Ausdruck F_{ge} =

function $ge(x{:}nat, y{:}nat){:}bool \Leftarrow$
$if_{\mathrm{bool}}(zero(y), true, if_{\mathrm{bool}}(zero(x), false, ge(pred(x), pred(y))))$

ist eine Funktionsprozedur für *ge* über $\Sigma(\mathsf{BM})\cup\{zero,ge\}$. F_{ge} ist (direkt) rekursiv definiert.

Der Ausdruck F_{even} =

function $even(x{:}nat){:}bool \Leftarrow if_{bool}(eq_{nat}(x, O), true, odd(pred(x)))$

ist eine Funktionsprozedur für *even* über $\Sigma(\mathsf{BM})\cup\{even,odd\}$. F_{even} ist (gegenseitig) rekursiv definiert.

Der Ausdruck F_{odd} =

function $odd(x{:}nat){:}bool \Leftarrow if_{bool}(eq_{nat}(x, O), false, even(pred(x)))$

ist eine Funktionsprozedur für *odd* über $\Sigma(\mathsf{BM})\cup\{even,odd\}$. F_{odd} ist (gegenseitig) rekursiv definiert.

Die Folgen $P_1=\langle F_{zero}, F_{ge}\rangle$ und $P_2=\langle F_{zero}, F_{or}, F_{plus}, F_{times}, F_{fac}\rangle$ sind Beispiele für rekursiv definierte funktionale Programme, denn es gilt beispielsweise $ge <_{\Sigma(P_1)} ge$ und $plus <_{\Sigma(P_2)} plus$. $P_3=\langle F_{even}, F_{odd}\rangle$ ist ebenfalls ein rekursiv definiertes funktionales Programm, denn $odd <_{\Sigma(P_3)} even <_{\Sigma(P_3)} odd$, d.h. hier werden beide Funktionsprozeduren durch *gegenseitige Rekursion* definiert. Die Folge $P_4=\langle F_{zero}, F_{or}\rangle$ ist ein nicht-rekursiv definiertes funktionales Programm, denn weder gilt $zero <_{\Sigma(P_4)}^{+} zero$ noch gilt $or <_{\Sigma(P_4)}^{+} or$. Die Folge $P_5=\langle F_{plus}, F_{times}, F_{fac}\rangle$ ist kein funktionales Programm, denn $R_{plus}, R_{times}, R_{fac} \notin \mathcal{T}(\Sigma(P_5),\mathcal{V})$. ♦

Zur besseren Lesbarkeit und zur Vereinfachung der Aufschreibung führen wir einige Abkürzungen bei der Definition von Funktionsprozeduren bzw. funktionalen Programmen ein:

- für $t_1,t_2\in\mathcal{T}(\Sigma,\mathcal{V})_{nat}$ steht $t_1=t_2$ abkürzend für $eq_{nat}(t_1, t_2)$;

- für $s\in\mathcal{S}$, $b\in\mathcal{T}(\Sigma,\mathcal{V})_{bool}$ und $t_1,t_2\in\mathcal{T}(\Sigma,\mathcal{V})_s$ steht
  if b **then** t_1 **else** t_2 **fi** abkürzend für $if_s(b, t_1, t_2)$;

- für $s\in\mathcal{S}$, $b\in\mathcal{T}(\Sigma,\mathcal{V})_{bool}$ und $t_1,t_2\in\mathcal{T}(\Sigma,\mathcal{V})_s$ steht
  if $\neg b$ **then** t_1 **else** t_2 **fi** abkürzend für $if_s(b, t_2, t_1)$;

- **function** $f(\ldots, x_1, x_2, \ldots, x_n{:}s, \ldots){:}s' \Leftarrow \ldots$ steht abkürzend für **function** $f(\ldots, x_1{:}s, x_2{:}s, \ldots, x_n{:}s, \ldots){:}s' \Leftarrow \ldots$;

- wir schreiben n anstatt $succ^{(n)}(O)$;

- wenn Verwechselungen ausgeschlossen sind, so schreiben wir $1{+}n$ für $succ(n)$ und $n{-}1$ für $pred(n)$;

- genauso verwenden wir bekannte Funktionssymbole wie $\vee$, $+$, $\times$, $\geq$ usw., wenn die Zuordnung zu den eigentlichen Symbolen eindeutig festliegt.

Beispiel 2.1.2
Wir schreiben abkürzend für die Ausdrücke aus Beispiel *2.1.1*

function $plus(x, y{:}nat){:}nat \Leftarrow$ **if** $x{=}0$ **then** y **else** $1{+}plus(x{-}1, y)$ **fi**

function $times(x, y{:}nat){:}nat \Leftarrow$ **if** $x{=}0$ **then** 0 **else** $times(x{-}1, y) + y$ **fi**

function $fac(x{:}nat){:}nat \Leftarrow$ **if** $x{=}0 \vee x{-}1{=}0$ **then** 1 **else** $x \times fac(x{-}1)$ **fi**

und

function $ge(x, y{:}nat){:}bool \Leftarrow$
  if $y{=}0$
    then $true$
    else **if** $x{=}0$ **then** $false$ **else** $ge(x{-}1, y{-}1)$ **fi**
  fi . ♦

Schreibweisen wie in Beispiel *2.1.2* sind jedoch nur dann zulässig, wenn die abkürzenden Ausdrücke in eindeutiger Weise in die formal korrekte Form überführt werden können. Bei Mehrdeutigkeiten muß die Überführung durch zusätzliche Angaben festgelegt werden. Beispielsweise muß für $1{+}n$ angeben werden, ob $succ(n)$ oder aber $plus(succ(O), n)$ gemeint ist.

Übung 2.1.1
(*i*) Geben Sie eine Funktionsprozedur **function** $eq_{bool}(x, y{:}bool){:}bool \Leftarrow \ldots$ an, mit der die Identität in $\mathcal{T}(\Sigma)_{bool}$ getestet wird.

(*ii*) Geben Sie eine Funktionsprozedur **function** *exp*(*x*, *y*:*nat*):*nat* $\Leftarrow$ ... an, mit der die Exponentialfunktion berechnet wird. ♦

Rein intuitiv ist die Bedeutung der Prozeduren und Programme aus Beispiel *2.1.1* offensichtlich: *plus* berechnet die Addition auf den natürlichen Zahlen, *times* die Multiplikation, *fac* die Fakultätsfunktion, *ge* die $\geq$-Relation usw. Allerdings kommen wir zu dieser informellen Deutung nur, weil wir unser *Vorwissen* über die Wirkung bedingter Anweisungen und (rekursiver) Prozeduraufrufe verwenden.

Die *Semantik* - also die *Bedeutung* - rekursiver Prozeduren muß jedoch *ohne* dieses Vorwissen mathematisch präzise, d.h. formal, festgelegt werden. Wir definieren daher jetzt die *Semantik der Programmiersprache* $\mathcal{FP}$:

Die Semantik eines Programms $P \in \mathcal{FP}$ ist (wie bei allen sequentiellen Programmiersprachen) diejenige *Funktion* $\mathcal{T}(\Sigma(P)) \mapsto_S \mathcal{T}(\Sigma^c)$, die die Eingaben des Programms in die jeweiligen Ergebnisse der Ausführung des Programms abbildet. Diese Zuordnung *Programm* $\rightarrow$ *Funktion* wird formal durch eine sogenannte *semantische Funktion*

$$(2.1.2) \qquad \mathsf{sem} : \mathcal{FP} \rightarrow (\mathcal{T}(\Sigma_{\mathcal{FP}}) \mapsto_S \mathcal{T}(\Sigma^c))$$

beschrieben. Dabei gilt $\mathsf{sem}(P) : \mathcal{T}(\Sigma(P)) \mapsto_S \mathcal{T}(\Sigma^c)$ mit $\mathsf{sem}(P)(t)=q$ genau dann, wenn wir $t \in \mathcal{T}(\Sigma(P))$ durch das Programm P auswerten, d.h. ausrechnen, und als Ergebnis $q \in \mathcal{T}(\Sigma^c)$ erhalten. Wir schreiben zukünftig $\mathsf{sem}[\![P]\!](t)$ anstatt $\mathsf{sem}(P)(t)$, da sich diese Notation allgemein durchgesetzt hat.

Zur Definition der Semantik von Programmiersprachen existieren unterschiedliche formale Methoden, um die semantische Funktion sem zu bestimmen. Nachfolgend betrachten wir die Ansätze

- der *operationalen Semantik* und
- der *denotationalen Semantik*

von funktionalen Programmiersprachen.

2.2 Operationale Semantik von $\mathcal{FP}$

Beim Ansatz der *operationalen Semantik* wird die semantische Funktion sem durch eine *Implementierung* der Programmiersprache $\mathcal{FP}$ definiert. Wir legen dabei die Auswertung von Grundtermen eindeutig durch Angabe eines *Interpretierers* $eval_P$ für die Programme $P\in\mathcal{FP}$ fest. Als Ausgangspunkt betrachten wir die Basismaschine BM. Die Arbeitsweise dieser Maschine ist durch die Auswertungsfunktion $eval_{BM}$ charakterisiert. Damit beschreibt $eval_{BM}$ einen *Interpretierer* für die Ausdrücke der Basismaschine, die formal durch Grundterme über Σ(BM) gegeben sind. Mit $eval_{BM}$ können wir also jedem Grundterm über Σ(BM) genau einen Konstruktorgrundterm über $\mathcal{T}(\Sigma^c)$ zuordnen, d.h. $eval_{BM} : \mathcal{T}(\Sigma(BM)) \rightarrow_{\mathcal{S}} \mathcal{T}(\Sigma^c)$ mit $eval_{BM}(q)=q$ für alle $q\in\mathcal{T}(\Sigma^c)$.

Die Auswertung von Grundtermen in der Basismaschine beschreiben wir durch einen sogenannten *Auswertungskalkül*, mit dem wir dann die Auswertungsfunktion $eval_{BM}$ definieren:

Definition 2.2.1 (Auswertungskalkül für BM, Auswertungsrelation $\rightarrow_{BM}$)
Der *Auswertungskalkül* der Basismaschine BM ist definiert durch

(*i*) Sprache : $(\mathcal{T}(\Sigma(BM))_s \times \mathcal{T}(\Sigma(BM)_s)_{s\in\mathcal{S}}$

(*ii*) Ableitungsregeln :

(*1*) $\dfrac{succ(t)}{succ(r)}$, falls $t\rightarrow_{BM}r$; (*2*) $\dfrac{pred(O)}{O}$

(3) $\dfrac{pred(succ(t))}{t}$, falls $t\in\mathcal{T}(\Sigma^c)_{nat}$; (*4*) $\dfrac{pred(t)}{pred(r)}$, falls $t\rightarrow_{BM}r$;

(*5*) $\dfrac{eq_{nat}(t_1, t_2)}{true}$, falls $t_1=t_2$ und $t_1,t_2\in\mathcal{T}(\Sigma^c)_{nat}$; (*6*) $\dfrac{eq_{nat}(t_1, t_2)}{false}$, falls $t_1\neq t_2$ und $t_1,t_2\in\mathcal{T}(\Sigma^c)_{nat}$;

(*7*) $\dfrac{eq_{nat}(t_1, t_2)}{eq_{nat}(r_1, t_2)}$, falls $t_1\rightarrow_{BM}r_1$; (*8*) $\dfrac{eq_{nat}(t_1, t_2)}{eq_{nat}(t_1, r_2)}$, falls $t_2\rightarrow_{BM}r_2$;

(*9*) $\dfrac{if_s(true, p_1, p_2)}{p_1}$ (*10*) $\dfrac{if_s(false, p_1, p_2)}{p_2}$

$$(11)\quad \frac{if_s(b,p_1,p_2)}{if_s(b',p_1,p_2)}\ \text{, falls } b \rightarrow_{\mathsf{BM}} b';$$

für alle $s\in\mathcal{S}$, $t,r,t_1,t_2,r_1,r_2\in\mathcal{T}(\Sigma(\mathsf{BM}))_{nat}$, $p_1,p_2\in\mathcal{T}(\Sigma(\mathsf{BM}))_s$ und $b,b'\in\mathcal{T}(\Sigma(\mathsf{BM}))_{bool}$.

(*iii*) Auswertungsrelation:

Die *Auswertungsrelation* $\rightarrow_{\mathsf{BM}}\subset\mathcal{T}(\Sigma(\mathsf{BM}))\times\mathcal{T}(\Sigma(\mathsf{BM}))$ der Basismaschine BM ist die kleinste Relation auf $\mathcal{T}(\Sigma(\mathsf{BM}))$ mit: $t\rightarrow_{\mathsf{BM}}r$ gdw. es gibt eine Ableitungsregel der Form

$$\frac{t}{r}\quad\text{, falls } \mathcal{B}(t,r)\ ,$$

für die die *Anwendungsbedingung* $\mathcal{B}(t,r)$ gültig ist. ♦

Beispielsweise gilt $pred(O)\rightarrow_{\mathsf{BM}}O$ mit Regel (*2*), folglich auch $succ(pred(O))\rightarrow_{\mathsf{BM}}succ(O)$ mit Regel (*1*), und damit schließlich $pred(succ(pred(O)))\rightarrow_{\mathsf{BM}} pred(succ(O))\rightarrow_{\mathsf{BM}}O$ mit Regel (*4*) und Regel (*3*).

Mit der Auswertungsrelation $\rightarrow_{\mathsf{BM}}$ wird eine binäre *konfluente* und *fundierte* Relation auf Grundtermen definiert, so daß alle $\rightarrow_{\mathsf{BM}}$-minimalen Elemente *Konstruktorgrundterme* sind:

Satz 2.2.1
(*i*) $min_{\rightarrow\mathsf{BM}}(\mathcal{T}(\Sigma(\mathsf{BM}))) = \mathcal{T}(\Sigma^c)$.
(*ii*) ${}_{\mathsf{BM}}\!\leftarrow \circ \rightarrow_{\mathsf{BM}}\ \subset\ =_{\mathcal{T}} \cup \rightarrow_{\mathsf{BM}} \circ\ {}_{\mathsf{BM}}\!\leftarrow$.
(*iii*) $\rightarrow_{\mathsf{BM}}$ ist konfluent.
(*iv*) $\rightarrow_{\mathsf{BM}}$ ist fundiert.
(*v*) Für jeden Term $t\in\mathcal{T}(\Sigma(\mathsf{BM}))$ existiert *genau ein* Term $q\in\mathcal{T}(\Sigma^c)$ mit $t\rightarrow_{\mathsf{BM}}^{*} q$.

Beweis (*i*) Zu zeigen ist "$t\in min_{\rightarrow\mathsf{BM}}(\mathcal{T}(\Sigma(\mathsf{BM})))$ gdw. $t\in\mathcal{T}(\Sigma^c)$ für alle $t\in\mathcal{T}(\Sigma(\mathsf{BM}))$". Wir beweisen diese Behauptung durch strukturelle Induktion über t:

Induktionsanfang $t\in\Sigma^c$: Es gilt $t\in min_{\rightarrow\mathsf{BM}}(\mathcal{T}(\Sigma(\mathsf{BM})))$, denn keine Regel ist auf t anwendbar. √

Induktionsschritt $t \notin \Sigma^c$: Es gilt $t = f(t_1,...,t_n)$ und mit der Induktionshypothese dann "$t_i \in min_{\to BM}(\mathcal{T}(\Sigma(BM)))$ gdw. $t_i \in \mathcal{T}(\Sigma^c)$" für alle $i \in \{1,...,n\}$.

Fall $t = succ(t_1)$: Mit der Induktionshypothese erhält man $t_1 \in \mathcal{T}(\Sigma^c)$ gdw. $t_1 \in min_{\to BM}(\mathcal{T}(\Sigma(BM)))$. Für $t_1 \in min_{\to BM}(\mathcal{T}(\Sigma(BM)))$ gilt $t \in min_{\to BM}(\mathcal{T}(\Sigma(BM)))$ und mit $t_1 \in \mathcal{T}(\Sigma^c)$ auch $t \in \mathcal{T}(\Sigma^c)$. Falls $t_1 \notin min_{\to BM}(\mathcal{T}(\Sigma(BM)))$, so gibt es ein $r_1 \in \mathcal{T}(\Sigma(BM))$ mit $t_1 \to_{BM} r_1$. Folglich gilt $t \to_{BM} succ(r_1)$, also $t \notin min_{\to BM}(\mathcal{T}(\Sigma(BM)))$, und mit $t_1 \notin \mathcal{T}(\Sigma^c)$ gilt auch $t \notin \mathcal{T}(\Sigma^c)$. √

Fall $t = if_s(b, p_1, p_2)$ mit $b \in \Sigma^c{}_{bool}$: Es gilt $t \notin \mathcal{T}(\Sigma^c)$ und mit $t \to_{BM} p_i$ gilt auch $t \notin min_{\to BM}(\mathcal{T}(\Sigma(BM)))$. √

Fall $t = if_s(b, p_1, p_2)$ mit $b \notin \Sigma^c{}_{bool}$: Es gilt $t \notin \mathcal{T}(\Sigma^c)$ sowie $b \notin \mathcal{T}(\Sigma^c)$ und nach Induktionshypothese dann $b \notin min_{\to BM}(\mathcal{T}(\Sigma(BM)))$, d.h. $b \to_{BM} b'$ für ein $b' \in \mathcal{T}(\Sigma(BM))$. Folglich gilt auch $t \to_{BM} if_s(b', p_1, p_2)$, also $t \notin min_{\to BM}(\mathcal{T}(\Sigma(BM)))$. √

Die Fälle $t = pred(t_1)$ und $t = eq_{nat}(t_1, t_2)$ beweist man entsprechend. √ √ √

(*ii*) Wir beweisen die Behauptung "für alle $t, s_1, s_2 \in \mathcal{T}(\Sigma(BM))$ mit $s_1 \;{}_{BM}\!\leftarrow t \to_{BM} s_2$ gilt $s_1 = s_2$ oder $s_1 \to_{BM} r \;{}_{BM}\!\leftarrow s_2$ für ein $r \in \mathcal{T}(\Sigma(BM))$" durch strukturelle Induktion über t:

Induktionsanfang $t \in \Sigma^c$: Mit (*i*) gilt $t \in min_{\to BM}(\mathcal{T}(\Sigma(BM)))$ und folglich gilt $t \to_{BM} s$ für kein $s \in \mathcal{T}(\Sigma(BM))$. √

Induktionsschritt $t \notin \Sigma^c$: Es gilt $t = f(t_1,...,t_n)$ und mit der Induktionshypothese erhält man "für alle $s_1, s_2 \in \mathcal{T}(\Sigma(BM))$ mit $s_1 \;{}_{BM}\!\leftarrow t_i \to_{BM} s_2$ gilt $s_1 = s_2$ oder $s_1 \to_{BM} r \;{}_{BM}\!\leftarrow s_2$ für ein $r \in \mathcal{T}(\Sigma(BM))$" für alle $i \in \{1,...,n\}$.

Fall $t = succ(t_1)$: Mit $succ(s_1) \;{}_{BM}\!\leftarrow t \to_{BM} succ(s_2)$ gilt auch $s_1 \;{}_{BM}\!\leftarrow t_1 \to_{BM} s_2$. Mit der Induktionshypothese erhält man $s_1 = s_2$ oder $s_1 \to_{BM} r \;{}_{BM}\!\leftarrow s_2$ für ein $r \in \mathcal{T}(\Sigma(BM))$, also $succ(s_1) = succ(s_2)$ oder $succ(s_1) \to_{BM} succ(r) \;{}_{BM}\!\leftarrow succ(s_2)$. √

Fall $t = eq_{nat}(t_1, t_2)$: Es gelte $s_1 \;{}_{BM}\!\leftarrow t \to_{BM} s_2$. Falls $\{t_1, t_2\} \subset \mathcal{T}(\Sigma^c)_{nat}$, so gilt $s_1 = b = s_2$ mit $b \in \{true, false\}$. Für $\{t_1, t_2\} \not\subset \mathcal{T}(\Sigma^c)_{nat}$ unterscheiden wir folgende Unterfälle:

Fall $eq_{nat}(r_1, t_2) \;{}_{BM}\!\leftarrow eq_{nat}(t_1, t_2) \to_{BM} eq_{nat}(p_1, t_2)$: Es gilt $r_1 \;{}_{BM}\!\leftarrow t_1 \to_{BM} p_1$ und mit der Induktionshypothese erhält man $r_1 = p_1$ oder $r_1 \to_{BM} r \;{}_{BM}\!\leftarrow p_1$ für ein $r \in \mathcal{T}(\Sigma(\mathsf{BM}))$. Folglich gilt $eq_{nat}(r_1, t_2)=eq_{nat}(p_1, t_2)$ oder $eq_{nat}(r_1, t_2) \rightarrow_{\mathsf{BM}} eq_{nat}(r, t_2) \ {}_{\mathsf{BM}}\!\leftarrow eq_{nat}(p_1, t_2)$. √

Fall $eq_{nat}(t_1, r_2) \ {}_{\mathsf{BM}}\!\leftarrow eq_{nat}(t_1, t_2) \rightarrow_{\mathsf{BM}} eq_{nat}(t_1, p_2)$: Zeigt man analog dem vorherigen Fall. √

Fall $eq_{nat}(r_1, t_2) \ {}_{\mathsf{BM}}\!\leftarrow eq_{nat}(t_1, t_2) \rightarrow_{\mathsf{BM}} eq_{nat}(t_1, p_2)$: Es gilt $r_1 \ {}_{\mathsf{BM}}\!\leftarrow t_1$ sowie $t_2 \rightarrow_{\mathsf{BM}} p_2$ und folglich $eq_{nat}(r_1, t_2) \rightarrow_{\mathsf{BM}} eq_{nat}(r_1, p_2) \ {}_{\mathsf{BM}}\!\leftarrow eq_{nat}(t_1, p_2)$. √

Die Fälle $t=pred(t_1)$ und $t=if_s(b, p_1, p_2)$ beweist man entsprechend. √ √ √

(*iii*) Mit (*ii*) ist $\rightarrow_{\mathsf{BM}}$ *streng konfluent*, vgl. Definition *1.5.3*, und mit Satz *1.5.2* folgt dann die Konfluenz von $\rightarrow_{\mathsf{BM}}$. √

(*iv*) Wir zeigen (*) "für alle $t,r \in \mathcal{T}(\Sigma(\mathsf{BM}))$ mit $t \rightarrow_{\mathsf{BM}} r$ gilt $|t| >_{\mathbb{N}} |r|$" und mit Satz *1.4.1*(*i,ii*) ist $(\mathcal{T}(\Sigma(\mathsf{BM})), \rightarrow_{\mathsf{BM}})$ dann eine fundierte Menge. Wir beweisen Behauptung (*) durch strukturelle Induktion über t:

Induktionsanfang $t \in \Sigma^c$: Mit (*i*) gilt $t \in min_{\rightarrow \mathsf{BM}}(\mathcal{T}(\Sigma(\mathsf{BM})))$ und folglich $t \rightarrow_{\mathsf{BM}} r$ für kein $r \in \mathcal{T}(\Sigma(\mathsf{BM}))$. √

Induktionsschritt $t \notin \Sigma^c$: Es gilt $t=f(t_1,...,t_n)$ und mit der Induktionshypothese dann "für alle $r \in \mathcal{T}(\Sigma(\mathsf{BM}))$ mit $t_i \rightarrow_{\mathsf{BM}} r$ gilt $|t_i| >_{\mathbb{N}} |r|$" für alle $i \in \{1,...,n\}$.

Fall $pred(O) \rightarrow_{\mathsf{BM}} O$: Es gilt $|pred(O)| = 1+|O| >_{\mathbb{N}} 1 = |O|$. √

Fall $pred(succ(q)) \rightarrow_{\mathsf{BM}} q$: Es gilt $|pred(succ(q))| = 2+|q| >_{\mathbb{N}} |q|$. √

Fall $pred(t_1) \rightarrow_{\mathsf{BM}} pred(r_1)$: Es gilt $t_1 \rightarrow_{\mathsf{BM}} r_1$ und mit der Induktionshypothese dann $|t_1| >_{\mathbb{N}} |r_1|$. Mit $|pred(t_1)| = 1+|t_1| >_{\mathbb{N}} 1+|r_1| = |pred(r_1)|$ ist die Behauptung bewiesen. √

Die Fälle $t=succ(t_1)$, $t=eq_{nat}(t_1, t_2)$ sowie $t=if_s(b, p_1, p_2)$ beweist man entsprechend. √ √ √

(*v*) Wir zeigen (*1*) "für alle $t \in \mathcal{T}(\Sigma(\mathsf{BM}))$ gibt es *höchstens* einen Term $q \in \mathcal{T}(\Sigma^c)$ mit $t \rightarrow_{\mathsf{BM}}^* q$" sowie (*2*) "für alle $t \in \mathcal{T}(\Sigma(\mathsf{BM}))$ gibt es *mindestens* einen Term $q \in \mathcal{T}(\Sigma^c)$ mit $t \rightarrow_{\mathsf{BM}}^* q$".

(*1*) Angenommen, es gilt $q_1 \ {}^*_{\mathsf{BM}}\!\leftarrow t \rightarrow_{\mathsf{BM}}^* q_2$ mit $q_1,q_2 \in \mathcal{T}(\Sigma^c)$. Dann gibt es mit (*iii*) einen Term $s \in \mathcal{T}(\Sigma(\mathsf{BM}))$, so daß $q_1 \rightarrow_{\mathsf{BM}}^* s \ {}^*_{\mathsf{BM}}\!\leftarrow q_2$, und mit (*i*) gilt dann $q_1 = s = q_2$, also Behauptung (*1*).

(*2*) Für $t \in \mathcal{T}(\Sigma^c)$ gilt Behauptung (*2*) trivialerweise. Für $t \notin \mathcal{T}(\Sigma^c)$ existiert mit (*i*) eine Folge $t_0,t_1,...,t_n$ von Termen, so daß $t = t_0 \rightarrow_{\mathsf{BM}} t_1 \rightarrow_{\mathsf{BM}} ... \rightarrow_{\mathsf{BM}} t_n$ und $t_n \in min_{\rightarrow \mathsf{BM}}(\mathcal{T}(\Sigma(\mathsf{BM})))$, denn $\rightarrow_{\mathsf{BM}}$ ist mit (*iv*) fundiert. Mit (*i*) gilt dann $t_n \in \mathcal{T}(\Sigma^c)$ und folglich Behauptung (*2*). √ ♦

Mit Satz *2.2.1*(*v*) können wir jetzt die Auswertung von Grundtermen zu Konstruktorgrundtermen im Auswertungskalkül durch eine *totale* Auswertungsfunktion $eval_{\mathsf{BM}}$ angeben:

Definition 2.2.2 (Interpretierer $eval_{\mathsf{BM}}$)
Der *Interpretierer* $eval_{\mathsf{BM}}$ der Basismaschine BM ist die Funktion $eval_{\mathsf{BM}} : \mathcal{T}(\Sigma(\mathsf{BM})) \rightarrow_S \mathcal{T}(\Sigma^c)$ mit $eval_{\mathsf{BM}}(t) = q$ gdw. $t \rightarrow_{\mathsf{BM}}^* q$. ♦

Der Interpretierer $eval_{\mathsf{BM}}$ kann ausgehend vom Auswertungskalkül für die Basismaschine einfach implementiert werden: Beginnend mit t wendet man *irgendwelche* Auswertungsregeln solange an, bis man einen Konstruktorgrundterm erhält. Mit Satz *2.2.1*(*iv*) ist garantiert, daß das Verfahren terminiert, wobei Satz *2.2.1*(*iii*) die Eindeutigkeit des Ergebnisses gewährleistet, da Indeterminismen der Auswertung wegen der Konfluenz von $\rightarrow_{\mathsf{BM}}$ *beliebig* aufgelöst werden dürfen.

Um die Semantik funktionaler Programme zu definieren, erweitern wir jetzt $eval_{\mathsf{BM}}$ in geeigneter Weise. Zunächst ergänzen wir den Auswertungskalkül, um die Auswertung von Termen über Funktionssymbolen, die durch Funktionsprozeduren eingeführt werden, zu beschreiben. Damit definieren wir anschließend für jedes funktionale Programm P eine Auswertungsfunktion $eval_{\mathsf{P}}$ und darauf aufbauend dann die operationale Semantik funktionaler Programme.

Der Auswertungskalkül eines funktionalen Programms unterscheidet sich von dem Auswertungkalkül für die Basismaschine nur durch eine zusätzliche Regel, mit der Aufrufe von Funktionsprozeduren behandelt werden. Die restlichen Regeln stimmen mit den Regeln für die Basismaschine überein, wobei lediglich Anwendungsbedingungen der Form "$t \rightarrow_{\mathsf{BM}} r$" durch "$t \rightarrow_{\mathsf{P}} r$" ersetzt werden:

Definition 2.2.3 (Auswertungskalkül für P, Auswertungsrelation $\rightarrow_{\mathsf{P}}$)
Der *Auswertungskalkül* eines funktionalen Programms $P \in \mathcal{FP}$ ist definiert durch

(*i*) Sprache : $(\mathcal{T}(\Sigma(P))_s \times \mathcal{T}(\Sigma(P)_s)_{s\in\mathcal{S}}$

(*ii*) Ableitungsregeln :

(*1*) $\dfrac{succ(t)}{succ(r)}$, falls $t \to_P r$; (*2*) $\dfrac{pred(O)}{O}$

(*3*) $\dfrac{pred(succ(t))}{t}$, falls $t \in \mathcal{T}(\Sigma^c)_{nat}$; (*4*) $\dfrac{pred(t)}{pred(r)}$, falls $t \to_P r$;

(*5*) $\dfrac{eq_{nat}(t_1, t_2)}{true}$, falls $t_1 = t_2$ und $t_1, t_2 \in \mathcal{T}(\Sigma^c)_{nat}$; (*6*) $\dfrac{eq_{nat}(t_1, t_2)}{false}$, falls $t_1 \neq t_2$ und $t_1, t_2 \in \mathcal{T}(\Sigma^c)_{nat}$;

(*7*) $\dfrac{eq_{nat}(t_1, t_2)}{eq_{nat}(r_1, t_2)}$, falls $t_1 \to_P r_1$; (*8*) $\dfrac{eq_{nat}(t_1, t_2)}{eq_{nat}(t_1, r_2)}$, falls $t_2 \to_P r_2$;

(*9*) $\dfrac{if_s(true, p_1, p_2)}{p_1}$ (*10*) $\dfrac{if_s(false, p_1, p_2)}{p_2}$

(*11*) $\dfrac{if_s(b, p_1, p_2)}{if_s(b', p_1, p_2)}$, falls $b \to_P b'$; (*12*) $\dfrac{f(u_1,\ldots,u_n)}{\sigma(R_f)}$, mit $\sigma = \{x_1/u_1,\ldots,x_n/u_n\}$;

für alle Funktionsprozeduren **function** $f(x_1{:}s_1,\ldots,x_n{:}s_n){:}s_{n+1} \Leftarrow R_f$ in P und für alle $s \in \mathcal{S}$, $t,r,t_1,t_2,r_1,r_2 \in \mathcal{T}(\Sigma(P))_{nat}$, $p_1,p_2 \in \mathcal{T}(\Sigma(P))_s$, $u_1 \ldots u_n \in \mathcal{T}(\Sigma(P))_{s1,\ldots,sn}$ sowie $b,b' \in \mathcal{T}(\Sigma(P))_{bool}$.

(*iii*) Auswertungsrelation und Auswertungsfolgen:

Die *Auswertungsrelation* $\to_P \subset \mathcal{T}(\Sigma(P)) \times \mathcal{T}(\Sigma(P))$ eines funktionalen Programms P ist die kleinste Relation auf $\mathcal{T}(\Sigma(P))$ mit: $t \to_P r$ gdw. es gibt eine Ableitungsregel der Form

$$\frac{t}{r} \quad \text{, falls } \mathcal{B}(t,r) \ ,$$

für die die *Anwendungsbedingung* $\mathcal{B}(t,r)$ gültig ist.

Eine Folge $\langle t_i \rangle_{i \le j}$ von Termen aus $\mathcal{T}(\Sigma(P))$ heißt eine *endliche Auswertungsfolge zu* t_0 (*in* P) gdw. $t_i \to_P t_{i+1}$ für alle $i<j$ und t_j ist $\to_P$-minimal. Eine Folge

$\langle t_i \rangle_{i\in\mathbb{N}}$ von Termen aus $\mathcal{T}(\Sigma(P))$ heißt eine *unendliche Auswertungsfolge zu* t_0 (*in* P) gdw. $t_i \to_P t_{i+1}$ für alle $i\in\mathbb{N}$.

Die *Länge* $|\langle t_i \rangle_{i\in J}|_P$ einer Auswertungsfolge $\langle t_i \rangle_{i\in J}$ ist definiert als $j+1$, falls $J=\{i \mid i\leq j\}$ für ein $j\in\mathbb{N}$, und als ∞ für $J=\mathbb{N}$. ♦

Mit Regel (*12*) implementieren wir einen Prozeduraufruf $f(t_1,...,t_n)$, indem wir alle formalen Parameter x_i im Rumpf R_f der Funktionsprozedur durch die aktuellen Parameter t_i ersetzen und dann anschließend den so modifizierten Rumpf $\sigma(R_f)$ weiter auswerten.

Wie zuvor bei $\to_{BM}$ wird mit $\to_P$ eine binäre *konfluente* Relation auf Grundtermen definiert, so daß alle $\to_P$ -minimalen Elemente *Konstruktorgrundterme* sind:

Satz 2.2.2

(*i*) $min_{\to P}(\mathcal{T}(\Sigma(P))) = \mathcal{T}(\Sigma^c)$.

(*ii*) ${}_P\!\leftarrow \circ \to_P \;\subset\; =_{\mathcal{T}} \cup \to_P \circ {}_P\!\leftarrow$.

(*iii*) $\to_P$ ist konfluent.

(*iv*) Für alle Auswertungsfolgen $\langle t_i \rangle_{i\in J}$ und $\langle s_i \rangle_{i\in K}$ mit $t_0=s_0$ gilt $|\langle t_i \rangle_{i\in J}|_P=|\langle s_i \rangle_{i\in K}|_P$.

(*v*) Für jedes Programm $P\in\mathcal{FP}$ und für jeden Term $t\in\mathcal{T}(\Sigma(P))$ existiert *höchstens ein* Term $q\in\mathcal{T}(\Sigma^c)$ mit $t \to_P^* q$.

Beweis (*i*) Wir beweisen die Behauptung "$t\in min_{\to P}(\mathcal{T}(\Sigma(P)))$ gdw. $t\in\mathcal{T}(\Sigma^c)$ für alle $t\in\mathcal{T}(\Sigma(P))$" wie in Satz *2.2.1*(*i*) durch strukturelle Induktion über t und müssen im Beweis des Induktionschritts nur noch den Fall $t=f(t_1,...,t_n)$ mit $f\notin\Sigma(\mathsf{BM})$ ergänzen: Es gilt $t\notin\mathcal{T}(\Sigma^c)$ und mit $t \to_P \sigma(R_f)$ auch $t\notin min_{\to P}(\mathcal{T}(\Sigma(P)))$, und folglich ist (*i*) bewiesen. √

(*ii*) Wir beweisen die Behauptung wie in Satz *2.2.1*(*ii*) durch strukturelle Induktion über t und müssen im Beweis des Induktionschritts nur noch den Fall $t=f(t_1,...,t_n)$ mit $f\notin\Sigma(\mathsf{BM})$ ergänzen: Mit $s_1 \;{}_P\!\leftarrow t \to_P s_2$ gilt $s_1 = \sigma(R_f) = s_2$, und folglich ist (*ii*) bewiesen. √

(*iii*) Folgt wie in Satz *2.2.1*(*iii*) aus (*ii*). √

(*iv*) Für $J=\mathbb{N}=K$ gilt die Behauptung trivialerweise. Wir nehmen daher o.B.d.A. $J=\{i \mid i\leq j\}$ für ein $j\in\mathbb{N}$ an und zeigen die Behauptung durch Induktion über j:

Induktionsanfang $j=0$: Es gilt $t_0=s_0$ und mit $t_0\in\mathcal{T}(\Sigma^c)$ folglich $|\langle t_i\rangle_{i\in J}|_P = 1 = |\langle s_i\rangle_{i\in K}|_P$. √

Induktionsschritt $j>0$: Es gilt $t_0\notin\mathcal{T}(\Sigma^c)$ und damit auch $|\langle s_i\rangle_{i\in K}|_P > 1$ sowie $t_1 \;{}_P\!\leftarrow t_0 \rightarrow_P s_1$. Mit (*ii*) gilt dann $t_1=s_1$ oder $t_1 \rightarrow_P r_1 \;{}_P\!\leftarrow s_1$ für ein $r_1\in\mathcal{T}(\Sigma(P))$.

Fall $t_1=s_1$: Mit der Induktionshypothese gilt $|\langle t_i\rangle_{i\in J}|_P = 1+|\langle t_{i+1}\rangle_{i\leq j-1}|_P = 1+ |\langle s_1,s_2, ...\rangle|_P = |\langle s_i\rangle_{i\in K}|_P$ und die Behauptung ist bewiesen, vgl. Bild *2.2.1*(*i*). √

Fall $t_1 \rightarrow_P r_1 \;{}_P\!\leftarrow s_1$: Sei $\langle r_{i+1}\rangle_{i\in H}$ eine Auswertungsfolge zu r_1. Mit $r_0:= t_1$ ist dann $\langle r_i\rangle_{i\in H}$ eine Auswertungsfolge zu t_1, und wegen $|\langle t_{i+1}\rangle_{i\leq j-1}|_P < |\langle t_i\rangle_{i\in J}|_P$ gilt mit der Induktionshypothese folglich $|\langle r_i\rangle_{i\in H}|_P = |\langle t_{i+1}\rangle_{i\leq j-1}|_P$, d.h. $H=\{i \mid i\leq j-1\}$. Sei $\langle u_i\rangle_{i\leq j-1}$ eine Folge von Termen mit $u_0:=s_1$ und $u_{i+1}:=r_{i+1}$ für alle $i\in\{0,..., j-2\}$. Dann ist $\langle u_i\rangle_{i\leq j-1}$ eine Auswertungsfolge zu s_1 und wegen $|\langle u_i\rangle_{i\leq j-1}|_P < |\langle t_i\rangle_{i\in J}|_P$ erhalten wir mit der Induktionshypothese $|\langle u_i\rangle_{i\leq j-1}|_P = |\langle s_1, s_2, ...\rangle|_P$. Damit gilt $|\langle t_i\rangle_{i\in J}|_P = 1+|\langle t_{i+1}\rangle_{i\leq j-1}|_P = 1+ |\langle u_i\rangle_{i\leq j-1}|_P = 1+|\langle s_1,s_2, ...\rangle|_P = |\langle s_i\rangle_{i\in K}|_P$ und die Behauptung ist bewiesen, vgl. Bild *2.2.1*(*ii*). √ √ √

(*v*) Zeigt man mit (*i*) und (*iii*) wie in Satz *2.2.1*(*v*). √ ♦

Im Unterschied zu $\rightarrow_{BM}$ ist $\rightarrow_P$ *nicht fundiert*, denn es gilt beispielsweise $f(0) \rightarrow_P f(0) \rightarrow_P ...$ für ein funktionales Programm $P=\langle$ **function** $f(x{:}nat){:}nat \Leftarrow f(x)\ \rangle$. Folglich gilt Satz *2.2.1*(*iv*) und damit Satz *2.2.1*(*v*) nicht für funktionale Programme, und wir können nur die schwächere Behauptung von Satz *2.2.2*(*v*) beweisen. Konsequenterweise können wir die Auswertung von Grundtermen zu Konstruktorgrundtermen nur durch eine *partielle* Auswertungsfunktion $eval_P$ angeben:

Definition 2.2.4 (Interpretierer $eval_P$, Auswertungskosten $|t|_P$)
Der *Interpretierer* $eval_P$ des funktionalen Programms P ist die Funktion $eval_P : \mathcal{T}(\Sigma(P)) \mapsto_S \mathcal{T}(\Sigma^c)$ mit $eval_P(t)=q$ gdw. $t \rightarrow_P^* q$. Die *Auswertungskosten* $|t|_P$ eines Terms $t\in\mathcal{T}(\Sigma(P))$ sind definiert als die Länge einer Auswertungsfolge zu t. ♦

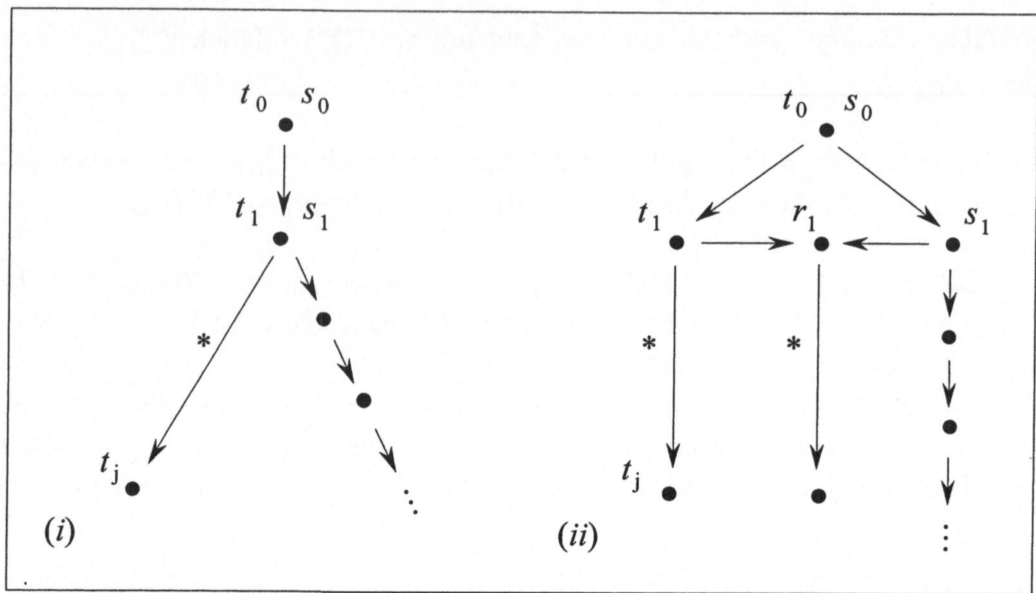

Bild 2.2.1 Zum Beweis von Satz *2.2.2*(*iv*)

Mit Satz *2.2.2*(*iv*) sind die Auswertungskosten eines Terms wohldefiniert. Da $eval_P$ im Unterschied zu $eval_{BM}$ nur durch eine *partielle* Funktion beschrieben wird, kann man nicht garantieren, daß für alle Eingaben $t \in \mathcal{T}(\Sigma(P))$ auch ein Ergebnis $q \in \mathcal{T}(\Sigma^c)$ mit $eval_P(t)=q$ existiert. Wir schreiben dann $eval_P(t)=\infty$ und es gilt $|t|_P = \infty$.

Der Interpretierer $eval_P$ kann ausgehend vom Auswertungskalkül für funktionale Programme einfach implementiert werden: Beginnend mit t wendet man *irgendwelche* Auswertungsregeln solange an, bis man einen Konstruktorgrundterm erhält. Mit Satz *2.2.2*(*iv*) ist gewährleistet, daß man dabei keine "Sackgassen" betritt, d.h. daß das Verfahren terminiert, wenn $t \rightarrow_P^* q \in \mathcal{T}(\Sigma^c)$ gilt. Mit Satz *2.2.2*(*iii*) wird die Eindeutigkeit des Ergebnisses garantiert, da Indeterminismen der Auswertung wegen der Konfluenz von $\rightarrow_P$ *beliebig* aufgelöst werden dürfen.

Beispiel 2.2.1

(*i*) Für P=⟨ **function** *inner*(*x*:*nat*):*nat* ⇐ *inner*(*succ*(*x*)) ⟩ erhalten wir die unendliche Auswertungsfolge

$$
\begin{aligned}
inner(O) &\rightarrow_P inner(succ(O))) \\
&\rightarrow_P inner(succ(succ(O))) \\
&\rightarrow_P inner(succ(succ(succ(O))))
\end{aligned}
$$

$\rightarrow_P$ ...

und damit *eval*$_P$(*inner*(*O*))=∝.

(*ii*) Für *P*=⟨ **function** *outer*(*x*:*nat*):*nat* ⇐ *succ*(*outer*(*x*)) ⟩ erhalten wir die unendliche Auswertungsfolge

outer(*O*) $\rightarrow_P$ *succ*(*outer*(*O*))
$\rightarrow_P$ *succ*(*succ*(*outer*(*O*)))
$\rightarrow_P$ *succ*(*succ*(*succ*(*outer*(*O*))))
$\rightarrow_P$ ...

und damit *eval*$_P$(*outer* (*O*))=∝.

(*iii*) Für *P* wie in (*ii*) erhalten wir die unendliche Auswertungsfolge

pred(*outer*(*O*)) $\rightarrow_P$ *pred*(*succ*(*outer*(*O*)))
$\rightarrow_P$ *pred*(*succ*(*succ*(*outer*(*O*))))
$\rightarrow_P$ *pred*(*succ*(*succ*(*succ*(*outer*(*O*)))))
$\rightarrow_P$ ...

und damit *eval*$_P$(*pred*(*outer* (*O*)))=∝.

(*iv*) Für *P*=⟨F_{zero}, F_{plus}, F_{times}⟩ mit den Funktionsprozeduren wie in Beispiel *2.1.1* erhalten wir die endliche Auswertungsfolge

<u>*times*(*succ*(*O*),*succ*(*O*))</u>

$\rightarrow_P$ *if*$_{nat}$(<u>*zero*(*succ*(*O*))</u>,
O,
plus(*times*(*pred*(*succ*(*O*)), *succ*(*O*)), *succ*(*O*)))

$\rightarrow_P$ *if*$_{nat}$(<u>*eq*$_{nat}$</u>(*succ*(*O*),*O*),
O,
plus(*times*(*pred*(*succ*(*O*)), *succ*(*O*)), *succ*(*O*)))

$$\to_P \ \underline{\begin{array}{l} \mathit{if}_{\mathrm{nat}}(\mathit{false}, \\ \qquad O, \\ \qquad \mathit{plus}(\mathit{times}(\mathit{pred}(\mathit{succ}(O)), \mathit{succ}(O)), \mathit{succ}(O))) \end{array}}$$

$$\to_P \ \underline{\mathit{plus}(\mathit{times}(\mathit{pred}(\mathit{succ}(O)), \mathit{succ}(O)), \mathit{succ}(O))}$$

$$\begin{array}{l} \to_P \ \mathit{if}_{\mathrm{nat}}(\underline{\mathit{zero}(\mathit{times}(\mathit{pred}(\mathit{succ}(O)), \mathit{succ}(O)))}, \\ \qquad \mathit{succ}(O), \\ \qquad \mathit{succ}(\mathit{plus}(\mathit{pred}(\mathit{times}(\mathit{pred}(\mathit{succ}(O)), \mathit{succ}(O))), \mathit{succ}(O)))) \end{array}$$

$$\begin{array}{l} \to_P \ \mathit{if}_{\mathrm{nat}}(\mathit{eq}_{\mathrm{nat}}(\underline{\mathit{times}(\mathit{pred}(\mathit{succ}(O)), \mathit{succ}(O))}, O), \\ \qquad \mathit{succ}(O), \\ \qquad \mathit{succ}(\mathit{plus}(\mathit{pred}(\mathit{times}(\mathit{pred}(\mathit{succ}(O)), \mathit{succ}(O))), \mathit{succ}(O)))) \end{array}$$

$$\begin{array}{l} \to_P \ \mathit{if}_{\mathrm{nat}}(\mathit{eq}_{\mathrm{nat}}(\mathit{if}_{\mathrm{nat}}(\underline{\mathit{zero}(\mathit{pred}(\mathit{succ}(O)))}, \\ \qquad\qquad\qquad O, \\ \qquad\qquad\qquad \mathit{plus}(\mathit{times}(\mathit{pred}(\mathit{pred}(\mathit{succ}(O))), \mathit{succ}(O)), \mathit{succ}(O))), \\ \qquad\qquad O), \\ \qquad \mathit{succ}(O), \\ \qquad \mathit{succ}(\mathit{plus}(\mathit{pred}(\mathit{times}(\mathit{pred}(\mathit{succ}(O)), \mathit{succ}(O))), \mathit{succ}(O)))) \end{array}$$

$$\begin{array}{l} \to_P \ \mathit{if}_{\mathrm{nat}}(\mathit{eq}_{\mathrm{nat}}(\mathit{if}_{\mathrm{nat}}(\mathit{eq}_{\mathrm{nat}}(\underline{\mathit{pred}(\mathit{succ}(O))}, O), \\ \qquad\qquad\qquad O, \\ \qquad\qquad\qquad \mathit{plus}(\mathit{times}(\mathit{pred}(\mathit{pred}(\mathit{succ}(O))), \mathit{succ}(O)), \mathit{succ}(O))), \\ \qquad\qquad O), \\ \qquad \mathit{succ}(O), \\ \qquad \mathit{succ}(\mathit{plus}(\mathit{pred}(\mathit{times}(\mathit{pred}(\mathit{succ}(O)), \mathit{succ}(O))), \mathit{succ}(O)))) \end{array}$$

$$\begin{array}{l} \to_P \ \mathit{if}_{\mathrm{nat}}(\mathit{eq}_{\mathrm{nat}}(\mathit{if}_{\mathrm{nat}}(\underline{\mathit{eq}_{\mathrm{nat}}(O, O)}, \\ \qquad\qquad\qquad O, \\ \qquad\qquad\qquad \mathit{plus}(\mathit{times}(\mathit{pred}(\mathit{pred}(\mathit{succ}(O))), \mathit{succ}(O)), \mathit{succ}(O))), \\ \qquad\qquad O), \\ \qquad \mathit{succ}(O), \\ \qquad \mathit{succ}(\mathit{plus}(\mathit{pred}(\mathit{times}(\mathit{pred}(\mathit{succ}(O)), \mathit{succ}(O))), \mathit{succ}(O)))) \end{array}$$

$$
\begin{aligned}
\to_P\ & if_{nat}(eq_{nat}(\underline{if_{nat}(true,}\\
&\qquad\qquad\qquad \underline{O,}\\
&\qquad\qquad\qquad \underline{plus(times(pred(pred(succ(O))), succ(O)), succ(O))),}\\
&\qquad\qquad\quad O),\\
&\quad succ(O),\\
&\quad succ(plus(pred(times(pred(succ(O)), succ(O))), succ(O))))
\end{aligned}
$$

$$
\begin{aligned}
\to_P\ & if_{nat}(\underline{eq_{nat}(O, O)},\\
&\quad succ(O),\\
&\quad succ(plus(pred(times(pred(succ(O)), succ(O))), succ(O))))
\end{aligned}
$$

$$
\begin{aligned}
\to_P\ & \underline{if_{nat}(true,}\\
&\quad \underline{succ(O),}\\
&\quad \underline{succ(plus(pred(times(pred(succ(O)), succ(O))), succ(O))))}
\end{aligned}
$$

$$\to_P\ succ(O)$$

und damit $\mathsf{eval}_P(times(succ(O),succ(O)))=succ(O)$, d.h. $1\times 1=1$. ♦

Mit der Definition von eval_P haben wir also festgelegt, wie ein Programm P *implementiert* wird. Damit können wir jetzt *operational* die Semantik eines funktionalen Programms angeben:

Definition 2.2.5 (Operationale Semantik funktionaler Programme)
Die *operationale Semantik* der funktionalen Programmiersprache $\mathcal{FP}$ ist definiert durch die semantische Funktion

$$\mathsf{sem}_{op} \quad : \mathcal{FP} \to (\ \mathcal{T}(\Sigma_{\mathcal{FP}}) \mapsto_S \mathcal{T}(\Sigma^c)\ )$$

mit

$$\mathsf{sem}_{op}[\![P]\!](t) \ := \ \begin{cases} \mathsf{eval}_P(t) & \text{, falls } t \in \mathcal{T}(\Sigma(P))\,; \\ \propto & \text{, sonst .} \end{cases}$$ ♦

Übung 2.2.1

Sei $P=\langle F_{zero}, F_{plus}, F_{times},$ **function** *inner...*, **function** *outer...*$\rangle$ mit den Funktionsprozeduren wie in den Beispielen *2.1.1* und *2.2.1*. Berechnen Sie durch Angabe der Auswertungsfolgen die Ergebnisse von

(*i*) $eval_P(times(O, outer(O)))$;
(*ii*) $eval_P(times(outer(O), O))$;
(*iii*) $eval_P(times(succ(O), outer(O)))$;
(*iv*) $eval_P(eq_{nat}(inner(O), outer(O)))$;
(*v*) $eval_P(if_{nat}(eq_{nat}(inner(O), inner(O)), O, O))$. ♦

Übung 2.2.2

Beweisen Sie folgende Behauptung: Für jede Regel der Form

$$\frac{f(t_1,...,t_j,...,t_n)}{f(t_1,...,r_j,...,t_n)} \text{, falls } t_j \rightarrow_P r_j ;$$

im Auswertungskalkül für funktionale Programme gilt $f(t_1,...,t,...,t_n) \rightarrow_P^* f(t_1,...,r,...,t_n)$, falls $t \rightarrow_P^* r$. ♦

Übung 2.2.3

Sei P ein funktionales Programm, $f(t_1,...,t_j,...,t_n) \in \mathcal{T}(\Sigma(P))$, und sei $\langle s_i \rangle_{i \in K}$ eine Auswertungsfolge zu t_j. Ermitteln Sie, unter welchen Voraussetzungen $\langle f(t_1,...,s_i,...,t_n)\rangle_{i \in K}$ eine Auswertungsfolge zu $f(t_1,...,t_j,...,t_n)$ ist. ♦

Übung 2.2.4

(*i*) Zeigen Sie: $| t |_P > | r |_P$, falls $eval_P(t) \neq \infty$ und $t \rightarrow_P^+ r$.
(*ii*) Zeigen Sie: $| f(t_1,...,t_j,...,t_n) |_P > | t_j |_P$, falls $eval_P(f(t_1,...,t_n)) \neq \infty$ und entweder $f \in \{pred, eq_{nat}\}$ oder $f = if_s$ und $j=1$.
(*iii*) Unter welcher Voraussetzung gilt die Behauptung unter (*ii*) auch für $f = if_s$ und $j \neq 1$?
(*iv*) Zeigen Sie: $| succ(t) |_P = | t |_P$.
(*v*) Zeigen Sie: Es gibt Terme $f(t_1,...,t_n) \in \mathcal{T}(\Sigma(P))$ mit $eval_P(f(t_1,...,t_n)) \neq \infty$, $eval_P(t_j) \neq \infty$, $f \neq if_s$ und $| f(t_1,...,t_j,...,t_n) |_P < | t_j |_P$.
(*vi*) Zeigen Sie: $| t |_P \geq | t[\pi \leftarrow eval_P(t|_\pi)] |_P$, falls $\pi \in Occ(t)$ und $eval_P(t|_\pi) \neq \infty$. ♦

Übung 2.2.5

(*i*) Zeigen Sie: $eval_P(t)=eval_P(r)$, falls $t \rightarrow_P^* r$.

(*ii*) Zeigen Sie: $eval_P(f(t_1,...,t_n))=eval_P(f(t_1,...,eval_P(t_j),...,t_n))$, falls $eval_P(f(...))\neq \infty$ und entweder $f\in\{succ, pred, eq_{nat}\}$ oder $f=if_s$ und $j=1$.

(*iii*) Unter welcher Voraussetzung gilt die Behauptung unter (*ii*) auch für $f=if_s$ und $j\neq 1$? ♦

Übung 2.2.6

Angenommen, der Auswertungskalkül der Basismaschine wird um zwei weitere Ableitungsregeln

$$(*)\quad \frac{if_s(b,p_1,p_2)}{if_s(b,p_1',p_2)}\text{ ,falls } p_1 \rightarrow_{BM} p_1'; \quad (**)\ \frac{if_s(b,p_1,p_2)}{if_s(b,p_1,p_2')}\text{ , falls } p_2 \rightarrow_{BM} p_2';$$

erweitert. Untersuchen Sie die Konsequenzen dieser Erweiterung für $\rightarrow_{BM}$ und für $\rightarrow_P$. Prüfen Sie dabei insbesondere, welche Aussagen von Satz *2.2.1* und Satz *2.2.2* jetzt nicht mehr gültig sind. Welche Konsequenzen hat die Erweiterung für die Implementierung von $eval_{BM}$ und $eval_P$? ♦

Übung 2.2.7

Vervollständigen Sie den Beweis von Satz *2.2.1*(*i*,*ii*,*iv*). ♦

2.3 Denotationale Semantik von $\mathcal{FP}$

In der *denotationalen Semantik* wird die semantische Funktion sem als *Lösung* einer *Gleichung* bestimmt. Wollen wir beispielsweise die Gleichung $x-5 = log_2(x)$ in $\mathbb{N}$ lösen, so müssen wir eine natürliche Zahl n finden (wie etwa 8 für dieses Beispiel), so daß nach Ersetzung von x durch n beide Seiten der Gleichung zu identischen Ergebnissen führen. Genauso kann man *Gleichungen über Funktionen* lösen. Dies ist beispielsweise nötig, wenn der *Aufwand* eines Algorithmus bestimmt werden soll. Man erhält durch eine Analyse oft *Rekursionsgleichungen*, deren Lösung (durch eine *Funktion*) dann den gesuchten Aufwand angibt.

Beispielsweise gibt die Gleichung

$$(2.3.1)\quad T(n) = \begin{cases} 0 & \text{, falls } n=0\text{ ,} \\ 2\times T(n-1)+1 & \text{, falls } n\neq 0\text{ ;} \end{cases}$$

die Anzahl $T(n)$ der Bewegungen an, die notwendig sind, um ein "*Tower-of-Hanoi*"-Problem mit n Scheiben zu lösen. Die Lösung der Gleichung lautet $T(n) = 2^n - 1$, denn

$$2^0 - 1 = 0 \quad \text{und} \quad 2^{n+1} - 1 = 2 \times (2^n - 1) + 1 \text{ .}$$

Formal gesehen wird hier T als eine *Variable* für einstellige *Funktionen* aufgefaßt, für die als *Lösung* eine einstellige *Funktion* gefunden werden muß, die Gleichung (*2.3.1*) erfüllt.

In der denotationalen Semantik fassen wir die *Definition einer Funktionsprozedur* als *Gleichung über Funktionen* auf. Da hier Gleichungen immer lösbar sind, erhalten wir mindestens eine Funktion als Lösung. Unter allen Lösungen wird dann eine bestimmte ausgewählt und dem Funktionssymbol der Funktionsprozedur als Semantik zugeordnet.

Beispielsweise fassen wir die Funktionsprozedur F_{fac} =

function *fac*(*x*:*nat*):*nat* $\Leftarrow$ **if** $x=0$ **then** *1* **else** $x \times fac(x-1)$ **fi**

als Gleichung

$$(2.3.2) \qquad \phi(x) = \begin{cases} 1 & \text{, falls } x=0 \text{ ,} \\ x*\phi(x-1) & \text{, falls } x\in\mathbb{N}\backslash\{0\} \text{ ,} \\ \propto & \text{, sonst ;} \end{cases}$$

über Funktionen auf. Offenbar ist *x!* eine Lösung dieser Gleichung, denn es gilt

$$x! = \begin{cases} 1 & \text{, falls } x=0 \text{ ,} \\ x*(x-1)! & \text{, falls } x\in\mathbb{N}\backslash\{0\} \text{ ,} \\ \propto & \text{, sonst .} \end{cases}$$

Da *x!* die *einzige* Lösung der Gleichung (*2.3.2*) ist, ordnen wir dem Funktions*symbol fac* die Fakultäts*funktion !* als Semantik zu.

Für die Funktionsprozedur F_{outer} =

function *outer*(*x*:*nat*):*nat* ⇐ *1*+*outer*(*x*)

erhalten wir die Gleichung

$$(2.3.3) \qquad \phi(x) = 1+\phi(x)$$

über Funktionen. Mit $n\neq 1+n$ für alle $n\in\mathbb{N}$ kann nur die *überall undefinierte* Funktion ω diese Gleichung lösen, denn

$$\omega(x) = \propto = 1+\omega(x).$$

Wir ordnen daher dem Funktions*symbol outer* die überall undefinierte *Funktion* ω als Semantik zu.

Für die Funktionsprozedur F_{inner} =

function *inner*(*x*:*nat*):*nat* ⇐ *inner*(*1*+*x*)

erhalten wir die Gleichung

$$(2.3.4) \qquad \phi(x) = \phi(1+x)$$

über Funktionen. Hier gibt es *unendlich viele* Lösungen, denn für alle $n\in\mathbb{N}$ ist *const_n* mit *const_n*(*x*)=*n* eine Lösung der Gleichung, da

$$const\_n(x) = n = const\_n(1+x).$$

Des weiteren ist auch die überall undefinierte Funktion ω eine Lösung, denn

$$\omega(x) = \infty = \omega(1+x).$$

Hier existiert keine *eindeutige* Lösung, und wir ordnen auch dem Funktions*symbol inner* die überall undefinierte *Funktion* ω als Semantik zu.

Der Unterschied zwischen den drei Beispielen besteht also darin, daß Gleichung (*2.3.2*) *genau eine totale* Funktion als Lösung besitzt, *keine totale* Funktion Gleichung (*2.3.3*) löst und Gleichung (*2.3.4*) durch *unendlich viele totale* Funktionen sowie eine *partielle* Funktion gelöst wird.

Die *Zuordnung* von Funktions*symbolen* zu *Funktionen* werden wir formal mit Hilfe von Σ-Algebren beschreiben. Beispielsweise können wir die Zuordnung $fac(x) \rightarrow x!$ durch eine Σ-Algebra $N=(\mathbb{N},\nu)$ mit $fac\in\Sigma^{d}_{nat,nat}$ und $\nu_{fac}(n)=n!$ für alle $n\in\mathbb{N}$ formal angeben. Allerdings können wir so nicht die Zuordnung $outer(x) \rightarrow \omega(x)$ beschreiben, da jede Σ-Algebra $A=(\mathcal{A},\alpha)$ jedem Funktionssymbol $f\in\Sigma_{w,s}$ eine *totale* Funktion $\alpha_f{:}\mathcal{A}_w\rightarrow\mathcal{A}_s$ zuordnet. Um die Deutung von Funktionssymbolen $f\in\Sigma_{w,s}$ durch *partielle* Funktionen $\mathcal{A}_w\mapsto\mathcal{A}_s$ mit Hilfe von Σ-Algebren zu beschreiben, müssen wir Partialität geeignet "kodieren": Wir definieren für jede Sorte $s\in\mathcal{S}$ ein zusätzliches Trägerelement $\varnothing_s\notin\mathcal{A}_s$ und verwenden dann statt A eine Σ-Algebra $A'=(\mathcal{A}',\alpha')$ mit $\mathcal{A}'_s:=\mathcal{A}_s\cup\{\varnothing_s\}$ und $\alpha'_f{:}\mathcal{A}'_w\rightarrow\mathcal{A}'_s$ für alle $f\in\Sigma_{w,s}$. Dabei bedeutet dann $\alpha'_f(a^*)=\varnothing_s$, daß α_f für a^* *undefiniert* ist, d.h. $\alpha_f(a^*)=\infty$.

Definition 2.3.1 (ω-erweiterte Σ-Algebra)
Eine Σ-Algebra $A=(\mathcal{A},\alpha)$ ist *ω-erweitert* gdw. $\varnothing_s\in\mathcal{A}_s$ und $\mathcal{A}_s\backslash\{\varnothing_s\}\neq\emptyset$ für alle $s\in\mathcal{S}$. Für $w\in\mathcal{S}^*$ und $s\in\mathcal{S}$ bezeichnet $\omega_{\mathcal{A}w\rightarrow\mathcal{A}s}{:}\mathcal{A}_w\rightarrow\mathcal{A}_s$ die *überall undefinierte* Funktion auf $\mathcal{A}_w$ mit $\omega_{\mathcal{A}w\rightarrow\mathcal{A}s}(a^*)=\varnothing_s$ für alle $a^*\in\mathcal{A}_w$. ♦

Bei einer ω-erweiterten Σ-Algebra enthält jeder Träger $\mathcal{A}_s$ mindestens *zwei* Elemente, wobei ein bestimmtes - nämlich $\varnothing_s$ - für "undefiniert" steht. In diesem Sinne ist auch die Bezeichung "überall undefinierte Funktion" für $\omega_{\mathcal{A}w\rightarrow\mathcal{A}s}$ zu verstehen, denn $\omega_{\mathcal{A}w\rightarrow\mathcal{A}s}$ ist offenbar für alle $a^*\in\mathcal{A}_w$ definiert.

Mit einer ω-erweiterten Σ-Algebra können wir jetzt auch die Zuordnung $outer \rightarrow \omega$ beschreiben, etwa durch eine ω-erweiterte Σ-Algebra $N=(\mathbb{N}\cup\{\varnothing_{nat}\}, \nu)$ mit $\nu_{outer}(n)=\varnothing_{nat}$ für alle $n\in\mathbb{N}$. Allerdings müssen wir für jede Funktion jetzt auch einen Funktionswert bei Anwendung der Funktion auf "undefinierte" Argumente angeben. Beispielsweise muß das Ergebnis von $\nu_{outer}(\varnothing_{nat})$ bekannt sein, um das Ergebnis von $\nu_{outer}(\nu_{outer}(0))$ zu bestimmen, denn $\nu_{outer}(\nu_{outer}(0))=\nu_{outer}(\varnothing_{nat})$. Genauso muß $\nu_{fac}(\varnothing_{nat})$ festgelegt werden, etwa um das Ergebnis von $\nu_{fac}(\nu_{outer}(0))$ zu bestimmen.

Um der Rolle von $\varnothing_s$ als Zeichen für "undefiniert" gerecht zu werden, wird für Funktionen eine bestimmte Eigenschaft, die sogenannte *Monotonie*, gefordert, die beispielsweise die Festlegungen $\nu_{outer}(\varnothing_{nat})=\varnothing_{nat}$ und $\nu_{fac}(\varnothing_{nat})=\varnothing_{nat}$ erzwingt.

Definition 2.3.2 (Monotone Funktionen)
Seien $(E_1, \sqsubseteq_{E1})$ und $(E_2, \sqsubseteq_{E2})$ Halbordnungen. Dann ist $\phi\in\{E_1\rightarrow E_2\}$ *monoton* gdw. für alle $e,e'\in E_1$ mit $e \sqsubseteq_{E1} e'$ auch $\phi(e) \sqsubseteq_{E2} \phi(e')$ gilt. $[E_1\rightarrow E_2]$ bezeichnet die *Menge aller monotonen Funktionen* $\phi\in\{E_1\rightarrow E_2\}$. ♦

Das kartesische Produkt von Halbordnungen bildet wieder eine Halbordnung. Man gewinnt ein kleinstes Element in dieser Halbordnung aus den kleinsten Elementen der gegebenen Halbordnungen, vorausgesetzt diese existieren:

Definition 2.3.3 (Kartesisches Produkt von Halbordnungen)
Für eine Familie $(E_i, \sqsubseteq_{Ei})_{1\leq i\leq n}$ von Halbordnungen definieren wir $\sqsubseteq_{E1\times...\times En}\subset (E_1\times ...\times E_n)\times(E_1\times...\times E_n)$ durch $(e_1,...,e_n) \sqsubseteq_{E1\times...\times En} (e_1',...,e_n')$ gdw. $e_i \sqsubseteq_{Ei} e_i'$ für alle $i\in \{1,...,n\}$. ♦

Lemma 2.3.1
Sei $(E_i, \sqsubseteq_{Ei})_{1\leq i\leq n}$ eine Familie von Halbordnungen. Dann gilt:

(*i*) $(E_1\times...\times E_n, \sqsubseteq_{E1\times...\times En})$ ist eine Halbordnung.
(*ii*) $(\bot_{E1},...,\bot_{En})$ ist das kleinste Element in $(E_1\times...\times E_n, \sqsubseteq_{E1\times...\times En})$ gdw. $\bot_{Ei}$ die jeweils kleinsten Elemente in $\bot_{Ei}$ sind.

Beweis Übung. ♦

Übung 2.3.1
Beweisen Sie die folgende Aussagen: Sei $(E, \sqsubseteq_E)$ eine Halbordnung mit kleinstem Element $\bot_E$ und sei $(E_i, \sqsubseteq_{Ei})_{1\leq i\leq n}$ eine Familie von Halbordnungen. Dann gilt

(*i*) Wenn $\phi\in\{\rightarrow E\}$, so ist ϕ monoton.

(*ii*) $\omega_{E1\times\ldots\times En\to E}\in\{E_1\times\ldots\times E_n\to E\}$ mit $\omega_{E1\times\ldots\times En\to E}(e_1,\ldots,e_n)=\bot_E$ für alle $(e_1,\ldots,e_n)\in E_1\times\ldots\times E_n$ ist monoton.

(*iii*) Für $E'\subset E$ ist $(E', \sqsubseteq_E)$ eine Halbordnung und falls $\bot_E\in E'$ so ist $\bot_E$ das kleinste Element von E'. ♦

Jede Trägermenge $\mathcal{A}_s$ einer ω-erweiterten Σ-Algebra A definiert eine Halbordnung $(\mathcal{A}_s, \sqsubseteq_s)$ mit kleinstem Element $\varnothing_s$, und mit Lemma *2.3.1* erhalten wir dann eine Halbordnung $(\mathcal{A}_w, \sqsubseteq_w)$ für alle $w\in\mathcal{S}^*$:

Definition 2.3.4 ($\sqsubseteq_s$ und $\sqsubseteq_w$)
Sei $A=(\mathcal{A},\alpha)$ eine ω-erweiterte Σ-Algebra. Dann ist $\sqsubseteq_s\subset\mathcal{A}_s\times\mathcal{A}_s$ für alle $s\in\mathcal{S}$ definiert durch: $a\sqsubseteq_s b$ gdw. $a=\varnothing_s$ oder $a=b$.

Wir erweitern $\sqsubseteq_s$ zu $\sqsubseteq_w\subset\mathcal{A}_w\times\mathcal{A}_w$ für $w=s_1\ldots s_n\in\mathcal{S}^*$ durch $(a_1,\ldots,a_n)\sqsubseteq_w(b_1,\ldots,b_n)$ gdw. $a_i \sqsubseteq_{si} b_i$ für alle $i\in\{1,\ldots,n\}$, bzw. $\lambda \sqsubseteq_\lambda \lambda$ für $w=\lambda$. ♦

Für $a\sqsubseteq_s b$ (bzw. $a^*\sqsubseteq_w b^*$) sagt man auch a (bzw. a^*) *ist weniger "definiert" oder gleich* b (bzw. b^*), da $\varnothing_s$ in einer ω-erweiterten Σ-Algebra Undefiniertheit symbolisiert.

Beispiel 2.3.1
Für $\mathcal{A}_s=\{a,b,\varnothing_s\}$ gilt $\sqsubseteq_s=\{(\varnothing_s,\varnothing_s),(\varnothing_s,a),(\varnothing_s,b),(a,a),(b,b)\}$. Für $\mathcal{A}_{ss}$ erhalten wir dann beispielsweise

$$
\begin{array}{lll}
(\varnothing_s,\varnothing_s)\sqsubseteq_{ss} & & (\varnothing_s,\varnothing_s), (a,\varnothing_s), (b,\varnothing_s), (\varnothing_s,a), (\varnothing_s,b), (a,a), (a,b), (b,a), (b,b)\,, \\
(a,\varnothing_s) & \sqsubseteq_{ss} & (a,\varnothing_s), (a,a), (a,b)\,, \\
(\varnothing_s,a) & \sqsubseteq_{ss} & (\varnothing_s,a), (a,a), (b,a)\,, \\
(b,\varnothing_s) & \sqsubseteq_{ss} & (b,\varnothing_s), (b,a), (b,b)\,, \\
(\varnothing_s,b) & \sqsubseteq_{ss} & (\varnothing_s,b), (a,b), (b,b)\,, \\
(a,a) & \sqsubseteq_{ss} & (a,a)\,, \\
(a,b) & \sqsubseteq_{ss} & (a,b)\,, \\
(b,a) & \sqsubseteq_{ss} & (b,a)\,, \\
(b,b) & \sqsubseteq_{ss} & (b,b)\,.
\end{array}
$$
♦

Die Halbordnung $(\mathcal{A}_s, \sqsubseteq_s)$ heißt auch eine *flache* Halbordnung, und man definiert allgemein:

Definition 2.3.5 (Flache Halbordnungen)
Eine Halbordnung $(E, \sqsubseteq_E)$ heißt *flach* gdw. es ein $\perp_E \in E$ gibt, so daß $e_1 \sqsubseteq_E e_2$ gdw. $e_1 = \perp_E$ oder $e_1 = e_2$ für alle $e_1, e_2 \in E$. ♦

Übung 2.3.2
Beweisen Sie die folgende Aussagen: Sei $(E, \sqsubseteq_E)$ eine flache Halbordnung mit kleinstem Element $\perp_E$, sei $(E_i, \sqsubseteq_{Ei})_{1 \leq i \leq n}$ eine Familie flacher Halbordnungen mit jeweils kleinsten Elementen $\perp_{Ei}$ und sei $\phi \in \{E_1 \times ... \times E_n \to E\}$ mit $n \geq 1$. Dann gilt:

(*i*) Wenn $n=1$, so ist ϕ monoton gdw. entweder $\phi(\perp_{E1}) = \perp_E$ oder aber $\phi(e_1) = e$ für ein $e \in E$ und alle $e_1 \in E_1$.

(*ii*) Für $n>1$ gilt entweder $\phi(\perp_{E1}, ..., \perp_{En}) = \perp_E$ oder aber $\phi(e_1, ..., e_n) = e$ für ein $e \in E$ und alle $(e_1, ..., e_n) \in E_1 \times ... \times E_n$, falls ϕ monoton ist.

(*iii*) Für $n>1$ kann ϕ so gewählt sein, daß $\phi(\perp_{E1}, ..., \perp_{En}) = \perp_E$ und ϕ nicht monoton ist.

(*iv*) ϕ ist monoton gdw. für alle $i \in \{1, ..., n\}$ und für alle $(e_1, ..., e_n) \in E_1 \times ... \times E_n$ entweder $\phi(e_1, ..., e_{i-1}, \perp_{Ei}, e_{i+1}, ..., e_n) = \perp_E$ oder $\phi(e_1, ..., e_{i-1}, \perp_{Ei}, e_{i+1}, ..., e_n) = \phi(e_1, ..., e_n)$. ♦

Mit $\sqsubseteq_s$ und $\sqsubseteq_w$ können wir jetzt monotone Σ-Algebren definieren:

Definition 2.3.6 (Monotone Σ-Algebren, ω-totale Funktionen)
Eine ω-erweiterte Σ-Algebra $A=(\mathcal{A}, \alpha)$ ist *monoton* gdw. α_f für alle $f \in \Sigma_{w,s}$ monoton ist, d.h. wenn für alle $a^*, b^* \in \mathcal{A}_w$ mit $a^* \sqsubseteq_w b^*$ auch $\alpha_f(a^*) \sqsubseteq_s \alpha_f(b^*)$ gilt.

Eine monotone Funktion $\alpha_f : \mathcal{A}_{s1...sn} \to \mathcal{A}_s$ heißt ω-*total* gdw. $\alpha_f(a_1, ..., a_n) \neq \emptyset_s$ für alle $(a_1, ..., a_n) \in (\mathcal{A}_{s1} \setminus \{\emptyset_{s1}\}) \times ... \times (\mathcal{A}_{sn} \setminus \{\emptyset_{sn}\})$. ♦

Mit der Monotonie einer Σ-Algebra $A=(\mathcal{A}, \alpha)$ wird also gefordert, daß sich $\sqsubseteq_w$ für jede Deutungsfunktion $\alpha_f : \mathcal{A}_w \to \mathcal{A}_s$ von den Urbildern auf die Bilder unter α_f fortsetzt. Es gilt also, daß $\alpha_f(a^*)$ weniger "*definiert*" oder gleich $\alpha_f(b^*)$ ist, wenn a^* weniger "*definiert*" oder gleich b^* ist. Ist α_f zusätzlich ω-total, so ist $\alpha_f(a_1, ..., a_n)$ "*definiert*", falls jedes Argument a_i"*definiert*" ist.

Beispiel 2.3.2
Sei $\Sigma_{nat} = \{fünf\}$, $\Sigma_{nat,nat} = \{drei, id\}$ und $\Sigma_{nat,nat,nat} = \{nil\}$. Dann ist die Σ-Algebra $A= (\mathbb{N} \cup \{\emptyset_{nat}\}, \nu)$ mit

$$\nu_{fünf} \quad := \quad 5$$

$$\nu_{drei}(n) := 3 \quad \text{für alle } n \in \mathbb{N} \cup \{\emptyset_{nat}\},$$
$$\nu_{id}(n) := n \quad \text{für alle } n \in \mathbb{N} \cup \{\emptyset_{nat}\},$$
$$\nu_{nil}(n, m) := \emptyset_{nat} \quad \text{für alle } n, m \in \mathbb{N} \cup \{\emptyset_{nat}\},$$

eine monotone Σ-Algebra, für die alle Funktionen bis auf ν_{nil} ω-total sind. ♦

Wir definieren jetzt eine ω-erweiterte Σ(BM)-Algebra D_{BM}, mit der wir jedem Funktionssymbol aus Σ(BM) eine monotone Funktion zuordnen:

Definition 2.3.7 (Σ(BM)-Algebra D_{BM})
Die Σ(BM)-Algebra $D_{BM} = (\mathcal{D}, \delta_{BM})$ ist definiert durch

$$\mathcal{D}_s := \mathcal{T}(\Sigma^c)_s \cup \{\emptyset_s\} \quad \text{für alle } s \in \mathcal{S}.$$

$$\delta_{BM,true} := true$$
$$\delta_{BM,false} := false$$

$$\delta_{BM,O} := O$$

$$\delta_{BM,succ}(d) := \begin{cases} \emptyset_{nat} & \text{, falls } d = \emptyset_{nat} \\ succ(d) & \text{, falls } d \neq \emptyset_{nat} \end{cases}$$

$$\delta_{BM,pred}(d) := \begin{cases} \emptyset_{nat} & \text{, falls } d = \emptyset_{nat} \\ O & \text{, falls } d = O \\ e & \text{, falls } d = succ(e) \end{cases}$$

$$\delta_{BM,eqnat}(d,e) := \begin{cases} \emptyset_{bool} & \text{, falls } d = \emptyset_{nat} \text{ oder } e = \emptyset_{nat} \\ true & \text{, falls } d \neq \emptyset_{nat}\text{, } e \neq \emptyset_{nat} \text{ und } d = e \\ false & \text{, falls } d \neq \emptyset_{nat}\text{, } e \neq \emptyset_{nat} \text{ und } d \neq e \end{cases}$$

$$\delta_{BM,ifs}(b,d,e) := \begin{cases} \emptyset_s & \text{, falls } b = \emptyset_{bool} \\ d & \text{, falls } b = true \\ e & \text{, falls } b = false \end{cases} \quad . \ ♦$$

Lemma 2.3.2
Die Σ(BM)-Algebra D_{BM} ist monoton.

Beweis Übung. ♦

Übung 2.3.3

(*i*) Sei $\phi_{eq}:\mathcal{D}_{nat}\times\mathcal{D}_{nat}\rightarrow\mathcal{D}_{bool}$ mit $\phi_{eq}(d,e)=true$, falls $d=e$, und $\phi_{eq}(d,e)=false$ für $d\neq e$. Beweisen oder widerlegen Sie, daß ϕ_{eq} monoton ist.

(*ii*) Bestimmen Sie alle ω-totalen Funktionen von D_{BM}.

(*iii*) Beweisen Sie Lemma *2.3.2*. ♦

Die Σ(BM)-Algebra D_{BM} deutet *jeden* Grundterm durch einen Konstruktorgrundterm:

Satz 2.3.3

Für jeden Term $t\in\mathcal{T}(\Sigma(BM))_s$ gilt $D_{BM}(t)\in\mathcal{T}(\Sigma^c)_s$ und für $q\in\mathcal{T}(\Sigma^c)_s$ gilt $D_{BM}(q)=q$.

Beweis Übung. ♦

Übung 2.3.4

Zeigen Sie:

(*i*) $D_{BM} \models [\forall n{:}nat\ \ n\equiv n]$.

(*ii*) $D_{BM} \not\models [\forall n{:}nat\ \ eq_{nat}(n, n)\equiv true]$.

(*iii*) $D_{BM} \models [\forall n{:}nat\ \ n\equiv O \vee n\equiv succ(pred(n))]$.

(*iv*) $D_{BM} \not\models [\forall n{:}nat\ \ eq_{nat}(n, O)\equiv true \vee eq_{nat}(n, succ(pred(n)))\equiv true]$.

(*v*) $D_{BM} \models [\forall n,m{:}nat\ \ eq_{nat}(n, m)\equiv true \rightarrow n\equiv m]$.

(*vi*) $D_{BM} \models [\forall n,m{:}nat\ \ eq_{nat}(n, m)\equiv false \rightarrow \neg n\equiv m]$.

(*vii*) $D_{BM} \models [\forall n,m{:}nat\ \ eq_{nat}(n, m)\equiv true \rightarrow \neg eq_{nat}(n, m)\equiv false]$.

(*viii*) Diskutieren Sie den Unterschied zwischen ≡ und eq_{nat}. ♦

Oft genügen monotone Funktionen einer stärkeren Forderung, der sogenannten *Striktheit*:

Definition 2.3.8 (Strikte Funktionen)

Sei $(E_i, \sqsubseteq_{Ei})_{1\leq i\leq n+1}$ eine Familie flacher Halbordnungen mit jeweils kleinsten Elementen $\perp_{Ei}$ und sei $\phi\in\{E_1\times\ldots\times E_n\rightarrow E_{n+1}\}$ mit $n\geq 1$. Dann ist ϕ *strikt* gdw. $\phi(e_1,\ldots,e_{i-1},\perp_{Ei},e_{i+1},\ldots,e_n)=\perp_{En+1}$ für alle $i\in\{1,\ldots,n\}$ und alle $(e_1,\ldots,e_n)\in E_1\times\ldots\times E_n$. ♦

Für eine strikte Funktion ϕ gilt also $\phi(\ \ldots\ ,\ \perp\ ,\ \ldots\ )=\perp$, und man beweist leicht

Lemma 2.3.4 (Striktheitslemma)

Jede strikte Funktion ist monoton.

Beweis Übung. ♦

Übung 2.3.5

(*i*) Bestimmen Sie alle strikten Funktionen von D_{BM}.

(*ii*) Beweisen Sie das Striktheitslemma *2.3.4*. ♦

Um die denotationale Semantik eines funktionalen Programms P zu bestimmen, erweitern wir jetzt D_{BM} in geeigneter Weise zu einer $\Sigma(P)$-Algebra $D_P = (\mathcal{D}, \delta_P)$. Dabei gehen wir im Prinzip genauso vor, wie bei der Basismaschine: Wir ordnen jedem Funktionssymbol $f \in \Sigma(P)_{w,s}$, das durch eine Funktionsprozedur F in P eingeführt wird, eine monotone Funktion $\delta_{P,f} : \mathcal{D}_w \rightarrow \mathcal{D}_s$ zu. Diese Funktion gewinnen wir als Lösung von Funktionsgleichungen, wie etwa den Gleichungen (*2.3.2*), (*2.3.3*) und (*2.3.4*). Wir müssen daher untersuchen, unter welchen Voraussetzungen diese Gleichungen überhaupt eine Lösung besitzen und wie diese bestimmt wird.

Allgemein haben die betrachteten Funktionsgleichungen die Form $\phi = \Im_F(\phi)$, wobei $\Im_F \in \{\{M \rightarrow N\} \rightarrow \{M \rightarrow N\}\}$. Auf der linken Seite der Gleichung steht also eine Funktionsvariable ϕ für Funktionen aus $\{M \rightarrow N\}$ und auf der rechten Seite ein Ausdruck $\Im_F(\phi)$, der von der Funktionsvariablen ϕ abhängig ist. Dieser Ausdruck wird mit einer Funktion $\Im_F$ gebildet, die *Funktionen* aus $\{M \rightarrow N\}$ in *Funktionen* aus $\{M \rightarrow N\}$ abbildet. Zur besseren Unterscheidung zwischen diesen Funktionen nennen wir Funktionen (wie etwa $\Im_F$), die *Funktionen in Funktionen* abbilden, *Funktionale*, für die wir $\Im_F[\![\phi]\!]$ anstatt $\Im_F(\phi)$ schreiben.

Das Funktional einer Funktionsgleichung gewinnen wir aus dem Rumpf der Funktionsprozedur, deren Funktionsymbol durch eine monotone Funktion gedeutet werden soll. Für die Funktionsprozedur F_{fac} erhalten wir etwa das Funktional $\Im_{Ffac}$ mit

$$\Im_{Ffac}[\![\phi]\!](x) \quad := \quad \begin{cases} 1 & \text{, falls } x=0 \text{ ,} \\ x * \phi(x-1) & \text{, falls } x \in \mathbb{N} \setminus \{0\} \text{ ,} \\ \infty & \text{, sonst ;} \end{cases}$$

und es gilt beispielsweise

$$\Im_{Ffac}[\![\omega]\!](x) \quad = \quad \begin{cases} 1 & \text{, falls } x=0 \text{ ,} \\ x * \omega(x-1) & \text{, falls } x \in \mathbb{N} \setminus \{0\} \text{ ,} \\ \infty & \text{, sonst ;} \end{cases}$$

$$\Im_{Ffac}[\![x^2]\!](x) \quad = \quad \begin{cases} 1 & \text{, falls } x=0 \text{ ,} \\ x * (x-1)^2 & \text{, falls } x \in \mathbb{N} \setminus \{0\} \text{ ,} \\ \infty & \text{, sonst ;} \end{cases}$$

$$\mathfrak{I}_{F\mathrm{fac}}[\![x!]\!](x) \quad = \begin{cases} 1 & \text{, falls } x=0 \text{ ,} \\ x*(x-1)! & \text{, falls } x \in \mathbb{N}\backslash\{0\} \text{ ,} \\ \infty & \text{, sonst .} \end{cases}$$

Die Funktion $x!$ löst die Funktionsgleichung $\phi=\mathfrak{I}_{F\mathrm{fac}}[\![\phi]\!]$, während x^2 keine Lösung ist, denn z.B. gilt $0^2=0\neq 1=\mathfrak{I}_{F\mathrm{fac}}[\![x^2]\!](0)$. Mit $\infty\neq 1=\mathfrak{I}_{F\mathrm{fac}}[\![\omega]\!](0)$ ist ω ebenfalls keine Lösung der Funktionsgleichung.

Gleichungen der Form $y=f(y)$, bei denen eine Seite nur aus einer Variablen besteht und keine andere Variable als diese in der anderen Seite der Gleichung vorkommt, werden allgemein *Fixpunktgleichungen* genannt. Entsprechend bezeichnet man die Lösungen solcher Gleichungen als *Fixpunkte* der Funktion f. Beispielsweise ist $x=log_2(x)+5$ eine Fixpunktgleichung (in $\mathbb{N}$), und die Lösung dieser Gleichung (also 8) ist ein Fixpunkt der Funktion $log_2(x)+5$. Die Funktionsgleichungen (*2.3.2*),...,(*2.3.4*), die wir aus den Funktionsprozeduren F_{fac}, F_{outer} und F_{inner} gewonnen haben, sind ebenfalls Fixpunktgleichungen (über monotonen Funktionen). Damit suchen wir also einen *Fixpunkt* für ein *Funktional* $\mathfrak{I}_F$ als Lösung der *Fixpunktgleichung* $\phi=\mathfrak{I}_F[\![\phi]\!]$.

Falls *genau ein* Fixpunkt existiert, so ordnen wir diesen dem Funktionssymbol der Funktionsprozedur als Deutung zu. Beispielsweise ist $x!$ der *einzige* Fixpunkt von $\mathfrak{I}_{F\mathrm{fac}}$, und folglich definieren wir die Zuordnung $fac(x) \rightarrow x!$. Genauso ist ω der einzige Fixpunkt von $\mathfrak{I}_{F\mathrm{outer}}$, und wir definieren die Zuordnung $outer(x) \rightarrow \omega(x)$.

Falls jedoch mehrere Fixpunkte für ein Funktional existieren, so muß eine Auswahl getroffen werden. Wir definieren dazu eine Ordnungsrelation $\sqsubseteq_{M\rightarrow N}$ auf Funktionen $\{M\rightarrow N\}$ für die gilt:

$$\phi \sqsubseteq_{M\rightarrow N} \psi \quad \text{gdw.} \quad def(\phi) \subset def(\psi) \;\text{ und }\; \phi = \psi_{|def(\phi)} \,.$$

Es gilt also $\phi \sqsubseteq_{M\rightarrow N} \psi$ genau dann, wenn der Definitionsbereich $def(\phi):=\{m\in M \mid \phi(m)\neq\infty\}$ von ϕ eine Teilmenge des Definitionsbereichs $def(\psi)$ von ψ ist und beide Funktionen auf $def(\phi)$ übereinstimmen. Man sagt dann, daß ϕ weniger "definiert" oder gleich ψ ist.

Man kann nun beweisen, daß unter allen Fixpunkten eines Funktionals $\mathfrak{I}_F$ immer ein bezgl. $\sqsubseteq_{M\rightarrow N}$ *kleinster* Fixpunkt existiert. Dieser ist also eindeutig bestimmt und wir ordnen diesen Fixpunkt dem Funktionssymbol der Funktionsprozedur F als Deutung zu. Beispielsweise ist $\{const\_n \mid n\in\mathbb{N}\}\cup\{\omega\}$ mit $const\_n(x)=n$ die Menge *aller* Fixpunkte der Funktionsgleichung $\phi=\mathfrak{I}_{F\mathrm{inner}}[\![\phi]\!]$, vgl. die Fixpunktgleichung (*2.3.4*). Offenbar ist ω der (bezgl. $\sqsubseteq_{M \to N}$) *kleinste* Fixpunkt, und folglich definieren wir die Zuordnung *inner*(x) ⟶ ω(x).

Das hier skizzierte Vorgehen setzt allerdings voraus, daß für jedes aus einer Funktionsprozedur gewonnene Funktional auch *mindestens ein* Fixpunkt existiert, d.h. daß *jede* Fixpunktgleichung $\phi = \mathfrak{I}_F[\![\phi]\!]$ *lösbar* ist.

Lösbarkeit ist für eine Fixpunktgleichung $y=f(y)$ nicht offensichtlich, für eine Gleichung der Form $y=f(c)$ ist dagegen eine Lösung sofort ablesbar, wenn c eine *Konstante* ist. Beispielsweise ist $x=log_2(8)+5$ offensichtlich lösbar, und 8 ist offensichtlich eine Lösung. Genauso offensichtlich besitzt die Funktionsgleichung $\phi(x)=(1+x)-1$, die wir aus der Funktionsprozedur F_{id} =

function *id*(*x*:*nat*):*nat* ⇐ *pred*(*succ*(*x*))

erhalten, die Lösung $\phi(x)=x$.

Wie bei F_{id} erhalten wir aus jeder *nicht-rekursiv* definierten Funktionsprozedur eine Funktionsgleichung, die mangels Rekursion *keine* Fixpunktgleichung und damit trivial lösbar ist. Bei rekursiv definierten Funktionsprozeduren versuchen wir daher die Rekursion zu eliminieren. Dazu stellen wir uns für eine Funktionsprozedur F = **function** $f(x^*{:}w){:}s \Leftarrow R_f$ eine *Aufrufschranke* $i \in \mathbb{N}$ vor, die festlegt, wie oft f bei Auswertung eines Terms t aufgerufen werden darf. Dabei gilt, daß bei Auswertung von t nach i Aufrufen von f weitere Aufrufe von f das Ergebnis ∞ liefern. D.h. bei Aufruf von $f(t^*)$ wird statt dessen ein Ausdruck $f_i(t^*)$ ausgewertet, wobei wir f_i durch eine Funktionsprozedur

F_{fi} = **function** $f_i(x^*{:}w){:}s \Leftarrow$ **if** $i=0$ **then** $\omega(x^*)$ **else** R_f' **fi**

definieren, deren Rumpf R_f' aus R_f entsteht, indem jeder rekursive Aufruf $f(r^*)$ in R_f durch $f_{i-1}(r^*)$ ersetzt wird. Die Aufrufschranke i repräsentiert also eine Art *Betriebsmittelbeschränkung* bei Ausführung von Funktionsprozeduren, denn jeder Aufruf einer Funktionsprozedur kostet Betriebsmittel in Form von Rechenzeit und Speicherbedarf. Für die Funktionsprozedur F_{fac} können wir beispielsweise die Funktionsprozeduren F_{fac_i} als

function $fac_0(x{:}nat){:}nat \Leftarrow \omega(x)$

function $fac_1(x{:}nat){:}nat \Leftarrow$ **if** $x=0$ **then** 1 **else** $\omega(x-1)$ **fi**

function $fac_2(x{:}nat){:}nat \Leftarrow$

```
  if x=0
    then 1
    else ( if x-1=0 then x else ω(x-2) fi)
  fi

function fac3(x:nat):nat ⇐
  if x=0
    then 1
    else ( if x-1=0
             then x
             else ( if x-2=0 then x × (x-1) else ω(x-3) fi)
           fi)
  fi

function fac4(x:nat):nat ⇐
  if x=0
    then 1
    else ( if x-1=0
             then x
             else ( if x-2=0
                      then x × (x-1)
                      else ( if x-3=0 then x × (x-1) × (x-2) else ω(x-4) fi)
                    fi)
           fi)
  fi
                    .
                    .
                    .
```

schreiben. Da die Funktionsprozeduren F_{fi} *nicht rekursiv* definiert sind, können wir die durch F_{fi} berechneten Funktionen ϕ_i *direkt* bestimmen. Für unser Beispiel erhalten wir

$$\phi_i(n) := \begin{cases} n! & \text{, falls } n<i \text{ ,} \\ \infty & \text{, sonst .} \end{cases}$$

Man kann nun zeigen, daß jede Folge ϕ_0,ϕ_1,ϕ_2, ... solcher Funktionen eine $\sqsubseteq_{M\to N}$-*Kette* bildet, denn für alle $i \in \mathbb{N}$ gilt $\phi_i \sqsubseteq_{M\to N} \phi_{i+1}$, d.h. ϕ_i ist weniger “definiert" oder gleich ϕ_{i+1}. Man nennt eine solche Funktionenfolge $\langle\phi_i\rangle_{i\in\mathbb{N}}$ die *Iterationsfolge* zu $\Im_F$ und kann zeigen, daß diese Funktionenfolge eine *kleinste obere Schranke* ϕ besitzt, d.h. $\phi_i \sqsubseteq_{M\to N} \phi$ für alle $i\in\mathbb{N}$. Man kann sich ϕ dabei als einen "Grenzwert" $lim_{i\to\infty}\phi_i$ vorstellen, d.h. man erhält ϕ, indem man die Aufrufschranke i gegen ∞ konvergieren läßt und damit jegliche Betriebsmittelbeschränkung aufhebt. In unserem Beispiel erhält man für ϕ die Fakultätsfunktion, d.h. $\phi(n)=n!$.

Schließlich kann man noch zeigen, daß die kleinste obere Schranke ϕ der (bezgl. $\sqsubseteq_{M\to N}$) *kleinste Fixpunkt* des Funktionals $\Im_F$ ist. Damit ist die Existenz eines kleinsten Fixpunkts $fix_{\Im_F}$ für jedes Funktional $\Im_F$ gewährleistet und wir können jedes Funktionssymbol f einer Funktionsprozedur F durch $fix_{\Im_F}$ deuten.

Um das hier beschriebene Vorgehen jetzt formal nachzuvollziehen, sind weitere Begriffsbildungen erforderlich. Wir beginnen mit einer Ordnungsrelation für Funktionen:

Definition 2.3.9 ($\sqsubseteq_{D\to E}$, $\omega_{D\to E}$)
Sei D eine Menge und $(E, \sqsubseteq_E)$ eine Halbordnung. Dann ist $\sqsubseteq_{D\to E} \subset \{D\to E\}\times\{D\to E\}$ definiert durch: $\phi \sqsubseteq_{D\to E} \psi$ gdw. $\phi(d) \sqsubseteq_E \psi(d)$ für alle $d\in D$.

Ist $\perp_E$ das kleinste Element von E, so ist $\omega_{D\to E}\in\{D\to E\}$ definiert durch: $\omega_{D\to E}(d) = \perp_E$ für alle $d\in D$. ♦

Offensichtlich ist $\sqsubseteq_{D\to E}$ eine *Ordnungsrelation* in $\{D\to E\}$. Eine Funktionenfolge $\langle\phi_i\rangle_{i\in\mathbb{N}}$ mit $\phi_i\in\{D\to E\}$ und $\phi_0 \sqsubseteq_{D\to E} \phi_1 \sqsubseteq_{D\to E} \phi_2 \sqsubseteq_{D\to E} \ldots$ definiert daher eine $\sqsubseteq_{D\to E}$-Kette $\{\phi_i \mid i\in\mathbb{N}\}$ in $\{D\to E\}$, vgl. Definition *1.3.3*. Wir nennen $\langle\phi_i\rangle_{i\in\mathbb{N}}$ kurz eine *Kette in* $\{D\to E\}$ und schreiben nachfolgend $sup_i\langle\phi_i\rangle$ anstatt $sup(\{\phi_i \mid i\in\mathbb{N}\})$ für die kleinste obere Schranke von $\{\phi_i \mid i\in\mathbb{N}\}$.

Beispiel 2.3.3
Sei $\langle\phi_i\rangle_{i\in\mathbb{N}}$ eine Funktionenfolge mit $\phi_i\in\{\mathbb{N} \to \mathbb{N}\cup\{\perp\}\}$ und

$$\phi_i(n) := \begin{cases} n & \text{, falls } i=n\text{ ,} \\ \perp & \text{, sonst .} \end{cases}$$

Dann ist $\phi\in\{\mathbb{N} \to \mathbb{N}\cup\{\perp\}\}$ mit $\phi(n):=n$ für alle $n\in\mathbb{N}$ eine obere Schranke von $\{\phi_i \mid i\in\mathbb{N}\}$, denn entweder $\phi_i(n) = \perp \sqsubseteq n = \phi(n)$ oder aber $\phi_i(n) = n = \phi(n)$. Für jede obere Schranke γ von $\{\phi_i \mid i\in\mathbb{N}\}$ und für alle $n\in\mathbb{N}$ gilt $\phi_n(n) = n \sqsubseteq \gamma(n)$. Also gilt $\gamma(n) = n = \phi(n)$ und ϕ ist *kleinste* obere Schranke von $\{\phi_i \mid i\in\mathbb{N}\}$. $\{\phi_i \mid$

$i\in\mathbb{N}\}$ ist jedoch *keine* $\sqsubseteq$-Kette in $\{\mathbb{N} \rightarrow \mathbb{N}\cup\{\bot\}\}$, denn $\phi_n(n) = n \not\sqsubseteq \bot = \phi_{n+1}(n)$ für alle $n\in\mathbb{N}$. ♦

Übung 2.3.6
Beweisen Sie folgende Behauptungen: Sei D eine Menge und $(E, \sqsubseteq_E)$ eine Halbordnung mit kleinstem Element $\bot_E$. Dann gilt

(*i*) $\omega_{D\rightarrow E} \sqsubseteq_{D\rightarrow E} \phi$ für alle $\phi\in\{D\rightarrow E\}$.
(*ii*) $\phi=\psi$ gdw. $\phi \sqsubseteq_{D\rightarrow E} \psi \sqsubseteq_{D\rightarrow E} \phi$ für alle $\phi,\psi\in\{D\rightarrow E\}$.
(*iii*) $(\{D\rightarrow E\}, \sqsubseteq_{D\rightarrow E})$ ist eine Halbordnung mit kleinstem Element $\omega_{D\rightarrow E}$. ♦

Man kann sich die kleinste obere Schranke einer $\sqsubseteq_{D\rightarrow E}$-Kette $\langle\phi_i\rangle_{i\in\mathbb{N}}$ als einen "Grenzwert" der Funktionenfolge $\langle\phi_i\rangle_{i\in\mathbb{N}}$ vorstellen. Wir werden jetzt untersuchen, unter welchen Voraussetzungen so ein "Grenzwert" existiert, und definieren dazu sogenannte *vollständige* Halbordnungen:

Definition 2.3.10 (Vollständige Halbordnungen)
Eine Halbordnung $(E, \sqsubseteq_E)$ heißt *vollständig* gdw.

(*i*) E enthält ein kleinstes Element $\bot_E$, und
(*ii*) für jede $\sqsubseteq_E$ -Kette $K \subset E$ existiert eine kleinste obere Schranke $sup(K)\in E$. ♦

Offenbar repräsentieren vollständige Halbordnungen die gewünschte mathematische Struktur. Wir untersuchen daher wie man vollständige Halbordnungen erhält und beginnen mit den *flachen* Halbordnungen, vgl. Definition *2.3.5*:

Lemma 2.3.5
Jede flache Halbordnung $(E, \sqsubseteq_E)$ ist vollständig.

Beweis (*i*) Es gilt $\bot_E \sqsubseteq_E e$ für alle $e\in E$, denn $(E, \sqsubseteq_E)$ ist flach. √
(*ii*) Sei $K\subset E$ eine $\sqsubseteq_E$-Kette. Dann gilt entweder $K=\{e\}$ oder $K= \{\bot_E,e'\}$ für ein $e'\in E\backslash\{\bot_E\}$, denn $(E, \sqsubseteq_E)$ ist flach. Damit besitzt jede Kette K eine kleinste obere Schranke e bzw. e', und mit (*i*) ist $(E, \sqsubseteq_E)$ dann vollständig. √ ♦

Das kartesische Produkt vollständiger Halbordnungen ist ebenfalls eine vollständige Halbordnung:

Lemma 2.3.6

Sei $(E_h, \sqsubseteq_{Eh})_{1\leq h\leq n}$ eine Familie von Halbordnungen und $\langle(e_{1,i},...,e_{n,i})\rangle_{i\in\mathbb{N}}$ eine Kette in $E_1\times...\times E_n$. Dann gilt:

(*i*) $sup_i\langle(e_{1,i},...,e_{n,i})\rangle$ existiert gdw. $sup_i\langle e_{h,i}\rangle$ für alle $h\in\{1,...,n\}$ existiert.
(*ii*) $sup_i\langle(e_{1,i},...,e_{n,i})\rangle=(sup_i\langle e_{1,i}\rangle,...,sup_i\langle e_{n,i}\rangle)$, falls $sup_i\langle(e_{1,i},...,e_{n,i})\rangle$ existiert.

Beweis "=>" Sei $sup_i\langle(e_{1,i},...,e_{n,i})\rangle=(e_1,...,e_n)$. Dann gilt $(e_{1,i},...,e_{n,i}) \sqsubseteq_{E1\times...\times En} (e_1,..., e_n)$ für alle $i\in\mathbb{N}$, denn $(e_1,...,e_n)$ ist eine obere Schranke. Mit Definition *2.3.3* gilt dann $e_{h,i} \sqsubseteq_{Eh} e_h$ für alle $h\in\{1,...,n\}$ und alle $i\in\mathbb{N}$, und damit ist e_h eine obere Schranke von $\langle e_{h,i}\rangle_{i\in\mathbb{N}}$. Sei d_h ebenfalls eine obere Schranke von $\langle e_{h,i}\rangle_{i\in\mathbb{N}}$. Dann ist $(e_1,...,e_{h-1},d_h,e_{h+1},...,e_n)$ eine obere Schranke von $\langle(e_{1,i},...,e_{n,i})\rangle_{i\in\mathbb{N}}$ und es gilt $(e_1,..., e_n) \sqsubseteq_{E1\times...\times En} (e_1,...,e_{h-1},d_h,e_{h+1},...,e_n)$, denn $(e_1,...,e_n)$ ist *kleinste* obere Schranke. Also gilt $e_h \sqsubseteq_{Eh} d_h$ und damit ist e_h die *kleinste* obere Schranke von $\langle e_{h,i}\rangle_{i\in\mathbb{N}}$. √

"<=" Sei $(sup_i\langle e_{1,i}\rangle,...,sup_i\langle e_{n,i}\rangle)=(e_1,...,e_n)$. Dann gilt $e_{h,i} \sqsubseteq_{Eh} e_h$ für alle $h \in\{1, ...,n\}$ und alle $i\in\mathbb{N}$, denn $(e_1,...,e_n)$ ist eine obere Schranke. Mit Definition *2.3.3* gilt dann $(e_{1,i},...,e_{n,i}) \sqsubseteq_{E1\times...\times En} (e_1,...,e_n)$ für alle $i\in\mathbb{N}$, und damit ist $(e_1, ...,e_n)$ eine obere Schranke von $\langle(e_{1,i},...,e_{n,i})\rangle_{i\in\mathbb{N}}$. Sei $(d_1,...,d_n)$ ebenfalls eine obere Schranke von $\langle(e_{1,i},...,e_{n,i})\rangle_{i\in\mathbb{N}}$. Für alle $h\in\{1,...,n\}$ ist dann d_h eine obere Schranke von $\langle e_{h,i}\rangle_{i\in\mathbb{N}}$ und es gilt $e_h \sqsubseteq_{Eh} d_h$, denn e_h ist *kleinste* obere Schranke. Also gilt $(e_1,..., e_n) \sqsubseteq_{E1\times...\times En} (d_1,...,d_n)$ und damit ist $(e_1,...,e_n)$ die *kleinste* obere Schranke von $\langle(e_{1,i},...,e_{n,i})\rangle_{i\in\mathbb{N}}$. √ ♦

Lemma 2.3.7

Sei $(E_h, \sqsubseteq_{Eh})_{1\leq h\leq n}$ eine Familie vollständiger Halbordnungen mit jeweils kleinsten Elementen $\perp_{Eh}$. Dann ist $(E_1\times... \times E_n, \sqsubseteq_{E1\times...\times En})$ eine vollständige Halbordnung mit kleinstem Element $(\perp_{E1},...,\perp_{En})$.

Beweis Mit Lemma *2.3.1* ist $(E_1\times... \times E_n, \sqsubseteq_{E1\times...\times En})$ eine Halbordnung mit kleinstem Element $(\perp_{E1},...,\perp_{En})$. Wir zeigen, daß jede $\sqsubseteq_{E1\times...\times En}$-Kette eine kleinste obere Schranke besitzt: Sei $\langle(e_{1,i},...,e_{n,i})\rangle_{i\in\mathbb{N}}$ eine Kette in $E_1\times...\times E_n$. Dann gilt $(e_{1,i},..., e_{n,i}) \sqsubseteq_{E1\times...\times En} (e_{1,i+1},...,e_{n,i+1})$ für alle $i\in\mathbb{N}$ und damit $e_{h,i} \sqsubseteq_{Eh} e_{h,i+1}$ für alle $h\in \{1,...,n\}$ und alle $i\in\mathbb{N}$. Folglich ist $\langle e_{h,i}\rangle_{i\in\mathbb{N}}$ für jedes $h\in\{1,...,n\}$ eine Kette in E_h. Nach Voraussetzung sind die Halbordnungen $(E_h, \sqsubseteq_{Eh})$ vollständig, damit existiert $sup_i\langle e_{h,i}\rangle$ für jedes $h\in\{1,...,n\}$ und mit Lemma *2.3.6* gilt dann $sup_i\langle(e_{1,i},..., e_{n,i})\rangle=(sup_i\langle e_{1,i}\rangle,...,sup_i\langle e_{n,i}\rangle)$. ♦

Mengen von Funktionen in vollständige Halbordnungen bilden ebenfalls eine vollständige Halbordnung:

Lemma 2.3.8 (*sup*-Lemma)
Sei $(E, \sqsubseteq_E)$ eine vollständige Halbordnung, D eine Menge und sei $F \subset \{D \to E\}$ mit $\omega_{D\to E} \in F$. Dann ist $(F, \sqsubseteq_{D\to E})$ eine vollständige Halbordnung mit kleinstem Element $\omega_{D\to E}$.

Beweis Es gilt $\omega_{D\to E} = \perp_F$, vgl. Übung *2.3.6(i)*. Wir zeigen, daß jede Kette in F eine kleinste obere Schranke besitzt: Sei $\langle\phi_i\rangle_{i\in\mathbb{N}}$ eine Kette in F und sei $d \in D$ beliebig. Da $\langle\phi_i\rangle_{i\in\mathbb{N}}$ eine $\sqsubseteq_{D\to E}$-Kette in F ist, gilt $\phi_0(d) \sqsubseteq_E \phi_1(d) \sqsubseteq_E \phi_2(d) \sqsubseteq_E \ldots$ mit Definition *2.3.9*, und damit ist $\langle\phi_i(d)\rangle_{i\in\mathbb{N}}$ eine $\sqsubseteq_E$-Kette in E. Wir definieren eine Funktion $\phi \in \{D \to E\}$ durch $\phi(d) := sup_i\langle\phi_i(d)\rangle$. Die Funktion ϕ ist wohldefiniert und total, denn $(E, \sqsubseteq_E)$ ist nach Voraussetzung vollständig.

Wir zeigen, daß ϕ eine *obere Schranke* von $\langle\phi_i\rangle_{i\in\mathbb{N}}$ ist: Für $d \in D$ und $i \in \mathbb{N}$ gilt $\phi_i(d) \sqsubseteq_E sup_i\langle\phi_i(d)\rangle$, denn $sup_i\langle\phi_i(d)\rangle$ ist obere Schranke von $\langle\phi_i(d)\rangle_{i\in\mathbb{N}}$. Folglich gilt $\phi_i \sqsubseteq_{D\to E} \phi$, d.h. ϕ ist obere Schranke von $\langle\phi_i\rangle_{i\in\mathbb{N}}$.

Wir zeigen, daß ϕ die *kleinste* obere Schranke von $\langle\phi_i\rangle_{i\in\mathbb{N}}$ ist: Sei γ eine obere Schranke von $\langle\phi_i\rangle_{i\in\mathbb{N}}$, d.h. $\phi_i(d) \sqsubseteq_E \gamma(d)$ für alle $d \in D$ und alle $i \in \mathbb{N}$. Dann gilt $sup_i\langle\phi_i(d)\rangle \sqsubseteq_E \gamma(d)$ für alle $d \in D$, denn $sup_i\langle\phi_i(d)\rangle$ ist die kleinste obere Schranke von $\langle\phi_i(d)\rangle_{i\in\mathbb{N}}$, und folglich $\phi \sqsubseteq_{D\to E} \gamma$, d.h. ϕ ist kleinste obere Schranke von $\langle\phi_i\rangle_{i\in\mathbb{N}}$. ♦

Mit dem *sup*-Lemma *2.3.8* besitzt also jede Funktionenfolge $\langle\phi_i\rangle_{i\in\mathbb{N}}$ in $\{D \to E\}$ einen "Grenzwert" $sup_i\langle\phi_i\rangle$, vorausgesetzt die Halbordnung $(E, \sqsubseteq_E)$ ist *vollständig*.

Beispiel 2.3.4
Sei $(\mathbb{N} \cup \{\perp\}, \sqsubseteq)$ definiert durch $n \sqsubseteq m$ gdw. $n = \perp$ oder $n = m$. Dann ist $(\mathbb{N} \cup \{\perp\}, \sqsubseteq)$ eine *flache* Halbordnung mit kleinstem Element $\perp$, und mit Lemma *2.3.5* ist $(\mathbb{N} \cup \{\perp\}, \sqsubseteq)$ dann auch *vollständig*.

Sei weiter $\langle\phi_i\rangle_{i\in\mathbb{N}}$ eine Funktionenfolge in $\{\mathbb{N} \to \mathbb{N} \cup \{\perp\}\}$ mit

$$\phi_i(n) := \begin{cases} n! & \text{, falls } n < i\,, \\ \perp & \text{, sonst}\,. \end{cases}$$

Dann gilt $\phi_j(m) \sqsubseteq \phi_{j+1}(m)$ für alle $j,m \in \mathbb{N}$: Entweder gilt $\phi_j(m) = \bot \sqsubseteq \phi_{j+1}(m)$ oder aber $\phi_j(m)=m!$. Im letzteren Fall ist $m<j$, folglich $m<j+1$, und damit $\phi_{j+1}(m)=m!$. Also gilt $\phi_j \sqsubseteq \phi_{j+1}$ für alle $j \in \mathbb{N}$ und damit ist $\langle\phi_i\rangle_{i\in\mathbb{N}}$ eine Kette in $\{\mathbb{N} \to \mathbb{N}\cup\{\bot\}\}$. Mit Lemma *2.3.8* besitzt $\langle\phi_i\rangle_{i\in\mathbb{N}}$ eine kleinste obere Schranke $sup_i\langle\phi_i\rangle$ in $\{\mathbb{N} \to \mathbb{N}\cup\{\bot\}\}$. Es gilt $sup_i\langle\phi_i\rangle(n)=n!$. ♦

Mit dem folgenden Lemma können wir die kleinste obere Schranke $sup_i\langle\phi_i\rangle$ einer $\sqsubseteq_{D\to E}$-Kette $\langle\phi_i\rangle_{i\in\mathbb{N}}$ durch ein beliebiges Element ϕ_j einer Teilkette $\langle\phi_{k+i}\rangle_{i\in\mathbb{N}}$ von $\langle\phi_i\rangle_{i\in\mathbb{N}}$ ersetzen, vorausgesetzt $(E, \sqsubseteq_E)$ ist eine vollständige Halbordnung in der *jede* $\sqsubseteq_E$-Kette *endlich* ist:

Lemma 2.3.9

Sei D eine Menge, $(E, \sqsubseteq_E)$ eine vollständige Halbordnung in der jede $\sqsubseteq_E$-Kette endlich ist und sei $\langle\phi_i\rangle_{i\in\mathbb{N}}$ eine $\sqsubseteq_{D\to E}$-Kette in $\{D\to E\}$. Dann existiert für jedes $d\in D$ ein Index $k\in\mathbb{N}$, so daß $sup_i\langle\phi_i\rangle(d)=\phi_j(d)$ für alle $j\geq k$.

Beweis Für jedes $d\in D$ ist $\langle\phi_i(d)\rangle_{i\in\mathbb{N}}$ eine $\sqsubseteq_E$-Kette. Also gibt es ein $k\in\mathbb{N}$, so daß $\phi_i(d) \sqsubseteq_E \phi_k(d) = \phi_j(d)$ für alle $i,j\in\mathbb{N}$ mit $i<k\leq j$, denn jede $\sqsubseteq_E$-Kette ist nach Voraussetzung endlich. Mit $\phi_i \sqsubseteq_{D\to E} sup_i\langle\phi_i\rangle$ gilt $\phi_i(d) \sqsubseteq_E sup_i\langle\phi_i\rangle(d)$ für alle $i\in\mathbb{N}$ und damit $sup_i\langle\phi_i\rangle(d)=\phi_j(d)$ für alle $j\geq k$, denn $sup_i\langle\phi_i\rangle$ ist *kleinste* obere Schranke. ♦

Für die Funktionenfolge $\langle\phi_i\rangle_{i\in\mathbb{N}}$ aus Beispiel *2.3.4* gilt beispielsweise $sup_i\langle\phi_i\rangle(n) = n! = \phi_j(n)$ für alle $j\geq n+1$. Die Aussage von Lemma *2.3.9* kann auf *kartesische Produkte* von Funktionenmengen verallgemeinert werden, und wird in dieser Form später noch oft verwendet:

Korollar 2.3.10

Sei $(D_h)_{1\leq h\leq n}$ eine Familie von Mengen, sei $(E_h, \sqsubseteq_{Eh})_{1\leq h\leq n}$ eine Familie vollständiger Halbordnungen für die jede $\sqsubseteq_{Eh}$-Kette endlich ist, und sei $\langle\Phi_i\rangle_{i\in\mathbb{N}}$ eine $\sqsubseteq_{D1\to E1\times\ldots\times Dn\to En}$-Kette in $\{D_1\to E_1\}\times\ldots\times\{D_n\to E_n\}$. Dann existiert für jedes $(d_1,\ldots, d_n)\in D_1\times\ldots\times D_n$ ein Index $k\in\mathbb{N}$, so daß $sup_i\langle\Phi_i\rangle(d_1,\ldots,d_n)=\Phi_j(d_1,\ldots, d_n)$ für alle $j\geq k$.

Beweis Sei $\Phi_i=(\phi_{1,i},\ldots,\phi_{n,i})$. Dann ist für jedes $h\in\{1,\ldots,n\}$ $\langle\phi_{h,i}\rangle_{i\in\mathbb{N}}$ eine $\sqsubseteq_{Dh\to Eh}$-Kette in $\{D_h\to E_h\}$ und mit Lemma *2.3.9* existiert für jedes $d_h\in D_h$ ein Index $k_h\in\mathbb{N}$, so daß $sup_i\langle\phi_{h,i}\rangle(d_h)=\phi_{h,j}(d_h)$ für alle $j\geq k_h$. Mit $k:=max\{k_1, \ldots,k_n\}$ existiert folglich für jedes $(d_1,\ldots,d_n)\in D_1\times\ldots\times D_n$ ein Index $k\in\mathbb{N}$, so daß $sup_i\langle\phi_{h,i}\rangle (d_h)=\phi_{h,j}(d_h)$ für alle $j\geq k$ und für alle $h\in\{1,\ldots,n\}$, und damit gilt $(sup_i\langle\phi_{1,i}\rangle,\ldots,sup_i\langle\phi_{n,i}\rangle)(d_1,\ldots,$

$d_n) = (\phi_{1,j},...,\phi_{n,j})(d_1,...,d_n)$. Mit Lemma *2.3.6* erhält man $sup_i\langle(\phi_{1,i}, ...,\phi_{n,i})\rangle = (sup_i\langle\phi_{1,i}\rangle,...,sup_i\langle\phi_{n,i}\rangle)$, und damit $sup_i\langle\Phi_i\rangle(d_1,...,d_n) = \Phi_j(d_1,..., d_n)$ für alle $j \geq k$. ♦

Jede Trägermenge $\mathcal{A}_s$ einer ω-erweiterten Σ-Algebra A definiert eine flache Halbordnung $(\mathcal{A}_s, \sqsubseteq_s)$ mit kleinstem Element $\varnothing_s$, denn weder $a \sqsubseteq_s b$ noch $b \sqsubseteq_s a$ für alle $a,b \in \mathcal{A}_s \setminus \{\varnothing_s\}$ mit $a \neq b$. Mit Lemma *2.3.5* ist $(\mathcal{A}_s, \sqsubseteq_s)$ vollständig und mit Lemma *2.3.7* erhalten wir dann eine vollständige Halbordnung $(\mathcal{A}_w, \sqsubseteq_w)$ für alle $w \in \mathcal{S}^*$, vgl. Definition *2.3.4*. Wenn Verwechselungen ausgeschlossen sind, verzichten wir gelegentlich auf die Indizes $s \in \mathcal{S}$ und $w \in \mathcal{S}^*$ und schreiben dann nur $\varnothing$ und $\sqsubseteq$ für $\varnothing_s$, $\sqsubseteq_s$ und $\sqsubseteq_w$.

Wir definieren jetzt *Fixpunkte* und formulieren ein hinreichendes Kriterium für die Existenz *kleinster* Fixpunkte

Definition 2.3.11 (Fixpunkt, kleinster Fixpunkt)
Sei $(E, \sqsubseteq_E)$ eine Halbordnung und $\phi \in \{E \rightarrow E\}$. Dann ist $f \in E$ ein *Fixpunkt* von ϕ gdw. $f = \phi(f)$. $fix_\phi \in E$ ist der *kleinste* Fixpunkt von ϕ gdw. $fix_\phi \sqsubseteq_E f$ für *jeden* Fixpunkt f von ϕ. ♦

Es gilt also $\phi(fix_\phi) = fix_\phi \sqsubseteq f$ für alle $f \in E$ mit $\phi(f) = f$. Zum Nachweis der Existenz von kleinsten Fixpunkten für *Funktionale*, die aus Funktionsprozeduren gewonnen werden, benötigen wir noch den Begriff der *stetigen* Funktion:

Definition 2.3.12 (Stetige Funktionen)
Seien $(E_1, \sqsubseteq_{E1})$ und $(E_2, \sqsubseteq_{E2})$ vollständige Halbordnungen und sei $\phi \in [E_1 \rightarrow E_2]$. Dann ist ϕ *stetig* gdw. $\phi(sup_i\langle e_i\rangle) = sup_i\langle\phi(e_i)\rangle$ für alle $\sqsubseteq_{E1}$-Ketten $\langle e_i\rangle_{i \in \mathbb{N}}$ in E_1 gilt. ♦

Stetigkeit einer monotonen Funktion $\phi \in [E_1 \rightarrow E_2]$ bedeutet also, daß das Bild des Grenzwertes jeder Kette unter der Funktion ϕ identisch dem Grenzwert der Bilder der Kettenelemente unter der Funktion ϕ ist.

Übung 2.3.7
Zeigen Sie unter den Voraussetzungen von Definition *2.3.12*, daß $sup_i\langle\phi(e_i)\rangle$ für jede Funktion $\phi \in [E_1 \rightarrow E_2]$ und für jede $\sqsubseteq_{E1}$-Kette $\langle e_i\rangle_{i \in \mathbb{N}}$ in E_1 existiert. ♦

Beispiel 2.3.5
Sei $(E_h, \sqsubseteq_{Eh})_{1 \leq h \leq n+1}$ eine Familie vollständiger Halbordnungen.

(*i*) Das Funktional $\mathcal{ID}$:$[E_1\times...\times E_n\rightarrow E_{n+1}]\rightarrow[E_1\times...\times E_n\rightarrow E_{n+1}]$ mit $\mathcal{ID}[\![\phi]\!]=\phi$ für alle $\phi\in[E_1\times...\times E_n\rightarrow E_{n+1}]$ ist monoton, denn mit $\phi \sqsubseteq_{E1\times...\times En\rightarrow En+1} \psi$ gilt $\mathcal{ID}[\![\phi]\!] = \phi \sqsubseteq_{E1\times...\times En\rightarrow En+1} \psi = \mathcal{ID}[\![\psi]\!]$. Mit $\mathcal{ID}[\![sup_i\langle\phi_i\rangle]\!]=sup_i\langle\phi_i\rangle=sup_i\langle\mathcal{ID}[\![\phi_i]\!]\rangle$ ist $\mathcal{ID}$ auch stetig.

(*ii*) Das Funktional C:$[E_1\times...\times E_n\rightarrow E_{n+1}]\rightarrow[E_1\times...\times E_n\rightarrow E_{n+1}]$ mit $C[\![\phi]\!]=\gamma$ für irgendein $\gamma\in[E_1\times...\times E_n\rightarrow E_{n+1}]$ und alle $\phi\in[E_1\times...\times E_n\rightarrow E_{n+1}]$ ist monoton, denn $C[\![\phi]\!] = \gamma = C\,[\![\psi]\!]$ und folglich $C\,[\![\phi]\!] \sqsubseteq_{E1\times...\times En\rightarrow En+1} C\,[\![\psi]\!]$. C ist auch stetig, denn $C[\![sup_i\langle\phi_i\rangle]\!] = \gamma = sup\langle\gamma\rangle = sup_i\langle C[\![\phi_i]\!]\rangle$. ♦

Übung 2.3.8

Zeigen Sie, daß das Funktional $\mathcal{SQ}$:$[E\rightarrow E]\rightarrow[E\rightarrow E]$ mit $\mathcal{SQ}[\![\phi]\!]=\phi\circ\phi$ für alle $\phi\in[E\rightarrow E]$ (bezgl. $\sqsubseteq_{E\rightarrow E}$) stetig ist, falls jede $\sqsubseteq_E$-Kette in E endlich ist. ♦

Wir können jetzt ein Kriterium für die Existenz kleinster Fixpunkte angeben: Wir konstruieren in einer vollständigen Halbordnung $(E, \sqsubseteq_E)$ mit einer *stetigen* Funktion $\phi\in[E\rightarrow E]$ eine bestimmte $\sqsubseteq_E$-Kette und zeigen dann, daß die kleinste obere Schranke dieser Kette, also deren “Grenzwert”, der kleinste Fixpunkt der Funktion ϕ ist. Anders gesagt, man kann mit einer stetigen Funktion ϕ eine $\sqsubseteq_E$-Kette bilden, die gegen den kleinsten Fixpunkt der Funktion “konvergiert”:

Definition 2.3.13 (Iterationsfolge)

Sei $(E, \sqsubseteq_E)$ eine Halbordnung mit kleinstem Element $\bot_E$ und sei $\phi\in\{E\rightarrow E\}$. Dann ist $\langle e_i\rangle_{i\in\mathbb{N}}$ die *Iterationsfolge* zu ϕ gdw. $e_0=\bot_E$ und $e_{i+1}=\phi(e_i)$ für alle $i\in\mathbb{N}$.♦

Satz 2.3.11 (Fixpunktsatz, *Kleene*)

Sei $(E, \sqsubseteq_E)$ eine vollständige Halbordnung, $\phi\in[E\rightarrow E]$ stetig und sei $\langle e_i\rangle_{i\in\mathbb{N}}$ die Iterationsfolge zu ϕ. Dann ist $\langle e_i\rangle_{i\in\mathbb{N}}$ eine $\sqsubseteq_E$-Kette in E und es gilt $fix_\phi=sup_i\langle e_i\rangle$.

Beweis (*i*) $\langle e_i\rangle_{i\in\mathbb{N}}$ ist eine $\sqsubseteq_E$-Kette: Mit der Monotonie von ϕ zeigt man leicht $e_i \sqsubseteq_E e_{i+1}$ für alle $i\in\mathbb{N}$.

(*ii*) Mit (*i*) existiert $sup_i\langle e_i\rangle$, denn $(E, \sqsubseteq_E)$ ist nach Voraussetzung vollständig. Wir zeigen, daß $sup_i\langle e_i\rangle$ ein Fixpunkt von ϕ ist: Es gilt $\phi(sup_i\langle e_i\rangle)= sup_i\langle\phi(e_i)\rangle$, denn ϕ ist stetig, und $sup_i\langle\phi(e_i)\rangle=sup_i\langle e_{i+1}\rangle$, nach Definition von $\langle e_i\rangle_{i\in\mathbb{N}}$. Man zeigt leicht $sup_i\langle e_{i+1}\rangle=sup_i\langle e_i\rangle$, und damit gilt dann $\phi(sup_i\langle e_i\rangle)=sup_i\langle e_i\rangle$.

(*iii*) $sup_i\langle e_i\rangle$ ist der *kleinste* Fixpunkt von ϕ: Für jeden Fixpunkt f von ϕ gilt $e_i \sqsubseteq_E f$ für alle $i\in\mathbb{N}$, wie man leicht zeigt. Also ist f eine obere Schranke von $\langle e_i\rangle_{i\in\mathbb{N}}$. Folglich gilt $sup_i\langle e_i\rangle \sqsubseteq_E f$, denn $sup_i\langle e_i\rangle$ ist die *kleinste* obere Schranke von $\langle e_i\rangle_{i\in\mathbb{N}}$. ♦

Übung 2.3.9

Zeigen Sie, daß unter den Voraussetzungen von Satz *2.3.11* für jede Iterationsfolge $\langle e_i \rangle_{i\in\mathbb{N}}$ gilt:

(*i*) $e_i \sqsubseteq_E e_{i+1}$ für alle $i\in\mathbb{N}$, d.h. $\langle e_i \rangle_{i\in\mathbb{N}}$ ist eine $\sqsubseteq_E$-Kette in *E*.
(*ii*) $sup_i\langle e_{i+1}\rangle = sup_i\langle e_i\rangle$.
(*iii*) $e_i \sqsubseteq_E f$ für alle $i\in\mathbb{N}$ und für jeden Fixpunkt *f* von ϕ. ♦

Wir können nun den Ansatz präzisieren, die Definition einer Funktionsprozedur $F =$ **function** $f(x^*{:}w){:}s \Leftarrow R_f$ als *Gleichung über Funktionen* aufzufassen und die *Deutung* des zugehörigen Funktionssymbols *f* als *Lösung* dieser Funktionsgleichung anzugeben: Wir zeigen, daß jedes aus einer Funktionsprozedur *F* gewonnene Funktional $\mathfrak{I}_F$ *monoton* und *stetig* ist. Mit dem Fixpunktsatz *2.3.11* erhalten wir dann mit der kleinsten oberen Schranke der Iterationsfolge zu $\mathfrak{I}_F$ einen kleinsten Fixpunkt $fix_{\mathfrak{I}F}$ und damit die gewünschte Lösung der Funktionsgleichung $\phi=\mathfrak{I}_F[\![\phi]\!]$. Dieses Vorgehen setzt jedoch voraus, daß alle von *f* verschiedenen Funktionssymbole *g* im Rumpf R_f der Funktionsprozedur *F* "bekannt" sind, d.h. daß für diese Funktionssymbole *g* bereits eine Deutung vorliegt. In unserem Eingangsbeispiel haben wir dies für die Funktionsprozedur F_{fac} stillschweigend vorausgesetzt, indem wir etwa × als Multiplikation, *–1* als Vorgängerfunktion usw. gedeutet haben. Soweit es sich dabei um Funktionssymbole der Basismaschine handelt, wie etwa if_s, eq_{nat}, *pred* usw., ist diese Annahme zulässig, denn diese Funktionssymbole deuten wir mit der Σ(BM)-Algebra D_{BM}. Funktionssymbole *g*, die durch *Funktionsprozeduren* eingeführt werden, müssen dagegen erst noch gedeutet werden, *bevor* aus dem Prozedurrumpf R_f ein Funktional gebildet werden kann.

Dieses Problem läßt sich wie folgt lösen: Wenn ein funktionales Programm keine *gegenseitigen Rekursionen* enthält, so können wir schrittweise anhand der Definition des Programms vorgehen. Für ein funktionales Programm $P=\langle F_1,..., F_k\rangle$ mit Funktionsprozeduren F_j (für Funktionssymbole f_j) lösen wir zunächst – wie beschrieben – die Funktionsgleichung $\phi=\mathfrak{I}_{F1}[\![\phi]\!]$. Dies gelingt, denn da wir gegenseitige Rekursionen ausschließen, enthält der Rumpf von F_1 außer f_1 nur Funktionssymbole der Basismaschine. Wir können also f_1 durch den kleinsten Fixpunkt von $\mathfrak{I}_{F1}$ deuten und die monotone ω-erweiterte Σ(BM)-Algebra D_{BM} zu einer monotonen ω-erweiterten $\Sigma(BM)\cup\{f_1\}$-Algebra D_{F1} erweitern. Da wir jetzt eine Interpretation für f_1 besitzen, können wir mit der nächsten Funktionsprozedur F_2 genauso verfahren: Wir lösen die Funktionsgleichung $\phi=\mathfrak{I}_{F2}[\![\phi]\!]$ und dies gelingt, denn da wir gegenseitige Rekursionen ausschließen, enthält der Rumpf von F_2 außer f_2 nur Funktionssymbole aus $\Sigma(\mathsf{BM})\cup\{f_1\}$, die bereits durch D_{F1} gedeutet werden. Wir können also f_2 durch den kleinsten Fixpunkt von $\mathfrak{I}_{F2}$ deuten und die monotone ω-erweiterte $\Sigma(\mathsf{BM})\cup\{f_1\}$-Algebra D_{F1} zu einer monotonen ω-erweiterten $\Sigma(\mathsf{BM})\cup\{f_1,f_2\}$-Algebra D_{F2} erweitern. Man erhält so schließlich eine monotone ω-erweiterte $\Sigma(\mathsf{BM})\cup\{f_1,...,f_k\}$-Algebra D_{Fk}, die jedes Funktionssymbol aus der Signatur $\Sigma(P)$ des funktionalen Programms P deutet.

Beispiel 2.3.6

Für das funktionale Programm $P_{fac}=\langle F_{plus}, F_{times}, F_{fac}\rangle$ mit

function *plus*(*x*, *y*:*nat*):*nat* ⇐ **if** *x=0* **then** *y* **else** *1+plus*(*x–1*, *y*) **fi** ,

function *times*(*x*, *y*:*nat*):*nat* ⇐ **if** *x=0* **then** *0* **else** *times*(*x–1*, *y*) + *y* **fi** und

function *fac*(*x*:*nat*):*nat* ⇐ **if** *x=0* **then** *1* **else** *x* × *fac*(*x–1*) **fi**

erhalten wir eine Deutung von *plus* als kleinsten Fixpunkt $\mathit{fix}_{\mathfrak{I}F\mathrm{plus}}$ des Funktionals

$$\mathfrak{I}_{F\mathrm{plus}}[\![\phi]\!](x,y) = \begin{cases} y & \text{, falls } x=0\text{ ,} \\ 1+\phi(x-1, y) & \text{, falls } x\notin\{0,\varnothing_{\mathrm{nat}}\}\text{ ,} \\ \varnothing_{\mathrm{nat}} & \text{, sonst .} \end{cases}$$

Damit erhalten wir dann aus F_{times} das Funktional

$$\mathfrak{I}_{F\mathrm{times}}[\![\phi]\!](x,y) = \begin{cases} 0 & \text{, falls } x=0\text{ ,} \\ \mathit{fix}_{\mathfrak{I}F\mathrm{plus}}(\phi(x-1, y), y) & \text{, falls } x\notin\{0,\varnothing_{\mathrm{nat}}\}\text{ ,} \\ \varnothing_{\mathrm{nat}} & \text{, sonst ;} \end{cases}$$

und deuten damit das Funktionssymbol *times* als kleinsten Fixpunkt $\mathit{fix}_{\mathfrak{I}F\mathrm{times}}$ von $\mathfrak{I}_{F\mathrm{times}}$. Mit $\mathit{fix}_{\mathfrak{I}F\mathrm{times}}$ können wir schließlich für F_{fac} das Funktional

$$\mathfrak{I}_{F\mathrm{fac}}[\![\phi]\!](x) = \begin{cases} 1 & \text{, falls } x=0\text{ ,} \\ \mathit{fix}_{\mathfrak{I}F\mathrm{times}}(x, \phi(x-1)) & \text{, falls } x\notin\{0,\varnothing_{\mathrm{nat}}\}\text{ ,} \\ \varnothing_{\mathrm{nat}} & \text{, sonst ;} \end{cases}$$

bilden, und das Funktionssymbol *fac* wird damit als kleinster Fixpunkt $\mathit{fix}_{\mathfrak{I}F\mathrm{fac}}$ von $\mathfrak{I}_{F\mathrm{fac}}$ gedeutet. Wir erhalten so eine eine monotone ω-erweiterte $\Sigma(\mathsf{BM})\cup$

$\{plus,times,fac\}$-Algebra $D_{Ffac}=(\mathcal{D},\delta)$ mit $\delta_{plus} = fix_{\mathfrak{F}F\text{plus}}$, $\delta_{times} = fix_{\mathfrak{F}F\text{times}}$, $\delta_{fac} = fix_{\mathfrak{F}F\text{fac}}$ und $\delta_f = \delta_{\mathsf{BM},f}$ für alle $f \in \Sigma(\mathsf{BM})$. ♦

Dieses Vorgehen hat allerdings den Nachteil, daß Programme mit *gegenseitiger Rekursion*, wie etwa P_3 aus Beispiel *2.1.1*, ausgeschlossen werden. Um auch solche Programme zu behandeln, muß unser Ansatz daher geeignet verallgemeinert werden. Betrachten wir dazu noch einmal eine Funktionsprozedur F = **function** $f(x^*{:}w){:}s \Leftarrow R_f$: Falls R_f außer f nur Funktionssymbole der Basismaschine enthält, wie beispielsweise R_{plus}, so bilden wir ein Funktional $\mathfrak{R}_F[\![\phi]\!]$ aus dem Rumpf R_f, indem f in R_f durch den Parameter ϕ von $\mathfrak{R}_F$ gedeutet und alle anderen Funktionssymbole durch D_{BM} gedeutet werden. Falls R_f jedoch (außer f) noch ein weiteres Funktionssymbol $g \notin \Sigma(\mathsf{BM})$ enthält, wie beispielsweise R_{times} und R_{fac}, so können wir dessen Deutung ebenfalls durch einen Funktionsparameter angeben. Wir erhalten so ein Funktional $\mathfrak{R}_F[\![(\phi,\psi)]\!]$, das aus dem Rumpf R_f entsteht, indem f in R_f durch den Parameter ϕ, g in R_f durch den Parameter ψ und alle anderen Funktionssymbole durch D_{BM} gedeutet werden.

Allgemein können wir für ein funktionales Programm $P=\langle F_1,\ldots,F_k\rangle$ mit Funktionsprozeduren F_j (für Funktionssymbole f_j) für jede Funktionsprozedur F_j ein Funktional $\mathfrak{R}_{Fj}[\![(\phi_1,\ldots,\phi_k)]\!] \in \{\{M_1\to N_1\}\times\ldots\times\{M_k\to N_k\}\to\{M_j\to N_j\}\}$ bilden, das aus dem Rumpf R_j von F_j entsteht, indem die Funktionssymbole f_i in R_j durch den jeweiligen Parameter ϕ_i und alle anderen Funktionssymbole durch D_{BM} gedeutet werden, denn jeder Prozedurrumpf R_j enthält – neben den Funktionssymbolen aus $\Sigma(\mathsf{BM})$ – höchstens die Funktionssymbole $f_1,\ldots,f_k$.

Um die so gebildeten Funktionale $\mathfrak{R}_{Fj}[\![(\phi_1,\ldots,\phi_k)]\!]$ zu bestimmen, fassen wir $\mathfrak{R}_{F1}[\![(\phi_1,\ldots,\phi_k)]\!],\ldots,\mathfrak{R}_{Fk}[\![(\phi_1,\ldots,\phi_k)]\!]$ zu einem Funktional $\mathfrak{R}_P[\![(\phi_1,\ldots,\phi_k)]\!] \in \{\{M_1\to N_1\}\times\ldots\times\{M_k\to N_k\}\to\{M_1\to N_1\}\times\ldots\times\{M_k\to N_k\}\}$ für das *funktionale Programm P* zusammen, d.h. wir definieren

$$(2.3.5)\qquad \mathfrak{R}_P[\![(\phi_1,\ldots,\phi_k)]\!] := (\,\mathfrak{R}_{F1}[\![(\phi_1,\ldots,\phi_k)]\!]\,,\ldots,\,\mathfrak{R}_{Fk}[\![(\phi_1,\ldots,\phi_k)]\!]\,)\,,$$

und lösen dann die Fixpunktgleichung

$$(2.3.6)\qquad (\phi_1,\ldots,\phi_k) = \mathfrak{R}_P[\![(\phi_1,\ldots,\phi_k)]\!]\,.$$

Wir zeigen dazu, daß jedes aus einem funktionalen Programm P gewonnene Funktional $\mathfrak{R}_P$ *monoton* und *stetig* ist. Mit dem Fixpunktsatz *2.3.11* erhalten wir dann mit der kleinsten oberen Schranke der Iterationsfolge zu $\mathfrak{R}_P$ den kleinsten Fixpunkt $fix_{\mathfrak{R}P}$ und damit die gewünschte Lösung der Funktionsgleichung (*2.3.6*).

Es gilt also $fix_{\mathfrak{R}P} = \mathfrak{R}_P[\![fix_{\mathfrak{R}P}]\!]$, mit (*2.3.5*) gilt $\mathfrak{R}_P[\![fix_{\mathfrak{R}P}]\!] = (\mathfrak{R}_{F1}[\![fix_{\mathfrak{R}P}]\!],\ldots, \mathfrak{R}_{Fk}[\![fix_{\mathfrak{R}P}]\!])$, und wir deuten jetzt jedes Funktionssymbol f_j durch die Funktion $\mathfrak{R}_{Fj}[\![fix_{\mathfrak{R}P}]\!]$, d.h., eine Funktion, die wir aus dem kleinsten Fixpunkt $fix_{\mathfrak{R}P}$ des Funktionals $\mathfrak{R}_P$ gewinnen.

Beispiel 2.3.7

Für die *Funktionsprozeduren* des funktionalen Programms P_{fac} aus Beispiel *2.3.6* erhalten wir die Funktionale

$$\mathfrak{R}_{F\text{plus}}[\![(\phi_1,\phi_2,\phi_3)]\!](x,y) = \begin{cases} y & \text{, falls } x=0\text{ ,} \\ 1+\phi_1(x-1, y) & \text{, falls } x\notin\{0,\varnothing_{\text{nat}}\}\text{ ,} \\ \varnothing_{\text{nat}} & \text{, sonst ;} \end{cases}$$

$$\mathfrak{R}_{F\text{times}}[\![(\phi_1,\phi_2,\phi_3)]\!](x,y) = \begin{cases} 0 & \text{, falls } x=0\text{ ,} \\ \phi_1(\phi_2(x-1, y), y) & \text{, falls } x\notin\{0,\varnothing_{\text{nat}}\}\text{ ,} \\ \varnothing_{\text{nat}} & \text{, sonst ;} \end{cases}$$

$$\mathfrak{R}_{F\text{fac}}[\![(\phi_1,\phi_2,\phi_3)]\!](x,y) = \begin{cases} 1 & \text{, falls } x=0\text{ ,} \\ \phi_2(x, \phi_3(x-1)) & \text{, falls } x\notin\{0,\varnothing_{\text{nat}}\}\text{ ,} \\ \varnothing_{\text{nat}} & \text{, sonst ;} \end{cases}$$

und damit für das *Programm* P_{fac} das Funktional

$$\mathfrak{R}_{P\text{fac}}[\![(\phi_1,\phi_2,\phi_3)]\!] := (\, \mathfrak{R}_{F\text{plus}}[\![(\phi_1,\phi_2,\phi_3)]\!],\ \mathfrak{R}_{F\text{times}}[\![(\phi_1,\phi_2,\phi_3)]\!],\ \mathfrak{R}_{F\text{fac}}[\![(\phi_1,\phi_2,\phi_3)]\!]\,)\,.$$

Für den kleinsten Fixpunkt $fix_{\mathfrak{R}P\text{fac}}$ von $\mathfrak{R}_{P\text{fac}}$ gilt dann

$$fix_{\mathfrak{R}P\text{fac}} = (\, \mathfrak{R}_{F\text{plus}}[\![fix_{\mathfrak{R}P\text{fac}}]\!],\ \mathfrak{R}_{F\text{times}}[\![fix_{\mathfrak{R}P\text{fac}}]\!],\ \mathfrak{R}_{F\text{fac}}[\![fix_{\mathfrak{R}P\text{fac}}]\!]\,)$$

und wir erhalten so eine eine monotone ω-erweiterte $\Sigma(\mathsf{BM})\cup\{plus, times, fac\}$-Algebra $D_{P\text{fac}}=(\mathcal{D},\delta)$ mit $\delta_{plus}=\mathfrak{R}_{F\text{plus}}[\![fix_{\mathfrak{R}P\text{fac}}]\!]$, $\delta_{times}=\mathfrak{R}_{F\text{times}}[\![fix_{\mathfrak{R}P\text{fac}}]\!]$, $\mathfrak{R}_{F\text{fac}}[\![fix_{\mathfrak{R}P\text{fac}}]\!] = \delta_{fac}$ und $\delta_f = \delta_{\mathsf{BM},f}$ für alle $f\in\Sigma(\mathsf{BM})$. ♦

Das soeben beschriebene Vorgehen soll jetzt formalisiert werden. Wir beginnen damit nachzuweisen, daß für jedes funktionale Programm P aus einem beliebigen Term $t\in\mathcal{T}(\Sigma(P),\mathcal{V})$ ein *monotones* und *stetiges Funktional* gebildet werden kann. Dazu benötigen wir noch die folgende Definition:

Definition 2.3.14 (Redukt und Expansion einer Σ-Algebra)
Seien Σ und Σ' Signaturen, $A=(\mathcal{A},\alpha)$ eine Σ-Algebra und $B=(\mathcal{B},\beta)$ eine Σ'-Algebra mit $\Sigma\subset\Sigma'$, $\mathcal{A}=\mathcal{B}$ und $\alpha_f=\beta_f$ für alle $f\in\Sigma$. Dann ist A ein Σ-*Redukt* von B und B ist eine Σ'-*Expansion* von A. ♦

Die Σ'-Expansion B deutet also jedes Funktionssymbol aus Σ wie die Σ-Algebra A, und zusätzlich noch die Funktionssymbole aus $\Sigma' \setminus \Sigma$.

Satz 2.3.12 (Monotone und stetige Funktionale aus Termen)
Sei $\Sigma=\Sigma(\mathsf{BM})\cup\{f_1,\ldots,f_k\}$, $x^*\in\mathcal{V}_v$, $t\in\mathcal{T}(\Sigma,\mathcal{V}(x^*))_r$ sowie $f_j\in\Sigma_{wj,sj}$ und $\phi_j\in[\mathcal{D}_{wj}\rightarrow\mathcal{D}_{sj}]$ für alle $j\in\{1,\ldots,k\}$. Sei weiter $\Phi=(\phi_1,\ldots,\phi_k)$, $D(\Phi)=(\mathcal{D}, \delta(\Phi))$ eine Σ-Expansion von D_{BM} mit $\delta(\Phi)_{fj}=\phi_j$ und sei $d(\Phi)$ eine $D(\Phi)$-Variablenbelegung.

Dann ist das Funktional $\mathfrak{I}_t : [\mathcal{D}_{w1}\rightarrow\mathcal{D}_{s1}]\times\ldots\times[\mathcal{D}_{wk}\rightarrow\mathcal{D}_{sk}] \rightarrow \{\mathcal{D}_v\rightarrow\mathcal{D}_r\}$ mit $\mathfrak{I}_t[\![\Phi]\!](d^*):=d(\Phi)[x^*/d^*](t)$ monoton und stetig und $\mathfrak{I}_t[\![\Phi]\!]$ ist monoton, d.h. $\mathfrak{I}_t[\![\Phi]\!]\in[\mathcal{D}_v\rightarrow\mathcal{D}_r]$.

Beweis $(\mathcal{D}_{sj}, \sqsubseteq_{sj})$ ist für alle $j\in\{1,\ldots,k\}$ eine flache Halbordnung und mit Lemma *2.3.5* dann auch vollständig. Mit dem *sup*-Lemma *2.3.8* ist damit $([\mathcal{D}_{wj}\rightarrow \mathcal{D}_{sj}], \sqsubseteq_{\mathcal{D}wj\rightarrow\mathcal{D}sj})$ für alle $j\in\{1,\ldots,k\}$ eine vollständige Halbordnung, und mit Lemma *2.3.7* ist dann $([\mathcal{D}_{w1}\rightarrow\mathcal{D}_{s1}]\times\ldots\times[\mathcal{D}_{wk}\rightarrow\mathcal{D}_{sk}], \sqsubseteq_{\mathcal{D}w1\rightarrow\mathcal{D}s1\times\ldots\times\mathcal{D}wk\rightarrow\mathcal{D}sk})$ eine vollständige Halbordnung. Also ist $\mathfrak{I}_t$ eine Abbildung von einer vollständigen Halbordnung in eine vollständige Halbordnung. Wir zeigen die Aussage "$\mathfrak{I}_t$ ist monoton und stetig" und "$\mathfrak{I}_t[\![\Phi]\!]$ ist monoton" durch strukturelle Induktion über t:

Fall $t\in\Sigma^c$: Dann gilt $\mathfrak{I}_t[\![\Phi]\!]=\gamma$ mit $\gamma(d^*)=D_{\mathsf{BM}}(t)=t$ und damit ist $\mathfrak{I}_t[\![\Phi]\!]$ monoton sowie $\mathfrak{I}_t$ monoton und stetig, vgl. Beispiel *2.3.5(ii)*. √

Fall $t\in\mathcal{V}$: Dann gilt $t=x_n\in x^*$ und damit $\mathfrak{I}_t[\![\Phi]\!]=\gamma_n$ mit $\gamma_n(d^*)=d_n$. Damit ist $\mathfrak{I}_t[\![\Phi]\!]$ monoton sowie $\mathfrak{I}_t$ monoton und stetig, vgl. Beispiel *2.3.5(ii)*. √

Fall $t=ft_1\ldots t_n$: Dann gilt $t_j\in\mathcal{T}(\Sigma,\mathcal{V}(x^*))_{rj}$ und wir nehmen als Induktionshypothese an, daß die Funktionale $\mathfrak{I}_{tj} : [\mathcal{D}_{w1}\rightarrow\mathcal{D}_{s1}]\times\ldots\times[\mathcal{D}_{wk}\rightarrow\mathcal{D}_{sk}] \rightarrow [\mathcal{D}_{vj}\rightarrow\mathcal{D}_{rj}]$ mit $\mathfrak{I}_{tj}[\![\Phi]\!](d^*)=d(\Phi)[x^*/d^*](t_j)$ monoton und stetig sind. Es gilt

$$\begin{aligned}\mathfrak{I}_t[\![\Phi]\!](d^*) &= d(\Phi)[x^*/d^*](ft_1\ldots t_n)\\ &= \delta(\Phi)_f(d(\Phi)[x^*/d^*](t_1), \ldots , d(\Phi)[x^*/d^*](t_n))\\ &= \delta(\Phi)_f(\mathfrak{I}_{t1}[\![\Phi]\!](d^*), \ldots , \mathfrak{I}_{tn}[\![\Phi]\!](d^*))\end{aligned}$$

und ebenso $\Im_t[\![\Psi]\!](d^*)=\delta(\Psi)_f(\Im_{t1}[\![\Psi]\!](d^*), \ldots , \Im_{tn}[\![\Psi]\!](d^*))$. Für $\Phi \sqsubseteq \Psi$ gilt $\Im_{tj}[\![\Phi]\!] \sqsubseteq \Im_{tj}[\![\Psi]\!]$ für alle $j \in \{1,...,n\}$, denn die Funktionale $\Im_{tj}$ sind nach Induktionsvoraussetzung monoton. Also gilt

$$(\Im_{t1}[\![\Phi]\!], \ldots , \Im_{tn}[\![\Phi]\!]) \sqsubseteq (\Im_{t1}[\![\Psi]\!], \ldots , \Im_{tn}[\![\Psi]\!])$$

und folglich

$$\begin{aligned}
\Im_t[\![\Phi]\!](d^*) &= \delta(\Phi)_f(\Im_{t1}[\![\Phi]\!](d^*), \ldots , \Im_{tn}[\![\Phi]\!](d^*)) \\
&\sqsubseteq \delta(\Phi)_f(\Im_{t1}[\![\Psi]\!](d^*), \ldots , \Im_{tn}[\![\Psi]\!](d^*)) \\
&\sqsubseteq \delta(\Psi)_f(\Im_{t1}[\![\Psi]\!](d^*), \ldots , \Im_{tn}[\![\Psi]\!](d^*)) \\
&= \Im_t[\![\Psi]\!](d^*),
\end{aligned}$$

denn entweder $f \in \Sigma(\mathsf{BM})$ und damit ist $\delta(\Phi)_f = \delta_{\mathsf{BM},f} = \delta(\Psi)_f$ monoton oder aber $f = f_h \in \{f_1,...,f_k\}$ und damit ist $\delta(\Phi)_f = \phi_h$ monoton und mit $\Phi \sqsubseteq \Psi$ gilt auch $\phi_h \sqsubseteq \psi_h = \delta(\Psi)_f$. Also gilt $\Im_t[\![\Phi]\!] \sqsubseteq \Im_t[\![\Psi]\!]$, d.h. $\Im_t$ ist *monoton*, denn $d^* \in \mathcal{D}_w$ war beliebig gewählt.

Für $d^* \sqsubseteq e^*$ gilt $\Im_{tj}[\![\Phi]\!](d^*) \sqsubseteq \Im_{tj}[\![\Phi]\!](e^*)$ für alle $j \in \{1,...,n\}$, denn die Funktionen $\Im_{tj}[\![\Phi]\!]$ sind nach Induktionsvoraussetzung monoton. Damit gilt

$$(\Im_{t1}[\![\Phi]\!](d^*), \ldots , \Im_{tn}[\![\Phi]\!](d^*)) \sqsubseteq (\Im_{t1}[\![\Phi]\!](e^*), \ldots , \Im_{tn}[\![\Phi]\!](e^*))$$

und folglich

$$\begin{aligned}
\Im_t[\![\Phi]\!](d^*) &= \delta(\Phi)_f(\Im_{t1}[\![\Phi]\!](d^*), \ldots , \Im_{tn}[\![\Phi]\!](d^*)) \\
&\sqsubseteq \delta(\Phi)_f(\Im_{t1}[\![\Phi]\!](e^*), \ldots , \Im_{tn}[\![\Phi]\!](e^*)) \\
&= \Im_t[\![\Phi]\!](e^*),
\end{aligned}$$

denn $\delta(\Phi)_f$ ist monoton.

Wir zeigen nun, daß $\Im_t$ *stetig* ist: Sei $\langle\Phi_i\rangle_{i\in\mathbb{N}}$ eine $\sqsubseteq$-Kette in $[\mathcal{D}_{w1}\to\mathcal{D}_{s1}]\times\ldots\times[\mathcal{D}_{wk}\to\mathcal{D}_{sk}]$. Dann gilt $\Phi_j \sqsubseteq sup_i\langle\Phi_i\rangle$ für alle $j\in\mathbb{N}$ und damit $\Im_t[\![\Phi_j]\!] \sqsubseteq \Im_t[\![sup_i\langle\Phi_i\rangle]\!]$, denn $\Im_t$ ist monoton. Also gilt auch

$$(1) \qquad sup_i\langle\Im_t[\![\Phi_i]\!]\rangle \sqsubseteq \Im_t[\![sup_i\langle\Phi_i\rangle]\!],$$

denn $sup_i\langle\Im_t[\![\Phi_i]\!]\rangle$ ist die *kleinste* obere Schranke von $\langle\Im_t[\![\Phi_i]\!]\rangle_{i\in\mathbb{N}}$. Weiter gilt

$$\Im_t[\![sup_i\langle\Phi_i\rangle]\!](d^*) \quad = \delta(sup_i\langle\Phi_i\rangle)_f(\Im_{t1}[\![sup_i\langle\Phi_i\rangle]\!](d^*), \ldots , \Im_{tn}[\![sup_i\langle\Phi_i\rangle]\!](d^*))$$

$$= \delta(sup_i\langle\Phi_i\rangle)_f(sup_i\langle\Im_{t1}[\![\Phi_i]\!]\rangle(d^*), \ldots, sup_i\langle\Im_{tn}[\![\Phi_i]\!]\rangle(d^*)),$$

denn die Funktionale $\Im_{tj}$ sind nach Induktionsvoraussetzung stetig.

Fall $f=f_h\in\{f_1,\ldots,f_k\}$: Mit Lemma *2.3.6* erhalten wir $sup_i\langle\Phi_i\rangle=(sup_i\langle\phi_{1,i}\rangle,\ldots, sup_i\langle\phi_{k,i}\rangle)$ für $\Phi_i=(\phi_{1,i},\ldots,\phi_{k,i})$, folglich $\delta(sup_i\langle\Phi_i\rangle)_f = sup_i\langle\phi_{h,i}\rangle$ und damit

$$\Im_t[\![sup_i\langle\Phi_i\rangle]\!](d^*) = sup_i\langle\phi_{h,i}\rangle(sup_i\langle\Im_{t1}[\![\Phi_i]\!]\rangle(d^*), \ldots, sup_i\langle\Im_{tn}[\![\Phi_i]\!]\rangle(d^*)).$$

Mit Lemma *2.3.9* und Korollar *2.3.10* gibt es Indizes $k_0,\ldots,k_n\in\mathbb{N}$, so daß

$$\begin{aligned}
\Im_t[\![sup_i\langle\Phi_i\rangle]\!](d^*) &= \phi_{h,k0}(sup_i\langle\Im_{t1}[\![\Phi_i]\!]\rangle(d^*), \ldots, sup_i\langle\Im_{tn}[\![\Phi_i]\!]\rangle(d^*)\\
&= \phi_{h,k0}(\Im_{t1}[\![\Phi_{k1}]\!](d^*), \ldots, \Im_{tn}[\![\Phi_{kn}]\!](d^*))\\
&= \phi_{h,kmax}(\Im_{t1}[\![\Phi_{kmax}]\!](d^*), \ldots, \Im_{tn}[\![\Phi_{kmax}]\!](d^*))\\
&= \delta(\Phi_{kmax})_f(\Im_{t1}[\![\Phi_{kmax}]\!](d^*), \ldots, \Im_{tn}[\![\Phi_{kmax}]\!](d^*))\\
&= \Im_t[\![\Phi_{kmax}]\!](d^*)\\
&\sqsubseteq sup_i\langle\Im_t[\![\Phi_i]\!]\rangle(d^*)
\end{aligned}$$

für $k_{max}:=max\{k_0,\ldots,k_n\}$. Damit gilt

$$(2) \qquad \Im_t[\![sup_i\langle\Phi_i\rangle]\!] \sqsubseteq sup_i\langle\Im_t[\![\Phi_i]\!]\rangle,$$

denn $d^*\in\mathcal{D}_w$ war beliebig gewählt. Mit (*1*) und (*2*) gilt schließlich $sup_i\langle\Im_t[\![\Phi_i]\!]\rangle= \Im_t[\![sup_i\langle\Phi_i\rangle]\!]$, und somit ist $\Im_t$ stetig. √

Fall $f\in\Sigma(\mathsf{BM})$: Es gilt $\delta(sup_i\langle\Phi_i\rangle)_f = \delta_{\mathsf{BM},f}$ und mit Korollar *2.3.10* gibt es Indizes $k_1,\ldots,k_n\in\mathbb{N}$, so daß

$$\begin{aligned}
\Im_t[\![sup_i\langle\Phi_i\rangle]\!](d^*) &= \delta_{\mathsf{BM},f}(sup_i\langle\Im_{t1}[\![\Phi_i]\!]\rangle(d^*), \ldots, sup_i\langle\Im_{tn}[\![\Phi_i]\!]\rangle(d^*)\\
&= \delta_{\mathsf{BM},f}(\Im_{t1}[\![\Phi_{k1}]\!](d^*), \ldots, \Im_{tn}[\![\Phi_{kn}]\!](d^*))\\
&= \delta_{\mathsf{BM},f}(\Im_{t1}[\![\Phi_{kmax}]\!](d^*), \ldots, \Im_{tn}[\![\Phi_{kmax}]\!](d^*))\\
&= \delta(\Phi_{kmax})_f(\Im_{t1}[\![\Phi_{kmax}]\!](d^*), \ldots, \Im_{tn}[\![\Phi_{kmax}]\!](d^*))\\
&= \Im_t[\![\Phi_{kmax}]\!](d^*)\\
&\sqsubseteq sup_i\langle\Im_t[\![\Phi_i]\!]\rangle(d^*)
\end{aligned}$$

für $k_{max}:=max\{k_1,\ldots,k_n\}$. Damit gilt

$$(3) \qquad \Im_t[\![sup_i\langle\Phi_i\rangle]\!] \sqsubseteq sup_i\langle\Im_t[\![\Phi_i]\!]\rangle,$$

denn $d^* \in \mathcal{D}_w$ war beliebig gewählt. Mit (*1*) und (*3*) gilt schließlich $sup_i\langle \mathfrak{I}_t[\![\Phi_i]\!]\rangle = \mathfrak{I}_t[\![sup_i\langle \Phi_i\rangle]\!]$, und somit ist $\mathfrak{I}_t$ stetig. √ √ ♦

Mit Satz *2.3.12* können wir jetzt aus jeder Funktionsprozedur F ein stetiges Funktional $\mathfrak{R}_F$ und damit dann aus jedem funktionalen Programm P ein stetiges Funktional $\mathfrak{R}_P$ gewinnen:

Definition 2.3.15 (Funktionale von Funktionsprozeduren und Programmen)
Sei $P=\langle F_1,...,F_k\rangle$ ein funktionales Programm, so daß für alle $j \in \{1,...,k\}$

$$F_j = \textbf{function}\ f_j(x_j^*{:}w_j){:}s_j \Leftarrow R_{fj}$$

eine Funktionsprozedur für f_j ist. Dann definiert jede *Funktionsprozedur* F_j durch

$$\mathfrak{R}_{P,Fj}[\![\Phi]\!](d^*) = d(\Phi)[x_j^*/d^*](R_{fj})$$

ein *Funktional* $\mathfrak{R}_{P,Fj} \in \{[\mathcal{D}_{w1} \to \mathcal{D}_{s1}] \times ... \times [\mathcal{D}_{wk} \to \mathcal{D}_{sk}] \to [\mathcal{D}_{wj} \to \mathcal{D}_{sj}]\}$, wobei für $\Phi = (\phi_1,...,\phi_k)$ $D(\Phi) = (\mathcal{D}, \delta(\Phi))$ die $\Sigma(P)$-Expansion von D_{BM} mit $\delta(\Phi)_{fi} = \phi_i$ und $d(\Phi)$ eine $D(\Phi)$-Variablenbelegung ist.

Das funktionale *Programm P* definiert ein *Funktional* $\mathfrak{R}_P \in \{[\mathcal{D}_{w1} \to \mathcal{D}_{s1}] \times ... \times [\mathcal{D}_{wk} \to \mathcal{D}_{sk}] \to [\mathcal{D}_{w1} \to \mathcal{D}_{s1}] \times ... \times [\mathcal{D}_{wk} \to \mathcal{D}_{sk}]\}$ durch $\mathfrak{R}_P[\![\Phi]\!] = (\mathfrak{R}_{P,F1}[\![\Phi]\!], ..., \mathfrak{R}_{P,Fk}[\![\Phi]\!])$. ♦

Wir schreiben nachfolgend kurz $\mathfrak{R}_F$ anstatt $\mathfrak{R}_{P,F}$, wenn das funktionale Programm P, zu dem F gehört, aus dem Kontext ersichtlich ist. Mit Satz *2.3.12* ist jedes Funktional $\mathfrak{R}_{P,Fj}$ einer Funktionsprozedur monoton und stetig. Wir zeigen, daß auch jedes Funktional $\mathfrak{R}_P$ eines funktionalen Programms monoton und stetig ist:

Korollar 2.3.13 (Monotone, stetige Funktionale aus funktionalen Programmen)
Jedes Funktional $\mathfrak{R}_P$ ist monoton und stetig.

Beweis (*i*) Seien $\Phi, \Psi \in [\mathcal{D}_{w1} \to \mathcal{D}_{s1}] \times ... \times [\mathcal{D}_{wk} \to \mathcal{D}_{sk}]$ mit $\Phi \sqsubseteq \Psi$. Dann ist mit Satz *2.3.12* jedes Funktional $\mathfrak{R}_{Fj}$ monoton, d.h. es gilt $\mathfrak{R}_{Fj}[\![\Phi]\!] \sqsubseteq \mathfrak{R}_{Fj}[\![\Psi]\!]$ für jedes $j \in \{1,...,k\}$. Folglich gilt mit Definition *2.3.15* $\mathfrak{R}_P[\![\Phi]\!] = (\mathfrak{R}_{F1}[\![\Phi]\!],...,\mathfrak{R}_{Fk}[\![\Phi]\!]) \sqsubseteq (\mathfrak{R}_{F1}[\![\Psi]\!], ...,\mathfrak{R}_{Fk}[\![\Psi]\!]) = \mathfrak{R}_P[\![\Psi]\!]$ und damit ist $\mathfrak{R}_P$ monoton. √

(*ii*) $([\mathcal{D}_{w1}\to\mathcal{D}_{s1}]\times\ldots\times[\mathcal{D}_{wk}\to\mathcal{D}_{sk}],\ \sqsubseteq_{\mathcal{D}w1\to\mathcal{D}s1\times\ldots\times\mathcal{D}wk\to\mathcal{D}sk})$ ist eine vollständige Halbordnung, vgl. Satz *2.3.12*, und für jede $\sqsubseteq_{\mathcal{D}w1\to\mathcal{D}s1\times\ldots\times\mathcal{D}wk\to\mathcal{D}sk}$-Kette $\langle\Phi_i\rangle_{i\in\mathbb{N}}$ in $[\mathcal{D}_{w1}\to\mathcal{D}_{s1}]\times\ldots\times[\mathcal{D}_{wk}\to\mathcal{D}_{sk}]$ ist $\langle\mathfrak{R}_P[\![\Phi_i]\!]\rangle_{i\in\mathbb{N}}$ eine $\sqsubseteq_{\mathcal{D}w1\to\mathcal{D}s1\times\ldots\times\mathcal{D}wk\to\mathcal{D}sk}$-Kette in $[\mathcal{D}_{w1}\to\mathcal{D}_{s1}]\times\ldots\times[\mathcal{D}_{wk}\to\mathcal{D}_{sk}]$, denn $\mathfrak{R}_P$ ist mit (*i*) monoton. Also existiert $sup_i\langle\mathfrak{R}_P[\![\Phi_i]\!]\rangle$ und es gilt

$$\begin{array}{lcll} sup_i\langle\mathfrak{R}_P[\![\Phi_i]\!]\rangle & = & sup_i\langle(\mathfrak{R}_{F1}[\![\Phi_i]\!],\ldots,\mathfrak{R}_{Fk}[\![\Phi_i]\!])\rangle & \text{, mit Definition } \mathit{2.3.15} \\ & = & (sup_i\langle\mathfrak{R}_{F1}[\![\Phi_i]\!]\rangle,\ldots,sup_i\langle\mathfrak{R}_{Fk}[\![\Phi_i]\!]\rangle) & \text{, mit Lemma } \mathit{2.3.6} \\ & = & (\mathfrak{R}_{F1}[\![sup_i\langle\Phi_i\rangle]\!],\ldots,\mathfrak{R}_{Fk}[\![sup_i\langle\Phi_i\rangle]\!]) & \text{, mit Satz } \mathit{2.3.12} \\ & = & \mathfrak{R}_P[\![sup_i\langle\Phi_i\rangle]\!] & \text{, mit Definition } \mathit{2.3.15}\text{,} \end{array}$$

und folglich ist $\mathfrak{R}_P$ stetig. √ ♦

Korollar 2.3.14
Sei P ein funktionales Programm und sei $\langle\Phi_i\rangle_{i\in\mathbb{N}}$ die Iterationsfolge zu $\mathfrak{R}_P$. Dann existiert $sup_i\langle\Phi_i\rangle$ und es gilt $sup_i\langle\Phi_i\rangle=\mathit{fix}_{\mathfrak{R}P}$.

Beweis Mit Korollar *2.3.13* ist $\mathfrak{R}_P$ stetig und mit dem Fixpunktsatz *2.3.11* gilt folglich die Behauptung. ♦

Beispiel 2.3.8
Für das Funktional $\mathfrak{R}_{P3}$, das aus dem funktionalen Programm P_3 = ⟨ **function** *even*(*x*:*nat*):*bool* ⇐ ... , **function** *odd*(*x*:*nat*):*bool* ⇐ ... ⟩ von Beispiel *2.1.1* entsteht, erhält man die Iterationsfolge $\langle(\phi_{1,i},\phi_{2,i})\rangle_{i\in\mathbb{N}}$ mit

$$\phi_{1,0}(d) := \varnothing_{bool} \qquad \phi_{2,0}(d) := \varnothing_{bool}$$

$$\phi_{1,1}(d) := \begin{cases} true & ,d=0 \\ \varnothing_{bool} & \text{, sonst} \end{cases} \qquad \phi_{2,1}(d) := \begin{cases} false & ,d=0 \\ \varnothing_{bool} & \text{, sonst} \end{cases}$$

$$\phi_{1,2}(d) := \begin{cases} true & ,d=0 \\ false & ,d=1 \\ \varnothing_{bool} & \text{, sonst} \end{cases} \qquad \phi_{2,2}(d) := \begin{cases} false & ,d=0 \\ true & ,d=1 \\ \varnothing_{bool} & \text{, sonst} \end{cases}$$

$$\phi_{1,3}(d) := \begin{cases} true & ,d\in\{0,2\} \\ false & ,d=1 \\ \varnothing_{bool} & \text{, sonst} \end{cases} \qquad \phi_{2,3}(d) := \begin{cases} false & ,d\in\{0,2\} \\ true & ,d=1 \\ \varnothing_{bool} & \text{, sonst} \end{cases}$$

$$\phi_{1,4}(d) := \begin{cases} true & , d \in \{0,2\} \\ false & , d \in \{1,3\} \\ \varnothing_{\text{bool}} & , \text{sonst} \end{cases} \qquad \phi_{2,4}(d) := \begin{cases} false & , d \in \{0,2\} \\ true & , d \in \{1,3\} \\ \varnothing_{\text{bool}} & , \text{sonst} \end{cases}$$

$$\vdots$$

$$\phi_{1,i}(d) := \begin{cases} true & , d<i \text{ und } d \text{ gerade} \\ false & , d<i \text{ und } d \text{ ungerade} \\ \varnothing_{\text{bool}} & , \text{sonst} \end{cases} \qquad \phi_{2,i}(d) := \begin{cases} false & , d<i \text{ und } d \text{ gerade} \\ true & , d<\text{i und } d \text{ ungerade} \\ \varnothing_{\text{bool}} & , \text{sonst} \end{cases}$$

$$\vdots$$

und damit $fix_{\mathfrak{R}P_3} = (\phi_1,\phi_2)$ mit

$$\phi_1(d) := \begin{cases} true & , d \neq \varnothing_{\text{nat}} \text{ und } d \text{ gerade} \\ false & , d \neq \varnothing_{\text{nat}} \text{ und } d \text{ ungerade} \\ \varnothing_{\text{bool}} & , d = \varnothing_{\text{nat}} \end{cases} \qquad \phi_2(d) := \begin{cases} false & , d \neq \varnothing_{\text{nat}} \text{ und } d \text{ gerade} \\ true & , d \neq \varnothing_{\text{nat}} \text{ und } d \text{ ungerade} \\ \varnothing_{\text{bool}} & , d = \varnothing_{\text{nat}} \end{cases}$$

♦

Mit Korollar *2.3.14* können wir jetzt jedem funktionalen Programm P den kleinsten Fixpunkt $fix_{\mathfrak{R}P}$ des Funktionals $\mathfrak{R}_P$ als Semantik zuordnen. Dabei gilt $fix_{\mathfrak{R}P} = \mathfrak{R}_P[\![fix_{\mathfrak{R}P}]\!] = (\mathfrak{R}_{F1}[\![fix_{\mathfrak{R}P}]\!],\ldots,\mathfrak{R}_{Fk}[\![fix_{\mathfrak{R}P}]\!])$, vgl. Definition *2.3.15*, und wir ordnen jedem Funktionssymbol f_j, das durch eine Funktionsprozedur F_{fj} des funktionalen Programms P eingeführt wird, die entsprechende Komponente $\mathfrak{R}_{Fj}[\![fix_{\mathfrak{R}P}]\!]$ des kleinsten Fixpunkts als Semantik zu. Wir erweitern dafür die Σ(BM)-Algebra D_{BM} zu einer monotonen $\Sigma(P)$-Algebra:

Definition 2.3.16 ($\Sigma(P)$-Algebra D_P)
Sei $P=\langle F_1,\ldots,F_k\rangle$ ein funktionales Programm, so daß für alle $j \in \{1,\ldots,k\}$

$$F_j = \textbf{function}\, f_j(x_j^*{:}w_j){:}s_j \Leftarrow R_{fj}$$

eine Funktionsprozedur für f_j ist. Dann ist für jedes $w \in \mathcal{S}^*$, jedes $s \in \mathcal{S}$ und jedes $f \in \Sigma_{w,s}$ die Abbildung $\delta_{P,f} : \mathcal{D}_w \rightarrow \mathcal{D}_s$ definiert durch

$$\delta_{P,f}(d^*) \ := \begin{cases} \delta_{BM,f}(d^*) & \text{, falls } f \in \Sigma(\mathrm{BM}) \\ \Re_{Fj}[\![fix_{\Re P}]\!](d^*) & \text{, falls } f = f_j \text{ für ein } j \in \{1,\dots,k\} \end{cases}$$

Die $\Sigma(P)$-Algebra D_P ist definiert als $(\mathcal{D}, \delta_P)$. ♦

Lemma 2.3.15
Für jedes funktionale Programm $P \in \mathcal{FP}$ ist D_P monoton.

Beweis Übung. ♦

Mit der Definition von D_P haben wir die Semantik der durch die Funktionsprozeduren F_{fj} eines funktionalen Programms P eingeführten Funktionssymbole f_j mit einer monotonen $\Sigma(P)$-Algebra D_P bestimmt. Diese verwenden wir jetzt, um die denotationale Semantik funktionaler Programme anzugeben:

Definition 2.3.17 (Denotationale Semantik funktionaler Programme)
Die *denotationale Semantik* der funktionalen Programmiersprache $\mathcal{FP}$ ist definiert durch die semantische Funktion

$$\mathsf{sem}_{dn} \ : \mathcal{FP} \rightarrow (\ \mathcal{T}(\Sigma_{\mathcal{FP}}) \mapsto_S \mathcal{T}(\Sigma^c)\ )$$

mit

$$\mathsf{sem}_{dn}[\![P]\!](t) \ := \begin{cases} D_P(t) & \text{, falls } t \in \mathcal{T}(\Sigma(P)) \text{ und } D_P(t) \neq \emptyset\ ; \\ \propto & \text{, sonst .} \end{cases}$$

♦

Übung 2.3.10
Sei $P = \langle F_{zero}, F_{plus}, F_{times},$ **function** *inner*..., **function** *outer*...$\rangle$ mit den Funktionsprozeduren wie in den Beispielen *2.1.1* und *2.2.1*. Bestimmen Sie

(*i*) $\mathsf{sem}_{dn}[\![P]\!](times(O, outer(O)))$,
(*ii*) $\mathsf{sem}_{dn}[\![P]\!](times(outer(O), O))$,
(*iii*) $\mathsf{sem}_{dn}[\![P]\!](times(succ(O), outer(O)))$,
(*iv*) $\mathsf{sem}_{dn}[\![P]\!](eq_{nat}(inner(O), outer(O)))$, und
(*v*) $\mathsf{sem}_{dn}[\![P]\!](if_{nat}(eq_{nat}(inner(O), inner(O)), O, O))$. ♦

Übung 2.3.11

(*i*) Sei $P=\langle F\rangle$ ein funktionales Programm mit

```
function f(x:nat):nat   ⇐   if x=0
                              then 0
                              else  if x=1
                                      then f(2+x)–1
                                      else 1+f(x–2)
                                    fi
                            fi   ,
```

wobei $2+x$ für $succ(succ(x))$, $x-2$ für $pred(pred(x))$ usw. steht. Bestimmen Sie für das Funktional $\mathfrak{R}_P$ des Programms P die Iterationsfolge $\langle\Phi_i\rangle_{i\in\mathbb{N}}$ sowie den kleinsten Fixpunkt von $\mathfrak{R}_P$.

(*ii*) Sei $P=\langle F_1,F_2\rangle$ ein funktionales Programm mit

```
function f1(x:nat):nat   ⇐   if x=0
                               then 0
                               else  if x=1
                                       then 0
                                       else 1+f1(x–2)
                                     fi
                             fi

function f2(x:nat):nat   ⇐   if x=0
                               then f2(0)
                               else  if x=1
                                       then 0
                                       else 1+f2(f1(x))
                                     fi
                             fi   ,
```

wobei $1+t$ für $succ(t)$, $x-2$ für $pred(pred(x))$ usw. steht. Bestimmen Sie für das Funktional $\mathfrak{R}_P$ des Programms P die Iterationsfolge $\langle(\phi_{1,i},\phi_{2,i})\rangle_{i\in\mathbb{N}}$ sowie den kleinsten Fixpunkt von $\mathfrak{R}_P$. ♦

Übung 2.3.12

Sei $P = \langle$ **function** $fie(x, y{:}nat){:}nat \Leftarrow succ(x)$,
function $foo(x, y{:}nat){:}nat \Leftarrow if_{\mathrm{nat}}(eq_{\mathrm{nat}}(x, y), succ(y), succ(x)) \rangle$.

Vergleichen Sie $\delta_{\mathrm{P},fie}$ und $\delta_{\mathrm{P},foo}$ bezüglich $\sqsubseteq_{\mathcal{D}\mathrm{nat,nat}\to\mathcal{D}\mathrm{nat}}$. ♦

Übung 2.3.13

Seien $p_1, p_2 \in \mathcal{T}(\Sigma(P))$ und $f \in \Sigma(P)_{s1,\ldots,sn,nat}$ mit

$p_1 = f(t_1,\ldots,t_{\mathrm{i-1}}, if(b, r_1, r_2), t_{\mathrm{i+1}},\ldots,t_{\mathrm{n}})$ und

$p_2 = if(b, f(t_1,\ldots,t_{\mathrm{i-1}}, r_1, t_{\mathrm{i+1}},\ldots,t_{\mathrm{n}}), f(t_1,\ldots,t_{\mathrm{i-1}}, r_2, t_{\mathrm{i+1}},\ldots, t_{\mathrm{n}}))$.

(*i*) Vergleichen Sie $D_{\mathrm{P}}(p_1)$ und $D_{\mathrm{P}}(p_2)$ bezüglich $\sqsubseteq_{\mathcal{D}\mathrm{nat}}$.

(*ii*) Geben Sie eine Bedingung für $\delta_{\mathrm{P},f}$ an, die hinreichend für $D_{\mathrm{P}}(p_1) = D_{\mathrm{P}}(p_2)$ ist. ♦

Übung 2.3.14

Sei $P = \langle$ **function** $double(x{:}nat){:}nat \Leftarrow$
$if_{\mathrm{nat}}(eq_{\mathrm{nat}}(x, O), O, succ(succ(double(pred(x)))))$,

function $half(x{:}nat){:}nat \Leftarrow$
$if_{\mathrm{nat}}(eq_{\mathrm{nat}}(x, O),$
$O,$
$if_{\mathrm{nat}}(eq_{\mathrm{nat}}(x, succ(O)), O, succ(half(pred(pred(x)))))) \rangle$.

Zeigen Sie:

(*i*) $D_{\mathrm{P}} \models [\forall n{:}nat\ \ n \equiv half(double(n))]$.

(*ii*) $D_{\mathrm{P}} \not\models [\forall n{:}nat\ \ eq_{\mathrm{nat}}(n, half(double(n))) \equiv true]$.

(*iii*) $D_{\mathrm{P}} \not\models [\exists n{:}nat\ \ eq_{\mathrm{nat}}(n, half(double(n))) \equiv false]$. ♦

2.4 Äquivalenz von operationaler und denotationaler Semantik

In den Abschnitten *2.2* und *2.3* haben wir zwei Ansätze zur Definition der Semantik funktionaler Programme vorgestellt: Bei der operationalen Semantik wird die Semantik eines funktionalen Programms *P* durch den *Auswertungskalkül* und damit durch Angabe eines *Interpretierers* eval_P definiert, mit dem die *Implementierung* von $\mathcal{FP}$ festgelegt wird. Die denotationale Semantik definiert die Semantik eines funktionalen Programms *P* durch Angabe einer monotonen *Σ(P)-Algebra* D_P, bei der die Funktionssymbole rekursiv definierter Funktionsprozeduren mit Hilfe des kleinsten Fixpunkts des aus *P* gewonnenen Funktionals gedeutet werden.

Dieses Vorgehen ähnelt dem Ansatz in der mathematischen Logik, bei dem für eine formale Sprache, also etwa der Sprache *1*. Stufe, eine *Semantik* definiert wird, die festlegt, welche Ausdrücke der Sprache "*wahr*" sind. Für eine wahre Formel φ schreibt man kurz $\models \varphi$. Der Semantik wird dann ein *Beweiskalkül*, also ein Berechnungsmodell zur (rein syntaktischen) *Herleitung* von Ausdrücken der Sprache gegenübergestellt. Man schreibt kurz $\vdash \varphi$ für eine herleitbare Formel φ und fordert, daß ein Beweiskalkül *korrekt* ist, d.h. es gilt $\vdash \subset \models$. Damit sind *nur* solche Formeln *herleitbar*, die auch bzgl. der gegebenen Semantik *wahr* sind. Nach Möglichkeit wird auch die *Vollständigkeit* gefordert, d.h. $\models \subset \vdash$, und damit sind dann alle *wahren* Formeln auch mit dem Beweiskalkül *herleitbar*.

Hier betrachten wir als formale Sprache die Sprache $\mathcal{FP}$ der funktionalen Programme und die *denotationale Semantik* von $\mathcal{FP}$ entspricht in der Analogie "*der*" *Semantik* einer Formelsprache. Die *operationale Semantik* entspricht dann dem Herleitungsbegriff des *Beweiskalküls* und "Korrektheit" bedeutet hier $\mathsf{sem}_{op}[\![P]\!] \sqsubseteq \mathsf{sem}_{dn}[\![P]\!]$, d.h., daß jeder auswertbare Term zu der Deutung dieses Terms durch die denotationale Semantik ausgewertet wird. Umgekehrt beschreibt $\mathsf{sem}_{dn}[\![P]\!] \sqsubseteq \mathsf{sem}_{op}[\![P]\!]$ die "Vollständigkeit", d.h., daß die Deutung jedes Terms, der durch einen Konstruktorgrundterm gedeutet wird, auch im Auswertungskalkül herleitbar ist. Beide Eigenschaften zusammen ergeben dann die *Äquivalenz* $\mathsf{sem}_{op}[\![P]\!] = \mathsf{sem}_{dn}[\![P]\!]$ von operationaler und denotationaler Semantik, die jetzt bewiesen werden soll. Wir beginnen mit dem Nachweis der Korrektheit des Auswertungskalküls:

Satz 2.4.1 (Korrektheitssatz für $eval_P$)
Sei $P\in\mathcal{FP}$ und $t\in\mathcal{T}(\Sigma(P))$ mit $eval_P(t)\neq\infty$. Dann gilt $eval_P(t)=D_P(t)$.

Beweis Sei $\gg\subset\mathcal{T}(\Sigma(P))\times\mathcal{T}(\Sigma(P))$ mit $s_1\gg s_2$ gdw. $eval_P(s_1)\neq\infty\neq eval_P(s_2)$ sowie $|s_1|_P>|s_2|_P$ oder ($|s_1|_P=|s_2|_P$ und $s_1>_{\mathcal{T}}s_2$). Dann ist $\gg$ mit Lemma *1.4.3(ii)* fundiert, und wir zeigen die Behauptung durch Noethersche Induktion über $\gg$:

Induktionsanfang t ist $\gg$-minimal: Es gilt $t\in\mathcal{T}(\Sigma^c)$ und folglich $eval_P(t)=t=D_P(t)$. √

Induktionsschritt t ist nicht $\gg$-minimal: Für $t\in\mathcal{T}(\Sigma^c)$ gilt die Behauptung wie im Induktionsanfang. Für $t\notin\mathcal{T}(\Sigma^c)$ gibt es ein $t'\in\mathcal{T}(\Sigma(P))$ mit $t\rightarrow_P t'$, folglich gilt $|t|_P>|t'|_P$, vgl. Übung *2.2.4(i)*, und wir erhalten $eval_P(t')=D_P(t')$ als Induktionshypothese, denn mit $t\rightarrow_P t'$ gilt $eval_P(t)=eval_P(t')$, vgl. Übung *2.2.5(i)*, und damit $eval_P(t')\neq\infty$. Daraus folgt mit dem Nachweis von $D_P(t)=D_P(t')$ dann die Behauptung:

Fall $succ(t_1)\rightarrow_P succ(r_1)$: Es gilt $t_1\rightarrow_P r_1$ und damit $succ(t_1)\gg t_1\gg r_1$, denn $|succ(t_1)|_P=|t_1|_P$, vgl. Übung *2.2.4(iv)*, $succ(t_1)>_{\mathcal{T}}t_1$ und $|t_1|_P>|r_1|_P$, vgl. Übung *2.2.4(i)*. Mit der Induktionshypothese gilt dann $eval_P(t_1)=D_P(t_1)$ sowie $eval_P(r_1)=D_P(r_1)$, und mit $eval_P(t_1)=eval_P(r_1)$, vgl. Übung *2.2.5(i)*, gilt $D_P(t_1)=D_P(r_1)$ und man erhält $D_P(succ(t_1))=\delta_{P,succ}(D_P(t_1))=\delta_{P,succ}(D_P(r_1))=D_P(succ(r_1))$. √

Fall $if_s(b,p_1,p_2)\rightarrow_P p_i$: Es gilt $b\in\Sigma^c{}_{bool}$ und damit $D_P(if_s(b,p_1,p_2))=D_P(p_i)$. √

Fall $if_s(b,p_1,p_2)\rightarrow_P if_s(b',p_1,p_2)$: Es gilt $b\rightarrow_P b'$ und folglich $|if_s(b,p_1,p_2)|_P>|b|_P>|b'|_P$, vgl. Übung *2.2.4(ii,i)*. Mit der Induktionshypothese gilt dann $eval_P(b)=D_P(b)$ sowie $eval_P(b')=D_P(b')$, und mit $eval_P(b)=eval_P(b')$, vgl. Übung *2.2.5(i)*, gilt $D_P(b)=D_P(b')$ und man erhält $D_P(if_s(b,p_1,p_2))=\delta_{P,ifs}(D_P(b),D_P(p_1),D_P(p_2))=\delta_{P,ifs}(D_P(b'),D_P(p_1),D_P(p_2))=D_P(if_s(b',p_1,p_2))$. √

Fall $f(t_1,...,t_n)\rightarrow_P\sigma(R_f)$: Es gilt $\sigma=\{x_1/t_1,...,x_n/t_n\}$ sowie $f=f_j\notin\Sigma(\mathsf{BM})$ und man erhält

$$
\begin{aligned}
&D_P(f_j(t_1,...,t_n))\\
&=\delta_{P,fj}(D_P(t_1),...,D_P(t_n))\\
&=\mathfrak{R}_{Fj}[\![fix_{\mathfrak{R}P}]\!](D_P(t_1),...,D_P(t_n)) &&\text{, mit Definition } \mathit{2.3.16},\\
&=d(fix_{\mathfrak{R}P})[x_1/D_P(t_1),...,x_n/D_P(t_n)](R_{fj}) &&\text{, mit Definition } \mathit{2.3.15},
\end{aligned}
$$

$= d(\mathfrak{R}_P[\![fix_{\mathfrak{R}P}]\!])[x_1/D_P(t_1),...,x_n/D_P(t_n)](R_{fi})$, denn $fix_{\mathfrak{R}P}$ ist Fixpunkt,
$= d(\mathfrak{R}_{F1}[\![fix_{\mathfrak{R}P}]\!],...,\mathfrak{R}_{Fk}[\![fix_{\mathfrak{R}P}]\!])[...](R_{fi})$, mit Definition *2.3.15*,
$= d'[x_1/D_P(t_1),...,x_n/D_P(t_n)](R_{fi})$, für jede D_P-Variablenbelegung d',
$= d'(\sigma(R_{fi}))$, mit dem Substitutionslemma *1.2.1*,
$= D_P(\sigma(R_{fi}))$, denn $\sigma(R_{fi})$ ist variablenfrei. √

Die restlichen Fälle t=*pred*(...) und $t=eq_{nat}(...)$ zeigt man entsprechend. √ √ ♦

Der Nachweis der Vollständigkeit des Auswertungskalküls gestaltet sich nicht so einfach wie der Korrektheitsnachweis. Wir beginnen mit einer Eigenschaft des Interpretierers $eval_P$, die für den Vollständigkeitsbeweis hilfreich ist, vgl. Bild *2.4.1*:

Lemma 2.4.2
Sei $P \in \mathcal{FP}$, seien $t,r \in \mathcal{T}(\Sigma(P))$ und sei $\Pi=\{\pi_1,...,\pi_k\}$ mit $eval_P(t) \neq \infty$, $\pi_i \in Occ(t)$, $eval_P(t|_{\pi i})=eval_P(r)$ und $\pi_i \perp_{\mathbb{N}*} \pi_h$ für alle $i,h \in \{1,...,k\}$ mit $i \neq h$. Dann gilt $eval_P(t) = eval_P(t[\pi_1 \leftarrow r],...,[\pi_k \leftarrow r])$.

Beweis Sei $\gg \subset \mathcal{T}(\Sigma(P)) \times \mathcal{T}(\Sigma(P))$ mit $s_1 \gg s_2$ gdw. $eval_P(s_1) \neq \infty \neq eval_P(s_2)$ sowie $|s_1|_P > |s_2|_P$ oder ($|s_1|_P=|s_2|_P$ und $s_1 >_{\mathcal{T}} s_2$). Dann ist $\gg$ mit Lemma *1.4.3(ii)* fundiert, und wir zeigen die Behauptung durch Noethersche Induktion über $\gg$:

Induktionsanfang t ist $\gg$-minimal: Es gilt $t \in \Sigma^c$ und damit $\Pi=\{\varepsilon\}$. Man erhält $eval_P(t)=eval_P(t|_\varepsilon)=eval_P(r)=eval_P(t[\varepsilon \leftarrow r])$. √

Induktionsschritt t ist nicht $\gg$-minimal: Für $\Pi=\{\varepsilon\}$ gilt die Behauptung wie im Induktionsanfang. Sei jetzt $\Pi=\{j_1\pi_1',...,j_k\pi_k'\}$ für gewisse $j_1,...,j_k \in \mathbb{N}$ und gewisse $\pi_1',..., \pi_k' \in \mathbb{N}^*$.

Fall $t=succ(t_1)$: Es gilt $j_1=...=j_k=1$ und mit $t|_{\pi i}=t_1|_{\pi i'}$ gilt $eval_P(t_1|_{\pi i'})= eval_P(r)$. Mit $|t|_P=|t_1|_P$, vgl. Übung *2.2.4(iv)*, und $t >_{\mathcal{T}} t_1$ ist die Induktionshypothese anwendbar und man erhält $eval_P(t_1)=eval_P(t_1[\pi_1' \leftarrow r],...,[\pi_k' \leftarrow r])$. Damit gilt

$$\begin{aligned} eval_P(t) &= succ(eval_P(t_1)) \\ &= succ(eval_P(t_1[\pi_1' \leftarrow r],...,[\pi_k' \leftarrow r])) \\ &= eval_P(succ(t_1[\pi_1' \leftarrow r], ... , [\pi_k' \leftarrow r])) \\ &= eval_P(t[\pi_1 \leftarrow r], ... ,[\pi_k \leftarrow r]), \text{ vgl. Übung } 2.2.5(ii). \quad \surd \end{aligned}$$

Fall $t=eq_{nat}(t_1, t_2)$: Es gilt o.B.d.A. $j_1=...=j_h=1$ und $j_{h+1}=...=j_k=2$ für ein $h\in\{0, ...,k\}$. Für $j_i=1$ gilt $t|_{\pi i}=t_1|_{\pi i'}$ und damit $eval_P(t_1|_{\pi i'})=eval_P(r)$, und für $j_i=2$ gilt $t|_{\pi i}=t_2|_{\pi i'}$ und damit $eval_P(t_2|_{\pi i'})=eval_P(r)$. Mit $|t|_P > |t_1|_P$ und $|t|_P>|t_2|_P$, vgl. Übung *2.2.4(ii)*, ist die Induktionshypothese anwendbar und man erhält $eval_P(t_1) = eval_P(t_1[\pi_1'\leftarrow r],...,[\pi_h'\leftarrow r])$ sowie $eval_P(t_2) = eval_P(t_2[\pi_{h+1}'\leftarrow r],...,[\pi_k'\leftarrow r])$. Damit gilt, vgl. Übung *2.2.5(ii)*,

$$\begin{aligned}
eval_P(t) &= eval_P(eq_{nat}(eval_P(t_1),eval_P(t_2)))\\
&= eval_P(eq_{nat}(eval_P(t_1[\pi_1'\leftarrow r],...,[\pi_h'\leftarrow r]),\\
&\qquad eval_P(t_2[\pi_{h+1}'\leftarrow r],...,[\pi_k'\leftarrow r])))\\
&= eval_P(eq_{nat}(t_1[\pi_1'\leftarrow r],...,[\pi_h'\leftarrow r],\\
&\qquad t_2[\pi_{h+1}'\leftarrow r],...,[\pi_k'\leftarrow r]))\\
&= eval_P(t[\pi_1\leftarrow r],...,[\pi_k\leftarrow r]). \quad \surd
\end{aligned}$$

Fall $t=f(t_1,...,t_n)$: Es gibt Indizes $h_1,...,h_{n-1}\in\{0,...,k\}$, so daß für alle $i\in\{1,..., k\}$ o.B.d.A. $j_i=1$ für $i\leq h_1$, $j_i=m$ für $h_{m-1}<i\leq h_m$ und $m\in\{2,...,n-1\}$ sowie $j_i=n$ für $h_{n-1}<i\leq k$. Wir definieren $\Pi_i := \{\pi\pi_i'\in\mathbb{N}^* \mid \pi\in \mathrm{Occ}(R_f)$ und $R_f|_\pi=x_{ji}\}$ für alle $i\in\{1,...,k\}$ sowie $\Pi':=\Pi_1\cup...\cup\Pi_k$. Mit $\sigma:= \{x_1/t_1,...,x_n/t_n\}$ gilt $eval_P(\sigma(R_f)|_\rho)=eval_P(r)$ für alle $\rho\in\Pi'$ und mit $t\rightarrow_P\sigma(R_f)$ gilt $|t|_P>|\sigma(R_f)|_P$, vgl. Übung *2.2.4(i)*. Damit ist die Induktionshypothese anwendbar und man erhält $eval_P(\sigma(R_f))=eval_P(\sigma(R_f)[\rho_1\leftarrow r],...,[\rho_h\leftarrow r])$ für $\Pi'=\{\rho_1,...,\rho_h\}$. Mit

$$\begin{aligned}
\theta := \{ & x_1/t_1[\pi_1'\leftarrow r],...,[\pi_{h1}'\leftarrow r]\\
& ,\ldots,\\
& x_m/t_m[\pi_{hm-1+1}'\leftarrow r],...,[\pi_{hm}'\leftarrow r]\\
& ,\ldots,\\
& x_n/t_n[\pi_{hn-1+1}'\leftarrow r],...,[\pi_k'\leftarrow r] \}
\end{aligned}$$

gilt $\theta(R_f)=\sigma(R_f)[\rho_1\leftarrow r],...,[\rho_h\leftarrow r]$ sowie $t[\pi_1\leftarrow r],...,[\pi_k\leftarrow r] \rightarrow_P \theta(R_f)$ und man erhält damit, vgl. Übung *2.2.5(i)*,

$$\begin{aligned}
eval_P(t) &= eval_P(\sigma(R_f))\\
&= eval_P(\sigma(R_f)[\rho_1\leftarrow r],...,[\rho_h\leftarrow r])\\
&= eval_P(\theta(R_f))\\
&= eval_P(t[\pi_1\leftarrow r],...,[\pi_k\leftarrow r]). \quad \surd
\end{aligned}$$

Die restlichen Fälle $t=pred(...)$ und $t=if_s(...)$ zeigt man entsprechend. √ √ ♦

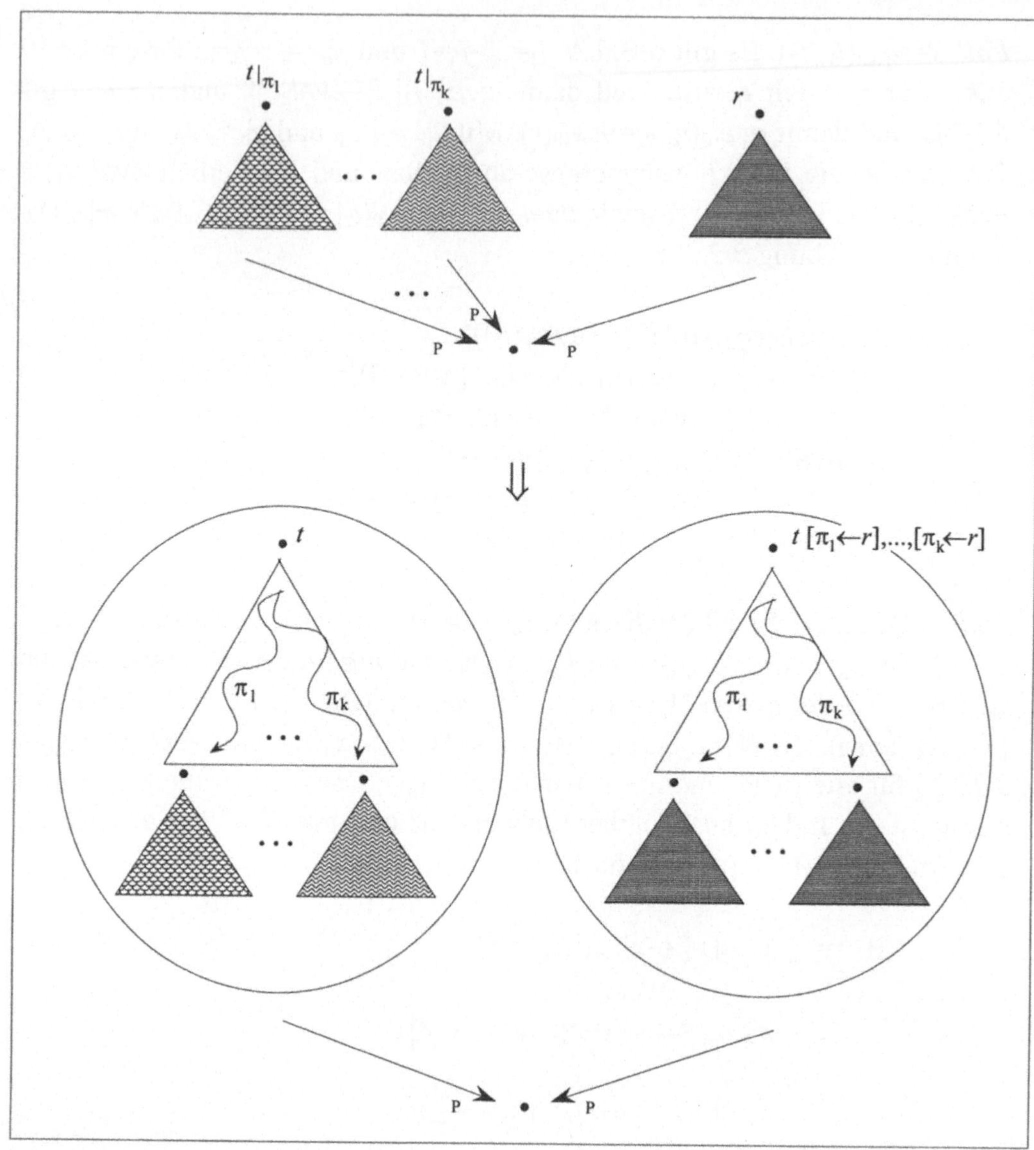

Bild 2.4.1 Zur Aussage von Lemma *2.4.2*

Insbesondere darf man mit Lemma *2.4.2* in einem *auswertbaren* Term t einen Teilterm $t|_\pi$ durch einen Term r mit gleicher Auswertung ersetzen, ohne das Ergebnis der Auswertung zu ändern. Wir verstärken dieses Resultat noch und zeigen, daß die Behauptung für *beliebige* Terme t gilt:

Korollar 2.4.3
Sei $P \in \mathcal{FP}$, seien $t, r \in \mathcal{T}(\Sigma(P))$ und sei $\pi \in Occ(t)$ mit $eval_P(t|_\pi) = eval_P(r)$. Dann gilt $eval_P(t) = eval_P(t[\pi \leftarrow r])$.

Beweis Für $eval_P(t) \neq \infty$ gilt die Behauptung mit Lemma *2.4.2*. Angenommen, es gibt Terme $t', r \in \mathcal{T}(\Sigma(P))$ und ein $\pi \in Occ(t')$ mit $eval_P(t'|_\pi) = eval_P(r)$, $eval_P(t') = \infty$ und $eval_P(t'[\pi \leftarrow r]) \neq \infty$. Für $t := t'[\pi \leftarrow r]$ gilt dann $eval_P(t) \neq \infty$ sowie $eval_P(t|_\pi) = eval_P(r) = eval_P(t'|_\pi)$ und man erhält $eval_P(t) = eval_P(t[\pi \leftarrow t'|_\pi])$ mit Lemma *2.4.2*. Mit $t[\pi \leftarrow t'|_\pi] = t'[\pi \leftarrow t'|_\pi] = t'$ gilt folglich $eval_P(t') \neq \infty$. ↯ ♦

Der Auswertungskalkül ist genau dann *vollständig*, wenn $eval_P(t) = D_P(t)$ für alle funktionalen Programme P und alle Terme $t \in \mathcal{T}(\Sigma(P))$ mit $D_P(t) \neq ø$ gilt. Das Problem, diese Behauptung nachzuweisen, besteht darin, daß wir D_P durch eine "*unendliche Konstruktion*" gewonnen haben, indem wir die Funktionssymbole eines funktionalen Programms P mit der *kleinsten oberen Schranke* $fix_{\mathfrak{R}_P}$ der *Iterationsfolge* des Funktionals $\mathfrak{R}_P$ gedeutet haben. Wir führen daher in einem Zwischenschritt die Deutung der Funktionssymbole – anstatt auf den *Grenzwert* der Iterationsfolge – auf die *Glieder* der Iterationsfolge zu $\mathfrak{R}_P$ zurück. Man kommt so zu einer "*endlichen Konstruktion*" für die Deutung der Funktionssymbole eines funktionalen Programms. Wir definieren dazu für $h=0,1,2,...$ eine Folge von $\Sigma(P)$-Algebren $D_{P,h}$, die ein funktionales Programm P – anstatt durch $fix_{\mathfrak{R}_P}$ – durch das h.te Element der Iterationsfolge zu $\mathfrak{R}_P$ deuten. Die $\Sigma(P)$-Algebren $D_{P,h}$ können als *endliche Approximationen* der $\Sigma(P)$-Algebra D_P aufgefaßt werden. Wir werden nachweisen, daß der Auswertungskalkül bzgl. jeder dieser Approximationen vollständig ist, d.h., daß $eval_P(t) = D_{P,h}(t)$ für alle funktionalen Programme P und alle Terme $t \in \mathcal{T}(\Sigma(P))$ mit $D_{P,h}(t) \neq ø$ gilt. Anschließend wird gezeigt, daß für jeden Term $t \in \mathcal{T}(\Sigma(P))$ unendliche viele Approximationen $D_{P,m}$ mit $D_{P,m}(t) = D_P(t)$ existieren. Mit diesen beiden Resultaten folgt dann unmittelbar die Vollständigkeit des Auswertungskalküls bzgl. der $\Sigma(P)$-Algebra D_P.

Definition 2.4.1 ($\Sigma(P)$-Algebra $D_{P,h}$)
Sei $P = \langle F_1, ..., F_k \rangle$ ein funktionales Programm, so daß für alle $j \in \{1,...,k\}$

$$F_j = \textbf{function}\ f_j(x_j^*{:}w_j){:}s_j \Leftarrow R_{fj}$$

eine Funktionsprozedur für f_j ist. Dann ist für jedes $w \in \mathcal{S}^*$, jedes $s \in \mathcal{S}$, jedes $f \in \Sigma_{w,s}$ und jedes $h \in \mathbb{N}$ die Abbildung $\delta_{P,h,f} : \mathcal{D}_w \rightarrow \mathcal{D}_s$ definiert durch

$$\delta_{P,h,f}(d^*) := \begin{cases} \delta_{BM,f}(d^*) & \text{, falls } f \in \Sigma_{(BM)} \\ \varnothing_s & \text{, falls } h=0 \text{ und } f=f_j \text{ für ein } j \in \{1,...,k\} \\ \Re_{Fj}[\![\Phi_{P,h-1}]\!](d^*) & \text{, falls } h>0 \text{ und } f=f_j \text{ für ein } j \in \{1,...,k\}\text{ ,} \end{cases}$$

wobei $\langle\Phi_{P,i}\rangle_{i\in\mathbb{N}}$ die Iterationsfolge zu $\Re_P$ ist. Die $\Sigma(P)$-Algebra $D_{P,h}$ ist definiert als $(\mathcal{D},\delta_{P,h})$. ♦

Der Index h repräsentiert die "Güte" der Approximation $D_{P,h}$, denn je größer h ist, desto mehr Terme werden durch $D_{P,h}$ genauso wie durch D_P gedeutet. Wir zeigen jetzt, daß durch *Auswertung* eines Terms t die "Güte" reduziert werden kann, ohne die Deutung von t zu verändern:

Lemma 2.4.4
Sei $P\in\mathcal{FP}$ und $h\in\mathbb{N}$. Dann existiert für jeden Term $t\in\mathcal{T}(\Sigma(P))$ ein Term $r\in\mathcal{T}(\Sigma(P))$ mit $D_{P,h+1}(t)=D_{P,h}(r)$ und $eval_P(t)=eval_P(r)$.

Beweis Wir zeigen die Behauptung durch strukturelle Induktion über t:

Induktionsanfang $t\in\Sigma^c$: Es gilt $D_{P,h+1}(t)=D_{BM}(t)=D_{P,h}(t)$ und mit $r:=t$ dann die Behauptung. √

Induktionsschritt $t\notin\Sigma^c$: Es gilt $t=f(t_1,...,t_n)$ und wir dürfen die Existenz eines Terms r_i mit $D_{P,h+1}(t_i)=D_{P,h}(r_i)$ und $eval_P(t_i)=eval_P(r_i)$ für jedes $i\in\{1,..., n\}$ als Induktionshypothese annehmen:

Fall $f\in\Sigma(BM)$: Es gilt

$$\begin{aligned} & D_{P,h+1}(f(t_1,...,t_n)) \\ & = \delta_{P,h+1,f}(D_{P,h+1}(t_1),...,D_{P,h+1}(t_n)) \\ & = \delta_{BM,f}(D_{P,h+1}(t_1),...,D_{P,h+1}(t_n)) && \text{, mit Definition } 2.4.1\text{,} \\ & = \delta_{BM,f}(D_{P,h}(r_1),...,D_{P,h}(r_n)) && \text{, nach Induktionsvoraussetzung,} \\ & = \delta_{P,h,f}(D_{P,h}(r_1),...,D_{P,h}(r_n)) && \text{, mit Definition } 2.4.1\text{,} \\ & = D_{P,h}(f(r_1,...,r_n))\ . \end{aligned}$$

Mit $eval_P(t_1)=eval_P(r_1),...,eval_P(t_n)=eval_P(r_n)$ und Korollar *2.4.3* gilt auch $eval_P(f(t_1,...,t_n)) =eval_P(f(r_1,...,r_n))$. √

Fall $f \notin \Sigma(\mathsf{BM})$: Für $P=\langle F_1,...,F_k\rangle$ gibt es ein $j \in \{1,...,k\}$ mit $f=f_j$ und man erhält für $\rho:=\{x_1/r_1,...,x_n/r_n\}$

$$
\begin{aligned}
&D_{P,h+1}(f_j(t_1,...,t_n)) \\
&= \delta_{P,h+1,fj}(D_{P,h+1}(t_1),...,D_{P,h+1}(t_n)) \\
&= \delta_{P,h+1,fj}(D_{P,h}(r_1),...,D_{P,h}(r_n)) && \text{, nach Induktionsvoraussetzung,} \\
&= \Re_{Fj}[\![\Phi_{P,h}]\!](D_{P,h}(r_1),...,D_{P,h}(r_n)) && \text{, mit Definition } 2.4.1.
\end{aligned}
$$

Fall $h=0$: Wir erhalten mit $\omega_{wi,si} := \omega_{\mathcal{D}wi \to \mathcal{D}si}$

$$
\begin{aligned}
&\Re_{Fj}[\![\Phi_{P,0}]\!](D_{P,0}(r_1),...,D_{P,0}(r_n)) \\
&= \Re_{Fj}[\![(\omega_{w1,s1},...,\omega_{wk,sk})]\!](D_{P,0}(r_1),...,D_{P,0}(r_n)) && \text{, Definition } 2.3.13, \\
&= d(\omega_{w1,s1},...,\omega_{wk,sk})[x_1/D_{P,0}(r_1),...,x_n/D_{P,0}(r_n)](R_{fj}) && \text{, Definition } 2.3.15, \\
&= d'[x_1/D_{P,0}(r_1),...,x_n/D_{P,0}(r_n)](R_{fj}) && \text{, für jede } D_{P,0}\text{-Variablenbelegung } d', \\
&= d'(\rho(R_{fj})) && \text{, mit dem Substitutionslemma } 1.2.1, \\
&= D_{P,0}(\rho(R_{fj})) && \text{, denn } \rho(R_{fj}) \text{ ist variablenfrei.} \quad \surd
\end{aligned}
$$

Fall $h \neq 0$: Es gilt $\Phi_{P,h}=\Re_P[\![\Phi_{P,h-1}]\!]=(\Re_{F1}[\![\Phi_{P,h-1}]\!],...,\Re_{Fk}[\![\Phi_{P,h-1}]\!])$ und wir erhalten

$$
\begin{aligned}
&\Re_{Fj}[\![\Phi_{P,h}]\!](D_{P,h}(r_1),...,D_{P,h}(r_n)) \\
&= d(\Phi_{P,h})[x_1/D_{P,h}(r_1),...,x_n/D_{P,h}(r_n)](R_{fj}) && \text{, Definition } 2.3.15, \\
&= d(\Re_P[\![\Phi_{P,h-1}]\!])[x_1/D_{P,h}(r_1),...,x_n/D_{P,h}(r_n)](R_{fj}) && \text{, Definition } 2.3.13, \\
&= d(\Re_{F1}[\![\Phi_{P,h-1}]\!],...,\Re_{Fk}[\![\Phi_{P,h-1}]\!])[...](R_{fj}) && \text{, Definition } 2.3.15, \\
&= d'[x_1/D_{P,h}(r_1),...,x_n/D_{P,h}(r_n)](R_{fj}) && \text{, für jede } D_{P,h}\text{-Variablenbelegung } d', \\
&= d'(\rho(R_{fj})) && \text{, mit dem Substitutionslemma } 1.2.1, \\
&= D_{P,h}(\rho(R_{fj})) && \text{, denn } \rho(R_{fj}) \text{ ist variablenfrei.} \quad \surd
\end{aligned}
$$

Für $\sigma=\{x_1/t_1,...,x_n/t_n\}$ gilt $t \to_P \sigma(R_{fj})$ und folglich $eval_P(f_j(t_1,...,t_n)) = eval_P(\sigma(R_{fj}))$. Mit $eval_P(t_1) = eval_P(r_1)$, ..., $eval_P(t_n) = eval_P(r_n)$ und Korollar *2.4.3* gilt dann $eval_P(\sigma(R_{fj})) = eval_P(\rho(R_{fj}))$ und folglich $eval_P(f_j(t_1,...,t_n)) = eval_P(\rho(R_{fj}))$. √ √ ♦

Mit Lemma *2.4.4* zeigen wir jetzt, daß der Auswertungskalkül bzgl. jeder $\Sigma(P)$-Algebra $D_{P,h}$ vollständig ist:

Lemma 2.4.5

Sei $P \in \mathcal{FP}$, $t \in \mathcal{T}(\Sigma(P))$ und $h \in \mathbb{N}$ mit $D_{P,h}(t) \neq \emptyset$. Dann gilt $eval_P(t)=D_{P,h}(t)$.

Beweis Wir zeigen die Behauptung durch Induktion über h:

Induktionsanfang $h=0$: Wir zeigen "$D_{P,0}(t)\neq\emptyset \Rightarrow eval_P(t)=D_{P,0}(t)$" durch strukturelle Induktion über t: Für $t\in\Sigma^c$ gilt $eval_P(t)=t=D_{BM}(t)=D_{P,0}(t)$ und damit ist der Induktionsanfang bewiesen. Im Induktionsschritt gilt $t=f(t_1,...,t_n)$ mit $f\in\Sigma(BM)$, denn $D_{P,0}(t)\neq\emptyset$, und wir dürfen "$D_{P,0}(t_i)\neq\emptyset \Rightarrow eval_P(t_i)= D_{P,0}(t_i)$" für jedes $i \in\{1,...,n\}$ als Induktionshypothese annehmen.

Fall $t=succ(t_1)$: Es gilt $D_{P,0}(succ(t_1))=\delta_{BM,succ}(D_{P,0}(t_1))$ und mit $D_{P,0}(t)\neq \emptyset$ dann $D_{P,0}(t_1)\neq\emptyset$. Mit der Induktionshypothese erhält man $eval_P(t_1)= D_{P,0}(t_1)$ und damit dann $eval_P(succ(t_1))=succ(eval_P(t_1))=succ(D_{P,0}(t_1))= D_{P,0}(succ(t_1))$. √

Fall $t=if_s(b, p_1, p_2)$: Es gilt $D_{P,0}(if_s(b, p_1, p_2))=\delta_{BM,ifs}(D_{P,0}(b), D_{P,0}(p_1), D_{P,0}(p_2))$ und mit $D_{P,0}(t)\neq\emptyset$ dann $D_{P,0}(b)\neq\emptyset$, $D_{P,0}(p_1)\neq\emptyset$ falls $D_{P,0}(b)=true$ und $D_{P,0}(p_2)\neq\emptyset$ sonst. Mit der Induktionshypothese erhält man $eval_P(b)=D_{P,0}(b)$, $eval_P(p_1)= D_{P,0}(p_1)$ für $D_{P,0}(b)=true$ und $eval_P(p_2)=D_{P,0}(p_2)$ für $D_{P,0}(b)=false$. Folglich gilt $eval_P(if_s(b, p_1, p_2))=eval_P(p_i)=D_{P,0}(p_i)=D_{P,0}(if_s(b, p_1, p_2))$. √

Die restlichen Fälle $t=pred(...)$ und $t=eq_{nat}(...)$ zeigt man entsprechend. √ √

Induktionsschritt $h>0$: Mit Lemma *2.4.4* existiert ein $r\in\mathcal{T}(\Sigma(P))$, so daß $D_{P,h}(t)= D_{P,h-1}(r)$ und $eval_P(t)=eval_P(r)$. Mit $D_{P,h}(t)\neq\emptyset$ gilt $D_{P,h-1}(r)\neq\emptyset$ und mit der Induktionshypothese dann $eval_P(r)=D_{P,h-1}(r)$. Also gilt $eval_P(t)=D_{P,h}(t)$. √ √ ♦

Wir beweisen nun, daß es für jeden Term $t\in\mathcal{T}(\Sigma(P))$ unendlich viele $\Sigma(P)$-Algebren $D_{P,m}$ gibt, die t genauso wie $D_P(t)$ deuten:

Lemma 2.4.6
Sei $P\in\mathcal{FP}$ und $t\in\mathcal{T}(\Sigma(P))$. Dann gibt es ein $h\in\mathbb{N}$ mit $D_P(t)=D_{P,m}(t)$ für alle $m\geq h$.

Beweis Wir zeigen die Behauptung durch strukturelle Induktion über t:

Induktionsanfang $t\in\Sigma^c$: Es gilt $D_P(t)=D_{BM}(t)=D_{P,m}(t)$ für alle m. √

Induktionsschritt $t\notin\Sigma^c$: Es gilt $t=f(t_1,...,t_n)$, damit $D_P(t)=\delta_{P,f}(D_P(t_1),..., D_P(t_n))$ und mit der Induktionshypothese gibt es für jedes $i\in\{1,...,n\}$ ein $h_i\in\mathbb{N}$, so daß $D_P(t_i)= D_{P,mi}(t_i)$ für alle $m_i\geq h_i$:

Fall $f \in \Sigma(\mathsf{BM})$: Es gilt

$$\begin{aligned}
& D_P(f(t_1,...,t_n)) \\
&= \delta_{\mathsf{BM},f}(D_P(t_1),...,D_P(t_n)) \\
&= \delta_{\mathsf{BM},f}(D_{P,h1}(t_1),...,D_{P,hn}(t_n)) && \text{, nach Induktionsvoraussetzung,} \\
&= \delta_{\mathsf{BM},f}(D_{P,h}(t_1),...,D_{P,h}(t_n)) && \text{, } h{:=}max\{h_1,...,h_n\}, \\
&= \delta_{\mathsf{BM},f}(D_{P,m}(t_1),...,D_{P,m}(t_n)) && \text{, für alle } m \geq h, \\
&= \delta_{P,m,f}(D_{P,m}(t_1),...,D_{P,m}(t_n)) && \text{, mit Definition } 2.4.1, \\
&= D_{P,m}(f(t_1,...,t_n)) && \text{, mit Definition } 2.4.1. \quad \surd
\end{aligned}$$

Fall $f \notin \Sigma(\mathsf{BM})$: Für $P=\langle F_1,...,F_k\rangle$ gibt es ein $j \in \{1,...,k\}$ mit $f=f_j$. Es gilt

$$\begin{aligned}
& D_P(f_j(t_1,...,t_n)) \\
&= \delta_{P,fj}(D_P(t_1),...,D_P(t_n)) \\
&= \Re_{Fj}[\![fix_{\Re P}]\!](D_P(t_1),...,D_P(t_n)) && \text{, mit Definition } 2.3.16, \\
&= \Re_{Fj}[\![sup_i\langle\Phi_{P,i}\rangle]\!](D_P(t_1),...,D_P(t_n)) && \text{, mit dem Fixpunktsatz } 2.3.11, \\
&= sup_i\langle\Re_{Fj}[\![\Phi_{P,i}]\!]\rangle(D_P(t_1),...,D_P(t_n)) && \text{, mit Satz } 2.3.12, \\
&= \Re_{Fj}[\![\Phi_{P,h0}]\!](D_P(t_1),...,D_P(t_n)) && \text{, mit Korollar } 2.3.10, \\
&= \Re_{Fj}[\![\Phi_{P,h0}]\!](D_{P,h1}(t_1),...,D_{P,hn}(t_n)) && \text{, nach Induktionsvoraussetzung,} \\
&= \Re_{Fj}[\![\Phi_{P,h-1}]\!](D_{P,h}(t_1),...,D_{P,h}(t_n)) && \text{, mit } h{:=}max\{h_0,...,h_n\}+1, \\
&= \Re_{Fj}[\![\Phi_{P,m-1}]\!](D_{P,m}(t_1),...,D_{P,m}(t_n)) && \text{, für alle } m \geq h, \\
&= D_{P,m}(f_j(t_1,...,t_n)) && \text{, mit Definition } 2.4.1. \quad \surd \; \surd \; \blacklozenge
\end{aligned}$$

Der Vollständigkeitsnachweis für den Auswertungskalkül ist jetzt eine einfache Folgerung aus den beiden zuvor bewiesenen Lemmata:

Korollar 2.4.7 (Vollständigkeitssatz für $eval_P$)
Sei $P \in \mathcal{FP}$ und $t \in \mathcal{T}(\Sigma(P))$ mit $D_P(t) \neq ø$. Dann gilt $eval_P(t)=D_P(t)$.

Beweis Mit Lemma *2.4.6* gibt es ein $h \in \mathbb{N}$, so daß $D_P(t)=D_{P,h}(t)$ und mit Lemma *2.4.5* gilt $eval_P(t)=D_{P,h}(t)$. ♦

Mit der Korrektheit und Vollständigkeit des Auswertungskalküls kann jetzt die Äquivalenz von operationaler und denotationaler Semantik leicht gezeigt werden:

Satz 2.4.8 (Äquivalenzsatz für die Semantiken von $\mathcal{FP}$)
$\mathsf{sem}_{op}[\![P]\!] = \mathsf{sem}_{dn}[\![P]\!]$ für alle $P \in \mathcal{FP}$.

Beweis Sei $t \in \mathcal{T}(\Sigma(P))$. Dann gilt für $\mathsf{eval}_P(t) \neq \infty$ mit dem Korrektheitssatz *2.4.1* $\mathsf{eval}_P(t) = D_P(t)$ und folglich $\mathsf{sem}_{op}[\![P]\!](t) = \mathsf{sem}_{dn}[\![P]\!](t)$. Für $\mathsf{eval}_P(t) = \infty$ und $D_P(t) = \emptyset$ gilt die Behauptung trivialerweise. Für $\mathsf{eval}_P(t) = \infty$ und $D_P(t) \neq \emptyset$ gilt $\mathsf{eval}_P(t) = D_P(t)$ mit dem Vollständigkeitssatz *2.4.7* und damit $\mathsf{eval}_P(t) \neq \infty$. ↯ ♦

Mit dem Äquivalenzsatz dürfen wir nachfolgend von *der* Semantik $\mathsf{sem}[\![P]\!]$ eines funktionalen Programms P sprechen. Eine Unterscheidung zwischen beiden Konzepten ist jedoch trotzdem sinnvoll, wenn wir unterschiedliche Aufgaben bezüglich der funktionalen Programmiersprache $\mathcal{FP}$ betrachten: Zur *Implementierung* von $\mathcal{FP}$ verwenden wir naheliegenderweise die *operationale Semantik* sem_{op}. Der Äquivalenzsatz garantiert dann, daß eine (korrekte) Implementierung auch das leistet, was aus theoretischer Sicht durch Angabe eines funktionalen Programms zu erwarten ist. Sind wir dagegen an der *Verifikation* funktionaler Programme interessiert, so werden wir die *denotationale Semantik* sem_{dn} verwenden. Mit $\mathsf{sem}_{op}[\![P]\!] = \mathsf{sem}_{dn}[\![P]\!]$ ist dabei sichergestellt, daß nur solche Aussagen über funktionale Programme verifiziert werden, die auch durch die Implementierung gewährleistet sind.

Übung 2.4.1
Zeigen Sie unter Verwendung von Übung *2.3.2(iv)*: Für alle $f \in \Sigma(P)_{w,s}$ mit $w = s_1 \dots s_n$, für alle $t_1 \dots t_n \in \mathcal{T}(\Sigma(P))_w$ und für alle $i \in \{1,\dots,n\}$ gilt

"Wenn $\mathsf{eval}_P(t_i) = \infty$, dann $\mathsf{eval}_P(f(t_1,\dots,t_n)) = \infty$ oder $\mathsf{eval}_P(f(t_1,\dots,t_n)) = \mathsf{eval}_P(f(t_1,\dots,t_{i-1},t,t_{i+1},\dots,t_n))$ für alle $t \in \mathcal{T}(\Sigma(P))_{si}$". ♦

Übung 2.4.2
Zeigen Sie folgende Behauptungen: Sei $f \in \Sigma(P)_{w,s}$ mit $w = s_1 \dots s_n$, sei $t_1 \dots t_n \in \mathcal{T}(\Sigma(P))_w$ und sei $t, r \in \mathcal{T}(\Sigma(P))_{si}$ mit $t \rightarrow_P^* r$. Dann gilt

(*i*) $\mathsf{eval}_P(f(t_1,\dots,t_{i-1},t,t_{i+1},\dots,t_n)) = \mathsf{eval}_P(f(t_1,\dots,t_{i-1},r,t_{i+1},\dots,t_n))$.
(*ii*) $\mathsf{eval}_P(f(t_1,\dots,t_{i-1},t,t_{i+1},\dots,t_n)) = \mathsf{eval}_P(f(t_1,\dots,t_{i-1},\mathsf{eval}_P(r),t_{i+1},\dots,t_n))$, falls $\mathsf{eval}_P(t) \neq \infty$. ♦

Übung 2.4.3
(*i*) Vervollständigen Sie den Beweis von Satz *2.4.1*.
(*ii*) Vervollständigen Sie den Beweis von Lemma *2.4.2*.

(*iii*) Vervollständigen Sie den Beweis von Lemma *2.4.5*. ♦

Übung 2.4.4

Diskutieren Sie die Konsequenzen, wenn Regel (*5*) im Auswertungskalkül von Definition *2.2.3* durch die Regel

$$(5') \quad \frac{eq_{\mathrm{nat}}(t_1, t_2)}{true} \qquad \text{, falls } t_1{=}t_2$$

ersetzt wird. ♦

2.5 Erweiterung von $\mathcal{FP}$ um Datenstrukturen

Zu Beginn dieses Kapitels haben wir die *Syntax* von $\mathcal{FP}$ definiert und in den nachfolgenden Abschnitten dann die *Semantik* von $\mathcal{FP}$. In diesem Abschnitt wollen wir jetzt die *Mächtigkeit* sowie die *Pragmatik* von $\mathcal{FP}$ untersuchen, d.h. zum einen die Frage, *welche Funktionen* durch funktionale Programme aus $\mathcal{FP}$ überhaupt *berechnet* werden können, und zum anderen die Frage, *wie gut $\mathcal{FP}$ zur Programmierung geeignet* ist.

Man kann leicht zeigen, daß mit Programmen aus $\mathcal{FP}$ jede *μ-rekursive* Funktion (und damit jede *Turing-berechenbare* Funktion) definiert werden kann, also jede - nach der *Church'schen These* - berechenbare Funktion: Offensichtlich ist jede *primitiv rekursive* Funktion durch ein funktionales Programm darstellbar. Für jede *charakteristische Funktion p*, gegeben durch

function $p(x^*{:}w, y{:}nat){:}bool \Leftarrow \ldots$,

definieren wir eine Funktionsprozedur

function $find\_p(x^*{:}w, y{:}nat){:}nat \Leftarrow if_{\mathrm{nat}}(p(x^*, y), y, find\_p(x^*, succ(y)))$,

mit der dann der *unbeschränkte μ-Operator* für *p* durch

```
function μ_p(x*:w):nat ⇐ find_p(x*, O)
```

als funktionales Programm angegeben werden kann. Damit können wir also jede berechenbare Funktion durch ein funktionales Programm aus $\mathcal{FP}$ darstellen, d.h. es gilt:

Satz 2.5.1 (Mächtigkeitssatz für $\mathcal{FP}$)

(*i*) Für jede μ-rekursive Funktion $\phi:\mathcal{T}(\Sigma^c)_w \mapsto \mathcal{T}(\Sigma^c)_s$ gibt es ein funktionales Programm $P\in\mathcal{FP}$ mit $\phi=\text{sem}[\![P]\!]$.

(*ii*) Für jedes funktionale Programm $P\in\mathcal{FP}$ ist $\text{sem}[\![P]\!]$ μ-rekursiv.

Beweis Übung. ♦

Übung 2.5.1

Zeigen Sie, daß jede primitiv-rekursive Funktion durch eine Funktionsprozedur aus $\mathcal{FP}$ berechnet werden kann. ♦

Mit dem Mächtigkeitssatz *2.5.1* können wir aus theoretischer Sicht durch eine Erweiterung von $\mathcal{FP}$ nichts mehr gewinnen. Anders verhält es sich dagegen mit der *Pragmatik* von $\mathcal{FP}$. Bezüglich *Kontrollstrukturen* ist $\mathcal{FP}$ schon recht "komfortabel". Beispielsweise sind wir nicht an ein (i.allg. umständliches) *primitiv-rekursives Schema* gebunden, wenn wir eine Funktionsprozedur definieren, die eine *primitiv-rekursive Funktion* berechnet. Beispielsweise berechnet F_{quot} =

```
function quot(x, y:nat):nat ⇐
    if y=0
      then 0
      else if x≥y then 1+ quot(x–y, y) else 0 fi
    fi
```

eine primitiv-rekursive *Funktion*, die *Funktionsprozedur* F_{quot} ist jedoch nicht primitiv-rekursiv.

Bezüglich *Datenstrukturen* ist die funktionale Programmiersprache $\mathcal{FP}$ jedoch ausdrucksschwach, denn wir können nur boolsche Werte und natürliche Zahlen direkt verwenden. In der Informatik häufig verwendete Datenstrukturen, wie etwa *lineare Listen*, *Bäume*, *Keller* usw., können nur *indirekt*, also durch eine Kodierung mit natürlichen Zahlen, dargestellt werden.

Endliche lineare Listen über natürlichen Zahlen müssen beispielsweise mittels einer *Gödelisierung* kodiert werden, bei der eine Liste $<n_1,...,n_k>$ durch die natürliche Zahl $p_1^{n1} \times ... \times p_k^{nk}$ (mit p_i= *i*.te Primzahl) repräsentiert wird. Solche Kodierungen sind unter pragmatischen Gesichtspunkten nicht akzeptabel, da

- ein Programmierer zusätzliche Funktionsprozeduren, die für das konkrete Programmierproblem irrelevant sind (wie etwa für die Berechnung von p_i), angeben muß,
- Programme durch die Verwendung solcher Hilfsprozeduren oft fehlerhaft sind,
- Programme durch die Verwendung solcher Hilfsprozeduren oft ineffizient sind, und
- Programme durch die Verwendung solcher Hilfsprozeduren schwieriger zu verifizieren sind.

Wir erweitern daher die funktionale Programmiersprache $\mathcal{FP}$ um ein Konzept zur Definition von Datenstrukturen: Bislang können nur die Datenstrukturen der Basismaschine BM verwendet werden, die formal durch die Konstruktorgrundterme aus $\mathcal{T}(\Sigma^c)_{bool}=\{true, false\}$ und $\mathcal{T}(\Sigma^c)_{nat}=\{O, succ(O), succ(succ(O)), ...\}$ gegeben sind. Durch Angabe weiterer Konstruktorfunktionssymbole definieren wir zusätzliche Datenstrukturen:

Beispielsweise können wir endliche lineare Listen über natürlichen Zahlen, die durch Elemente aus $\mathcal{T}(\Sigma^c)_{nat}$ repräsentiert werden, durch eine Menge

$$\begin{aligned}\mathcal{T}(\Sigma^c)_{list} = \{ & empty, add(O, add(O, empty)), ... , \\ & add(O, empty), add(succ(O), add(O, empty)), ... , \\ & add(succ(O), empty), add(succ(succ(O)), add(O, empty)), ... , \\ & add(succ(succ(O)), empty), ... \}\end{aligned}$$

von Konstruktorgrundtermen darstellen. Eine Liste $<n_1,...,n_k>$ (mit $n_i \in \mathcal{T}(\Sigma^c)_{nat}$) wird hier durch $add(n_1, add(n_2, add(... add(n_k, empty) ...)))$ repräsentiert, und *empty* steht für die *leere* Liste.

Wir führen also ein *neues Sortensymbol* $list \in \mathcal{S}$ sowie zwei neue Konstruktorfunktionssymbole $empty \in \Sigma^c_{\lambda,list}$ und $add \in \Sigma^c_{nat,list,list}$ ein, um lineare Listen (über natürlichen Zahlen) darzustellen. Um diese neuen Datenstrukturen auch in Funktionsprozeduren verwenden zu können, müssen wir noch Funktionen angeben, mit denen man Listen "zerlegen" kann. Wir definieren daher $head \in \Sigma^{d}_{list,nat}$ sowie $tail \in \Sigma^{d}_{list,list}$ und fordern $head(add(n, k))=n$ sowie $tail(add(n, k))=k$.

Um neue Datenstrukturen wie *list* zu definieren, verwenden wir Ausdrücke D_{list} der Form

structure *empty*, *add*(*head*:*nat*, *tail*:*list*):*list* .

Wir nennen D_{list} die *Definition der Datenstruktur* für *list* und erlauben zukünftig neben Funktionsprozeduren auch Datenstrukturdefinitionen in einem funktionalen Programm. Mit dieser Erweiterung von $\mathcal{FP}$ können wir jetzt beispielsweise einen einfachen Sortieralgorithmus für lineare Listen über natürlichen Zahlen durch ein funktionales Programm angeben:

Beispiel 2.5.1

Sei $P_{sort}=\langle D_{list}, F_{delete}, F_{ge}, F_{minimum}, F_{sort}\rangle$ ein funktionales Programm mit den Funktionsprozeduren F_{ge} wie in Beispiel *2.1.2* sowie

```
function delete(n:nat, k:list):list ⇐
    if k=empty
      then empty
      else if n=head(k)
             then tail(k)
             else add(head(k), delete(n, tail(k)))
           fi
    fi

function minimum(k:list):nat ⇐
    if k=empty
      then 0
      else if tail(k)=empty
             then head(k)
             else if head(k)≥head(tail(k))
                    then minimum(tail(k))
                    else minimum(add(head(k), tail(tail(k))))
                  fi
           fi
    fi
```

und

```
function sort(k:list):list ⇐
    if k=empty
      then empty
      else add(minimum(k), sort(delete(minimum(k), k)))
    fi .
```

Dann wird mit *delete*(n, k) ein Element n einer Liste k aus k entfernt, mit *minimum*(k) wird das Minimum einer nicht-leeren Liste k berechnet, und mit *sort*(k) wird schließlich eine Liste k sortiert. ♦

Bei Einführung eines neuen Sortensymbols s als Name für eine neue Datenstruktur müssen wir darauf achten, daß die zugehörige Menge der Grundterme $\mathcal{T}(\Sigma)_s$ der Sorte s nicht leer ist. Dies gewährleisten wir durch die Forderung nach *Striktheit* von Sortensymbolen:

Definition 2.5.1 (Strikte Sortensymbole)
Sei Σ eine $\mathcal{S}$-sortierte Signatur, $S_0 := \{s \in \mathcal{S} \mid \Sigma_{\lambda,s} \neq \emptyset\}$, $S_{i+1} := S_i \cup \{s \in \mathcal{S} \mid f \in \Sigma_{s1,\ldots,sn,s}$ für ein $f \in \Sigma$ sowie gewisse $s_1,\ldots,s_n \in S_i\}$ und sei $S^* := \cup_{i \in \mathbb{N}} S_i$. Dann ist $s \in \mathcal{S}$ *strikt* in Σ gdw. $s \in S^*$. ♦

Lemma 2.5.2
Sei Σ eine $\mathcal{S}$-sortierte Signatur und $s \in \mathcal{S}$ *strikt* in Σ. Dann gilt $\mathcal{T}(\Sigma)_s \neq \emptyset$.

Beweis Mit $s \in S^*$ gibt es einen *kleinsten* Index $i(s)$ mit $s \in S_{i(s)}$. Wir zeigen die Behauptung durch Induktion über $i(s)$:

Induktionsanfang $i(s)=0$: Dann gibt es ein $f \in \Sigma_{\lambda,s}$ und folglich gilt $f \in \mathcal{T}(\Sigma)_s$. √

Induktionsschritt $i(s)>0$: Dann gibt es ein $f \in \Sigma_{s1,\ldots,sn,s}$ mit $i(s_j)<i(s)$ für alle $j \in \{1, \ldots, n\}$. Mit der Induktionshypothese existiert dann für jedes $j \in \{1,\ldots,n\}$ ein Term $t_j \in \mathcal{T}(\Sigma)_{sj}$ und damit gilt $f(t_1,\ldots,t_n) \in \mathcal{T}(\Sigma)_s$. √ ♦

Damit können wir jetzt ein Definitionsprinzip für Datenstrukturen in funktionalen Programmen angeben:

Definition 2.5.2 (Funktionale Programme mit Datenstrukturen)
Für eine $\mathcal{S}$-sortierte Signatur Σ heißt ein Ausdruck D_s=

$$\textbf{structure} \quad cons_1(sel_{1,1}{:}s_{1,1}, \dots , sel_{1,n1}{:}s_{1,n1}) \\ , \dots , \\ cons_m(sel_{m,1}{:}s_{m,1}, \dots , sel_{m,nm}{:}s_{m,nm}) : s$$

die *Definition der Datenstruktur* für s über Σ gdw.

(*i*) $\{s_{1,1},\dots,s_{1,n1},\dots,s_{m,1},\dots,s_{m,nm},s\} \subset \mathcal{S}$,
(*ii*) $cons_i \in \Sigma^c{}_{si,1,\dots,si,ni,s}$ für alle $_i\in\{1,\dots,m\}$ und $cons_i \neq cons_j$ für $i\neq j$,
(*iii*) $sel_{i,j} \in \Sigma^d{}_{s,si,j}$ für alle $i\in\{1,\dots,m\}$ und alle $j\in\{1,\dots,n_i\}$, und $sel_{i,j}\neq sel_{i',j'}$ für $(i,j)\neq(i',j')$,
(*iv*) $eq_s \in \Sigma^d{}_{s,s,bool}$, und
(*v*) $if_s \in \Sigma^d{}_{bool,s,s,s}$.

Die Funktionssymbole $cons_i$ heißen die *Konstruktoren* von s, und die Funktionssymbole $sel_{i,j}$ sind die *Selektoren* (oder *Destruktoren*) von $cons_i$. Die Funktionssymbole eq_s und if_s benötigen wir, um die Identität sowie Fallunterscheidungen für die neuen Datenstrukturen s auszudrücken.

Eine Folge $P=\langle E_1,\dots,E_k\rangle$ von Funktionsprozeduren und Datenstrukturdefinitionen für $e_1,\dots,e_k$ mit $|\{e_1,\dots,e_k\}|=k$ heißt ein *funktionales Programm mit Datenstrukturen* gdw. für alle $i\in\{1,\dots,k\}$ E_i eine Funktionsprozedur oder eine Datenstrukturdefinition für e_i über einer $\mathcal{S}(P)$-sortierten Signatur $\Sigma(P)$ ist, wobei

$$\mathcal{S}(\mathsf{BM}) := \{bool, nat\} ,$$

$$\mathcal{S}(P) := \mathcal{S}(\mathsf{BM}) \cup \{s \mid P=\langle \dots , \textbf{structure} \dots{:}s, \dots \rangle\} ,$$

$$\Sigma(\mathsf{BM})^c := \{true, false, O, succ\} ,$$

$$\Sigma(\mathsf{BM})^d := \{pred, eq_{nat}, if_{bool}, if_{nat}\} ,$$

$$\Sigma(P)^c := \{cons \mid cons \text{ ist Konstruktor für ein } s\in\mathcal{S}(P)\} \text{ , und}$$

$$\Sigma(P)^d := \{f \mid P=\langle \dots , \textbf{function} f \dots , \dots \rangle\} \cup \\ \{sel \mid sel \text{ ist Selektor für ein } cons\in\Sigma(P)^c\} \cup \\ \{eq_s \mid s\in\mathcal{S}(P)\backslash\{bool\}\} \cup \{if_s \mid s\in\mathcal{S}(P)\} .$$

Als Sonderfall erlauben wir auch das *leere* Programm $P=\langle\rangle$ mit $\mathcal{S}(P)=\mathcal{S}(\mathsf{BM})$ und $\Sigma(P)=\Sigma(\mathsf{BM})$. $\mathcal{S}(P)$ ist die Menge der Sortensymbole (oder auch Datenstrukturen) des funktionalen Programms P. $\Sigma(P)^d$ ist die Menge aller *definierten* Funktionssymbole in P und $\Sigma(P)^c$ ist die Menge aller *Konstruktorfunktionssymbole* (oder kurz *Konstruktoren*) in P. Wir fordern für jedes funktionale Programm P:

(*vi*) jedes $s\in\mathcal{S}(P)$ ist *strikt* in $\Sigma(P)^c$, vgl. Definition *2.5.1*.

Für $s',s\in\mathcal{S}(P)$ definieren wir $s'<_{\mathcal{S}(P)}s$ gdw. $s'\in\{s_1,...,s_n\}$ für ein $cons\in\Sigma^c_{s1,...,sn,s}$, d.h. s' wird zur Definition von s verwendet. Eine Datenstruktur für s ist *rekursiv definiert* gdw. $s<_{\mathcal{S}(P)^+}s$. Für $s<_{\mathcal{S}(P)}s$ nennt man s auch *direkt* rekursiv definiert, und andernfalls ist s durch *gegenseitige* Rekursion (engl. *mutual recursion*) definiert.

Ein funktionales Programm P ist *rekursiv definiert* gdw. mindestens eine der Funktionsprozeduren in P rekursiv definiert ist, vgl. Definition *2.1.1*. Mit $\mathcal{FP}$ bezeichnen wir jetzt die Menge aller funktionalen Programme *mit Datenstrukturen*. ♦

Die Forderungen, die an funktionale Programme mit Datenstrukturen gestellt werden, garantieren, daß Funktionssymbole nicht mehrfach definiert werden können, denn $\Sigma^c\cap\Sigma^d=\varnothing$ und $\Sigma_{w,s}\cap\Sigma_{w',s'}=\varnothing$ für $ws\neq w's'$, vgl. Definition *1.1.2*. Mit Forderung (*i*) erlauben wir nur Datenstrukturen, die aus anderen definierten Datenstrukturen sowie der neu definierten Datenstruktur s zusammengesetzt sind. Mit Forderung (*vi*) wird $\mathcal{T}(\Sigma(P)^c)_s\neq\varnothing$ für jedes $s\in\mathcal{S}(P)$ garantiert, vgl. Lemma *2.5.2*. Andernfalls könnte man Datenstrukturen wie etwa

structure *new*(*old*:*void*):*void*

oder

structure *next*(*prev*:*sequence*):*direction*
structure *left*(*right*:*direction*): *sequence*

mit $\mathcal{T}(\Sigma(P)^c)_{\text{void}}=\mathcal{T}(\Sigma(P)^c)_{\text{direction}}=\mathcal{T}(\Sigma(P)^c)_{\text{sequence}}=\varnothing$ angeben. Da wir $\mathcal{T}(\Sigma(P)^c)_s$ jedoch als Trägermenge von Σ-Algebren verwenden, werden solche Datenstrukturen verboten, denn mit $\Sigma(P)^c_{\lambda,\text{void}}=\Sigma(P)^c_{\lambda,\text{direction}}=\Sigma(P)^c_{\lambda,\text{sequence}}=\varnothing$ sind weder *void* noch *direction* und *sequence* strikt in $\Sigma(P)^c$.

Für die weiteren Überlegungen ist es zweckmäßig, für jede Datenstruktur s einen bestimmten Konstruktorgrundterm aus $\mathcal{T}(\Sigma(P)^c)_s$ auszuzeichnen:

Definition 2.5.3 (Beispielterm ∇_s einer Datenstruktur s)
Wir definieren mit $\nabla_{bool} := true$ den *Beispielterm* von *bool* und mit $\nabla_{nat} := O$ den *Beispielterm* von *nat*. Für eine Datenstrukturdefinition D_s =

$$\textbf{structure} \quad cons_1(sel_{1,1}{:}s_{1,1}, \ldots, sel_{1,n1}{:}s_{1,n1}), \ldots, cons_m(sel_{m,1}{:}s_{m,1}, \ldots, sel_{m,nm}{:}s_{m,nm}) : s$$

definieren wir $i(s)$ wie im Beweis von Lemma *2.5.2* und damit dann den *Beispielterm* ∇_s von s als $cons_h(\nabla_{sh,1},\ldots,\nabla_{sh,nh})$ gdw.

(*i*) $cons_h \in \Sigma^c_{\lambda,s}$ und $cons_{h'} \notin \Sigma^c_{\lambda,s}$ für alle $h'<h$, oder andernfalls
(*ii*) $i(s_{h,j})<i(s)$ für alle $j\in\{1,\ldots,n_h\}$ und für alle $h'<h$ gibt es ein $j'\in \{1,\ldots,n_{h'}\}$, so daß $i(s_{h',j'})\geq i(s)$.

Für $w=s_1,\ldots,s_n \in \mathcal{S}(P)^+$ definieren wir $\nabla_w := \nabla_{s1}\ldots\nabla_{sn}$. ♦

Mit Forderung (*vi*) von Definition *2.5.2* ist garantiert, daß ∇_s für jede Datenstruktur s existiert, und damit gilt $\nabla_s \in \mathcal{T}(\Sigma^c)_s$. Ein Beispielterm ist von der *Zufälligkeit der Aufschreibung* bei Definition einer Datenstruktur abhängig: Für die Datenstrukturdefinition

structure *0*, *1* : *bit*

erhalten wir beispielsweise $\nabla_{bit} = 0$. Schreiben wir dagegen

structure *1*, *0* : *bit*

so gilt $\nabla_{bit} = 1$. Diese Zufälligkeiten sind für uns belanglos, da $\nabla_{bit} \in \mathcal{T}(\Sigma^c)_{bit}$ in jedem Fall gilt.

Beispiel 2.5.2

(*i*) Für ein funktionales Programm $P=\langle D_{\text{list}}\rangle$ mit der Datenstrukturdefinition

structure *empty*, *add*(*head*:*nat*, *tail*:*list*):*list*

ist *list* strikt in $\Sigma(P)^c$, denn $empty\in\Sigma(P)^c{}_{\lambda,list}$. Die Datenstruktur *list* ist direkt rekursiv definiert.

Die Funktionssymbole *empty* und $add\in\Sigma(P)_{nat,list,list}$ sind die Konstruktoren von *list* und $head\in\Sigma(P)_{list,nat}$ sowie $tail\in\Sigma(P)_{list,list}$ sind die Selektoren von *add*. *empty* ist der Beispielterm ∇_{list} von *list*.

Mit der Datenstruktur *list* werden lineare Listen über natürlichen Zahlen, die durch die Datenstruktur *nat* repräsentiert werden, objektsprachlich dargestellt.

(*ii*) Für ein funktionales Programm $P=\langle D_{\text{fsym}}, D_{\text{term}}, D_{\text{termlist}}\rangle$ mit den Datenstrukturdefinitionen

structure *create_fsym*(*name*:*nat*, *arity*:*nat*):*fsym*

structure *create_term*(*function*:*fsym*, *args*:*termlist*):*term*

structure *no_args*, *create_termlist*(*first*:*term*, *rest*:*termlist*):*termlist*

ist *fsym* strikt in $\Sigma(P)^c$, denn $create\_fsym\in\Sigma(P)^c{}_{\text{nat,nat,fsym}}$ und *nat* ist strikt in $\Sigma(P)^c$. Die Datenstruktur *termlist* ist strikt in $\Sigma(P)^c$, denn $no\_args\in\Sigma(P)^c{}_{\lambda,\text{termlist}}$. Mit $create\_term\in\Sigma(P)^c{}_{\text{fsym,termlist,term}}$ ist dann auch *term* strikt in $\Sigma(P)^c$.

Die Datenstruktur *fsym* ist nicht rekursiv definiert. Mit $term<_{S(P)}termlist<_{S(P)}term$ sind *term* und *termlist* gegenseitig rekursiv definierte Datenstrukturen.

Die Funktionssymbole $create\_fsym\in\Sigma(P)_{nat,nat,fsym}$, $create\_term\in\Sigma(P)_{\text{fsym,termlist,term}}$, $no\_args\in\Sigma(P)_{\lambda,\text{termlist}}$ und $create\_termlist\in\Sigma(P)_{term,\ termlist,termlist}$ sind Konstruktoren und die Funktionssymbole $name\in\Sigma(P)_{\text{fsym,nat}}$, $arity\in\Sigma(P)_{\text{fsym,nat}}$, $function\in\Sigma(P)^c{}_{\text{term,fsym}}$, $args\in\Sigma(P)_{\text{term,termlist}}$, $first\in\Sigma(P)_{\text{termlist,term}}$ und $rest\in\Sigma(P)^c{}_{\text{termlist,termlist}}$ sind Selektoren.

create_fsym(*O*, *O*) ist der Beispielterm ∇_{fsym} von *fsym*, *no_args* ist der Beispielterm ∇_{termlist} von *termlist* und damit ist *create_term*(*create_fsym*(*O*, *O*), *no_args*) der Beispielterm ∇_{term} von *term*.

Mit der Datenstruktur *fsym* wird eine (unsortierte) Signatur für Funktionssymbole repräsentiert, und mit der Datenstruktur *term* können dann Grundterme über dieser Signatur objektsprachlich dargestellt werden. ♦

Mit der Erweiterung der funktionalen Programmiersprache $\mathcal{FP}$ um Datenstrukturen müssen wir jetzt auch die Definition der Semantik funktionaler Programme entsprechend erweitern. Wir beginnen mit der operationalen Semantik und ergänzen den Auswertungskalkül um Regeln zur Behandlung von Datenstrukturen:

Definition 2.5.4 (Auswertungskalkül mit Datenstrukturen)
Der *Auswertungskalkül* eines funktionalen Programms $P \in \mathcal{FP}$ mit Datenstrukturen ist definiert durch

(*i*) Sprache : $(\mathcal{T}(\Sigma(P))_s \times \mathcal{T}(\Sigma(P)_s)_{s \in \mathcal{S}(P)}$

(*ii*) Ableitungsregeln :

(*1*) $\dfrac{cons_h(q_1,\ldots,q_j,\ldots,q_{nh})}{cons_h(q_1,\ldots,r,\ldots,q_{nh})}$, falls $q_j \rightarrow_P r$;

(*2*) $\dfrac{sel_{h',j'}(cons_h(q_1,\ldots,q_{nh}))}{\nabla_{s_{h',j'}}}$, falls $h' \neq h$ und $q_1 \ldots q_{nh} \in \mathcal{T}(\Sigma^c)_{sh,1,\ldots,sh,nh}$;

(*3*) $\dfrac{sel_{h,j}(cons_h(q_1,\ldots,q_{nh}))}{q_j}$, falls $q_1 \ldots q_{nh} \in \mathcal{T}(\Sigma^c)_{sh,1,\ldots,sh,nh}$;

(*4*) $\dfrac{sel_{h,j}(t)}{sel_{h,j}(r)}$, falls $t \rightarrow_P r$;

(*5*) $\dfrac{eq_{s'}(t_1, t_2)}{true}$, falls $t_1 = t_2$ und $t_1, t_2 \in \mathcal{T}(\Sigma^c)_{s'}$;

(*6*) $\dfrac{eq_{s'}(t_1, t_2)}{false}$, falls $t_1 \neq t_2$ und $t_1, t_2 \in \mathcal{T}(\Sigma^c)_{s'}$;

(*7*) $\dfrac{eq_{s'}(t_1, t_2)}{eq_{s'}(r_1, t_2)}$, falls $t_1 \rightarrow_P r_1$;

(*8*) $\dfrac{eq_{s'}(t_1, t_2)}{eq_{s'}(t_1, r_2)}$, falls $t_2 \rightarrow_P r_2$;

(*9*) $\dfrac{if_s(true, p_1, p_2)}{p_1}$

(*10*) $\dfrac{if_s(false, p_1, p_2)}{p_2}$

$$(11)\ \frac{if_s(b, p_1, p_2)}{if_s(b', p_1, p_2)}\ \text{, falls } b \rightarrow_P b'\text{;} \quad (12)\ \frac{f(u_1,\ldots,u_n)}{\sigma(R_f)}\ \text{, mit } \sigma=\{x_1/u_1,\ldots,x_n/u_n\}\text{;}$$

für alle Funktionsprozeduren **function** $f(x_1{:}s_1,\ldots,x_n{:}s_n){:}s_{n+1} \Leftarrow R_f$ in P, alle Datenstrukturdefinitionen **structure** ... , $cons_h(sel_{h,1}{:}s_{h,1}.,\ \ldots\ ,\ sel_{h,nh}{:}s_{h,nh})$, ... $:s$ in P und für alle $j \in \{1,\ldots,n_h\}$, $s' \in \mathcal{S}(P) \setminus \{bool\}$, $q_1 \ldots q_{nh} \in \mathcal{T}(\Sigma(P))_{sh,1,\ldots,sh,nh}$, $t,r \in \mathcal{T}(\Sigma)_{sh,j}$, $t_1,t_2,r_1,$ $r_2 \in \mathcal{T}(\Sigma(P))_{s'}$, $p_1,p_2 \in \mathcal{T}(\Sigma(P))_s$, $b,b' \in \mathcal{T}(\Sigma(P))_{bool}$ sowie $u_1 \ldots u_n \in \mathcal{T}(\Sigma(P))_{s1,\ldots,sn}$, wobei wir für *nat* fiktiv eine Datenstrukturdefinition **structure** *O*, *succ*(*pred*:*nat*) : *nat* und für *bool* fiktiv eine Datenstrukturdefinition **structure** *true* , *false* : *bool* in *P* annehmen.

Die Auswertungsrelation $\rightarrow_P$ und Auswertungsfolgen werden entsprechend Definition *2.2.3* definiert. ♦

Regel (*1*) aus Definition *2.5.4* verallgemeinert Regel (*1*) von Definition *2.2.3* auf beliebige (mehrstellige) Konstruktoren, und die Regeln (*2*) – (*4*) aus Definition *2.5.4* entsprechen den Regeln (*2*) – (*4*) von Definition *2.2.3* für die "neuen" Selektoren. Die Regeln (*5*) – (*11*) für die Behandlung von Gleichheit und bedingten Ausdrücken sind jetzt auch für Sorten, die durch Datenstrukturdefinitionen eingeführt werden, anwendbar. Regel (*12*) für Prozeduraufrufe wird unverändert übernommen.

Beispiel 2.5.3

Für ein funktionales Programm $P=\langle \ldots , D_{list}, \ldots \rangle$ mit der Datenstrukturdefinition

structure *empty*, *add*(*head*:*nat*, *tail*:*list*):*list*

enthält der Auswertungskalkül für alle $n,n' \in \mathcal{T}(\Sigma(P))_{nat}$ und für alle $k,k' \in \mathcal{T}(\Sigma(P))_{list}$ Regeln der Form

$$\frac{add(n, k)}{add(n', k)}\ \text{, falls } n \rightarrow_P n'\text{;} \qquad \frac{add(n, k)}{add(n, k')}\ \text{, falls } k \rightarrow_P k'\text{;}$$

$$\frac{head(empty)}{O} \qquad \frac{tail(empty)}{empty}$$

$$\frac{head(add(n, k))}{n}\ \text{, falls } n \in \mathcal{T}(\Sigma^c)_{nat} \text{ und } k \in \mathcal{T}(\Sigma^c)_{list}\,; \qquad \frac{tail(add(n, k))}{k}\ \text{, falls } n \in \mathcal{T}(\Sigma^c)_{nat} \text{ und } k \in \mathcal{T}(\Sigma^c)_{list}\,;$$

$$\frac{head(n)}{head(n')}\ \text{, falls } n \to_P n'\,; \qquad \frac{tail(k)}{tail(k')}\ \text{, falls } k \to_P k'\,. \quad \blacklozenge$$

Man zeigt leicht, daß Satz *2.2.2* auch für funktionale Programme mit Datenstrukturen gilt. Folglich können wir wie in Definition *2.2.4* die Auswertung von Grundtermen zu Konstruktorgrundtermen auch für funktionale Programme P mit Datenstrukturen durch eine *partielle* Auswertungsfunktion $eval_P$ angeben. Damit kann dann die operationale Semantik für funktionale Programme mit Datenstrukturen genauso angegeben werden, wie in Definition *2.2.5*.

Übung 2.5.2

(*i*) Zeigen Sie, daß Satz *2.2.2* auch für funktionale Programme mit Datenstrukturen gilt.

(*ii*) Sei P ein funktionales Programm mit Datenstrukturen, das keine Funktionsprozeduren enthält. Beweisen Sie, daß $\to_P$ fundiert ist. ♦

Übung 2.5.3

Bestimmen Sie für das funktionale Programm $P=\langle D_{list}\rangle$

$$\mathsf{sem}_{op}[\![P]\!](eq_{list}(tail(add(0, empty)), tail(add(outer(0), empty))))$$

und vergleichen Sie das Resultat mit dem Ergebnis, das man erhält, wenn Regel

$$(3) \quad \frac{sel_{h,j}(cons_h(q_1,\ldots,q_{nh}))}{q_j}$$

im Auswertungskalkül von Definition *2.5.4* für beliebige $q_1 \ldots q_{nh} \in \mathcal{T}(\Sigma(P))_{sh,1,\ldots,sh,nh}$ anwendbar ist. ♦

Übung 2.5.4

Wir definieren die *S-Expressions* der Programmiersprache LISP, also Binärbäume, deren Blätter aus LISP-Atomen bestehen, durch die Datenstrukturdefinition D_{sexpr} =

structure *atom*(*index*:*nat*), *nil*, *cons*(*car*:*sexpr*, *cdr*:*sexpr*):*sexpr* .

(*i*) Geben Sie alle Regeln an, die den Regeln (*1*) – (*4*) des Auswertungskalküls von Definition *2.5.4* entsprechen.

(*ii*) Geben Sie eine Funktionsprozedur **function** *flatten*(*x*:*sexpr*):*list* $\Leftarrow$ ... an, mit der jeder Binärbaum *x* in eine Liste überführt wird, die genau alle *index*-Bilder der Blätter von *x* enthält. ♦

Übung 2.5.5

(*i*) Geben Sie eine Datenstrukturdefinition D_{tree} = **structure** ... :*tree* an, mit der Sie Suchbäume über natürlichen Zahlen implementieren können.

(*ii*) Schreiben Sie ein funktionales Programm *P*=⟨ ... , **function** *insert*(*n*:*nat*, *t*:*tree*):*tree* $\Leftarrow$ ... , **function** *contained*(*n*:*nat*,*t*:*tree*):*bool* $\Leftarrow$... , **function** *delete*(*n*:*nat*,*t*:*tree*):*tree* $\Leftarrow$ ... ⟩, das die Einfügeoperation, die Elementrelation und die Löschoperation auf Suchbäumen implementiert. ♦

Zur Anpassung der denotationalen Semantik an funktionale Programme mit Datenstrukturen erweitert man die Σ-Algebra D_P entsprechend.

Übung 2.5.6

Erweitern Sie die Σ-Algebra D_P aus Definition *2.3.16*, so daß der Äquivalenzsatz *2.4.8* auch für funktionale Programme mit Datenstrukturen gilt. ♦

Mit der angegebenen Erweiterung von $\mathcal{FP}$ um Datenstrukturen ist die Ausdrucksstärke der funktionalen Programmiersprache jetzt für unsere Zwecke ausreichend. In Fällen, bei denen Eigenschaften von Datenstrukturen nicht *direkt* mit dem Definitionsprinzip von Definition *2.5.2* formuliert werden können, repräsentiert man diese Eigenschaften durch zusätzliche Funktionsprozeduren.

Beispielsweise können "kontextsensitive" Datenstrukturen, wie z.B. *Terme*, bei denen die *Anzahl* der Argumente mit der *Stelligkeit* eines Funktionssymbols übereinstimmen muß, nicht direkt angegeben werden. Für die Datenstruktur *term* aus Beispiel *2.5.2*(*ii*) definieren wir daher die Funktionsprozeduren

function *length*(*tl*:*termlist*):*nat* $\Leftarrow$ **if** *tl*=*no_args* **then** *0* **else** *1* + *length*(*rest*(*tl*)) **fi**

```
function well_formed_term(t:term):bool ⇐
  if arity(function(t))=length(args(t))
    then well_formed_termlist(args(t))
    else false
  fi

function well_formed_termlist(tl:termlist):bool ⇐
  if tl=no_args
    then true
    else if well_formed_term(first(tl))
           then well_formed_termlist(rest(tl))
           else false
         fi
  fi ,
```

mit denen man dann wohlgeformte Terme von syntaktisch inkorrekten Ausdrücken unterscheiden kann.

Durch die Definition von Datenstrukturen mittels Konstruktoren können wegen der festen Stelligkeit von Funktionssymbolen auch Datenstrukturen wie Vielwegbäume nicht direkt angegeben werden. Abhilfe ist hier etwa ein Baumkonstruktor, dessen Stelligkeit dem maximalen Verzweigungsgrad eines Vielwegbaums entspricht, falls der maximale Verzweigungsgrad von vornherein in einer Anwendung beschränkt ist.

Datenstrukturen, die mit Adressen arbeiten, also *Zeiger* (engl. *pointer*) oder *Felder* (engl. *arrays*), sind nicht direkt realisierbar. Solche Datenstrukturen lassen sich indirekt mittels linearer Listen implementieren, bei denen die Adressrechnung durch zusätzliche Funktionsprozeduren explizit gemacht werden muß.

Durch die Definition von Datenstrukturen mittels Konstruktoren ist die Gleichheit in einer Datenstruktur immer durch die *Identität* von Werten (also von Konstruktorgrundtermen) gegeben. Damit können z.B. *Mengen* nicht direkt definiert werden. Dieses Problem muß mit Funktionsprozeduren zur Definition einer eigenen Gleichheit (genaugenommen einer *Kongruenzrelation*) gelöst werden.

Übung 2.5.7

(*i*) Man kann Felder unbegrenzter Länge mit linearen Listen, wie etwa durch die Datenstrukturdefinition **structure** *empty*, *add*(*head*:*nat*, *tail*:*list*):*list* implementieren.

Schreiben Sie ein funktionales Programm $P=\langle$ ... , **function** *assign*(*array*:*list*, *index*:*nat*, *value*:*nat*):*list* $\Leftarrow$ ... , **function** *element*(*array*:*list*, *index*:*nat*): *nat* $\Leftarrow$... ... $\rangle$, das die Zuweisung und die Leseoperation von durch Listen implementierten Feldern implementiert.

(*ii*) Mengen von natürlichen Zahlen können ebenfalls durch die Datenstruktur *list* dargestellt werden. Im Unterschied zu Listen sind zwei Mengen genau dann gleich, wenn sie die gleichen Elemente enthalten. D.h. die Reihenfolge und die Anzahl der Vorkommen von Listenelementen ist für Mengen unerheblich.

Schreiben Sie ein funktionales Programm $P=\langle$ ... , **function** *same*(*set1*, *set2*:*list*):*bool* $\Leftarrow$ ... , **function** *insert*(*n*:*nat*, *set*:*list*):*list* $\Leftarrow$ ... , **function** *member*(*n*:*nat*, *set*:*list*):*bool* $\Leftarrow$... , **function** *delete*(*n*:*nat*, *set*:*list*):*list* $\Leftarrow$ ... $\rangle$, das die Gleichheit, die Einfügeoperation, die Elementrelation und die Löschoperation auf Mengen implementiert. ♦

2.6 Alternativen der Parameterübergabe

Wir betrachten noch einmal die Implementierung der funktionalen Programmiersprache $\mathcal{FP}$ durch den Interpretierer $eval_P$, vgl. Definitionen *2.2.3* und *2.2.4*: Prozeduraufrufe $f(u_1,...,u_n)$ einer Funktionsprozedur F=**function** $f(x_1{:}s_1,..., x_n{:}s_n){:}s \Leftarrow R_f$ werden dabei durch die Regel

$$(2.6.1) \qquad \frac{f(u_1,...,u_n)}{\sigma(R_f)} \qquad \text{, mit } \sigma=\{x_1/u_1,...,x_n/u_n\}\ ,$$

des Auswertungskalküls implementiert. Damit wird ein Prozeduraufruf $f(u_1,..., u_n)$ ausgeführt, indem im Rumpf R_f der Funktionsprozedur jedes Vorkommen eines formalen Parameters x_i durch den korrespondierenden aktuellen Parameter u_i ersetzt wird, und dann anschließend der so modifizierte Rumpf $\sigma(R_f)$ ausgewertet wird. Da die Parameterübergabe dabei durch "Einkopieren" der aktuellen Parameter in den Prozedurrumpf geschieht, spricht man hier vom *Namensaufruf* bzw. vom Parameterübergabemechanismus *call-by-name*. Die Auswertung von Termen mittels $\rightarrow_P$ wird daher auch *call-by-name*-Auswertung oder kurz *cbn*-

Auswertung genannt. Genauso nennen wir den Interpretierer $eval_P$ auch den *call-by-name*-Interpretierer oder kurz den *cbn*-Interpretierer von *P*.

Eine Alternative zum Namensaufruf ist der sogenannte *Wertaufruf*, d.h., der Parameterübergabemechanismus *call-by-value*. Beim Wertaufruf wird ein Prozeduraufruf $f(u_1,...,u_n)$ ausgeführt, indem *zuerst* die aktuellen Parameter u_i ausgewertet werden, dann jedes Vorkommen eines formalen Parameters x_i im Rumpf R_f der Funktionsprozedur durch den korrespondierenden *ausgewerteten* aktuellen Parameter ersetzt wird, und daran anschließend der so modifizierte Rumpf $\rho(R_f)$ ausgewertet wird. Formal wird der Wertaufruf durch zwei Regeln der Form

$$(2.6.2) \quad \frac{f(u_1,...,u_j,...,u_n)}{f(u_1,...,u_j',...,u_n)} \quad \text{, falls } u_j \rightarrow_P u_j' \text{,}$$

$$(2.6.3) \quad \frac{f(u_1,...,u_n)}{\rho(R_f)} \quad \text{, falls } u_1,...,u_n \in \mathcal{T}(\Sigma^c)_{s1,...,sn} \text{ und } \rho=\{x_1/u_1,...,x_n/u_n\} \text{ ,}$$

beschrieben. Mit Regel (*2.6.2*) werden zuerst alle aktuellen Parameter ausgewertet. Erst wenn keine Auswertung mehr möglich ist, ist Regel (*2.6.3*) anwendbar, mit der dann jedes Vorkommen eines formalen Parameters x_i im Rumpf R_f der Funktionsprozedur durch den korrespondierenden (bereits ausgewerteten) aktuellen Parameter ersetzt wird. Allgemein wird die Auswertung von Termen bei Wertaufruf durch den *call-by-value*-Auswertungskalkül definiert, der aus dem Auswertungskalkül von Definition *2.2.3* entsteht, indem lediglich Regel (*2.6.1*) durch die Regeln (*2.6.2*) und (*2.6.3*) ersetzt wird:

Definition 2.6.1 (*cbv*-Auswertungskalkül für *P*, *cbv*-Auswertungsrelation $\Rightarrow_P$)
Der *Auswertungskalkül* eines funktionalen Programms $P \in \mathcal{FP}$ ist definiert durch

(*i*) Sprache : $(\mathcal{T}(\Sigma(P))_s \times \mathcal{T}(\Sigma(P)_s)_{s \in \mathcal{S}}$

(*ii*) Ableitungsregeln :

$$(1) \quad \frac{succ(t)}{succ(r)} \quad \text{, falls } t \Rightarrow_P r \text{ ;} \qquad (2) \quad \frac{pred(O)}{O}$$

(3) $\dfrac{pred(succ(t))}{t}$, falls $t \in \mathcal{T}(\Sigma^c)_{nat}$; (4) $\dfrac{pred(t)}{pred(r)}$, falls $t \Rightarrow_P r$;

(5) $\dfrac{eq_{nat}(t_1, t_2)}{true}$, falls $t_1 = t_2$ und $t_1, t_2 \in \mathcal{T}(\Sigma^c)_{nat}$; (6) $\dfrac{eq_{nat}(t_1, t_2)}{false}$, falls $t_1 \neq t_2$ und $t_1, t_2 \in \mathcal{T}(\Sigma^c)_{nat}$;

(7) $\dfrac{eq_{nat}(t_1, t_2)}{eq_{nat}(r_1, t_2)}$, falls $t_1 \Rightarrow_P r_1$; (8) $\dfrac{eq_{nat}(t_1, t_2)}{eq_{nat}(t_1, r_2)}$, falls $t_2 \Rightarrow_P r_2$;

(9) $\dfrac{if_s(true, p_1, p_2)}{p_1}$ (10) $\dfrac{if_s(false, p_1, p_2)}{p_2}$

(11) $\dfrac{if_s(b, p_1, p_2)}{if_s(b', p_1, p_2)}$, falls $b \Rightarrow_P b'$;

(12) $\dfrac{f(u_1, \dots, u_j, \dots, u_n)}{f(u_1, \dots, u_j', \dots, u_n)}$, falls $u_j \Rightarrow_P u_j'$; (13) $\dfrac{f(u_1, \dots, u_n)}{\sigma(R_f)}$, $u_i \in \mathcal{T}(\Sigma^c)_{si}$ und $\sigma = \{x_1/u_1, \dots, x_n/u_n\}$;

für alle Funktionsprozeduren **function** $f(x_1{:}s_1, \dots, x_n{:}s_n){:}s_{n+1} \Leftarrow R_f$ in P und für alle $s \in \mathcal{S}$, $t, r, t_1, t_2, r_1, r_2 \in \mathcal{T}(\Sigma(P))_{nat}$, $p_1, p_2 \in \mathcal{T}(\Sigma(P))_s$, $u_1 \dots u_n \in \mathcal{T}(\Sigma(P))_{s1,\dots,sn}$, $u_j' \in \mathcal{T}(\Sigma(P))_{sj}$ sowie $b, b' \in \mathcal{T}(\Sigma(P))_{bool}$.

(*iii*) *cbv*-Auswertungsrelation und *cbv*-Auswertungsfolgen:

Die *cbv-Auswertungsrelation* $\Rightarrow_P \subset \mathcal{T}(\Sigma(P)) \times \mathcal{T}(\Sigma(P))$ eines funktionalen Programms P ist die kleinste Relation auf $\mathcal{T}(\Sigma(P))$ mit: $t \Rightarrow_P r$ gdw. es gibt eine Ableitungsregel der Form

$$\frac{t}{r} \quad \text{, falls } \mathcal{B}(t,r) \text{ ,}$$

für die die *Anwendungsbedingung* $\mathcal{B}(t,r)$ gültig ist.

Eine Folge $\langle t_i \rangle_{i \leq j}$ von Termen aus $\mathcal{T}(\Sigma(P))$ heißt eine *endliche cbv-Auswertungsfolge zu* t_0 (*in P*) gdw. $t_i \Rightarrow_P t_{i+1}$ für alle $i < j$ und t_j ist $\Rightarrow_P$-minimal. Eine Folge $\langle t_i \rangle_{i \in \mathbb{N}}$ von Termen aus $\mathcal{T}(\Sigma(P))$ heißt eine *unendliche cbv-Auswertungsfolge zu* t_0 (*in P*) gdw. $t_i \Rightarrow_P t_{i+1}$ für alle $i \in \mathbb{N}$.

Die *Länge* $||\langle t_i\rangle_{i\in J}||_P$ einer *cbv*-Auswertungsfolge $\langle t_i\rangle_{i\in J}$ ist definiert als $j+1$, falls $J=\{i \mid i\leq j\}$ für ein $j\in\mathbb{N}$, und als ∞ für $J=\mathbb{N}$. ♦

Die *call-by-value*-Auswertung kann einfach – wie in Abschnitt *2.5* beschrieben – auf funktionale Programme mit *Datenstrukturen* erweitert werden. Wie zuvor bei der *call-by-name*-Auswertung $\rightarrow_P$ wird mit $\Rightarrow_P$ eine binäre *konfluente* Relation auf Grundtermen definiert, so daß alle $\Rightarrow_P$ -minimalen Elemente *Konstruktorgrundterme* sind:

Satz 2.6.1

(*i*) $min_{\Rightarrow P}(\mathcal{T}(\Sigma(P))) = \mathcal{T}(\Sigma^c)$.

(*ii*) ${}_P\!\Leftarrow \circ \Rightarrow_P \;\subset\; =_{\mathcal{T}} \cup \Rightarrow_P \circ {}_P\!\Leftarrow$.

(*iii*) $\Rightarrow_P$ ist konfluent.

(*iv*) Für alle *cbv*-Auswertungsfolgen $\langle t_i\rangle_{i\in J}$ und $\langle s_i\rangle_{i\in K}$ mit $t_0=s_0$ gilt $||\langle t_i\rangle_{i\in J}||_P = ||\langle s_i\rangle_{i\in K}||_P$.

(*v*) Für jedes Programm $P\in\mathcal{FP}$ und für jeden Term $t\in\mathcal{T}(\Sigma(P))$ existiert *höchstens ein* Term $q\in\mathcal{T}(\Sigma^c)$ mit $t\Rightarrow_P{}^*q$.

Beweis (*ii*) Wir beweisen die Behauptung wie in Satz *2.2.2*(*ii*) durch strukturelle Induktion über t und müssen im Beweis des Induktionschritts nur den Fall $s_1\;{}_P\!\Leftarrow f(t_1,...,t_n) \Rightarrow_P s_2$ mit $f\notin\Sigma(\mathsf{BM})$ erneut betrachten: Falls $\{t_1,...,t_n\}\subset\mathcal{T}(\Sigma^c)$, so gilt $s_1=\sigma(R_f)=s_2$. Für $\{t_1,...,t_n\}\not\subset\mathcal{T}(\Sigma^c)$ unterscheiden wir folgende Unterfälle:

> *Fall* $f(t_1,...,r_i,...,t_n)\;{}_P\!\Leftarrow f(t_1,...,t_i,...,t_n) \Rightarrow_P f(t_1,...,p_i,...,t_n)$: Es gilt $r_i\;{}_P\!\Leftarrow t_i \Rightarrow_P p_i$ und mit der Induktionshypothese erhält man $r_i=p_i$ oder $r_i \Rightarrow_P r\;{}_P\!\Leftarrow p_i$ für ein $r\in\mathcal{T}(\Sigma(P))$. Folglich gilt $f(t_1,...,r_i,...,t_n)=f(t_1,...,p_i,..., t_n)$ oder $f(t_1,...,r_i,...,t_n) \Rightarrow_P f(t_1, ...,r,...,t_n)\;{}_P\!\Leftarrow f(t_1,...,p_i,...,t_n)$. √
>
> *Fall* $f(t_1,...,r_i,...,t_j,...,t_n)\;{}_P\!\Leftarrow f(t_1,...,t_i,...,t_j,...,t_n) \Rightarrow_P f(t_1,...,t_i,...,p_j, ...,t_n)$: Es gilt $r_i\;{}_P\!\Leftarrow t_i$ sowie $t_j \Rightarrow_P p_j$ und folglich $f(t_1,...,r_i,...,t_j,...,t_n) \Rightarrow_P f(t_1,...,r_i,...,p_j,...,t_n)\;{}_P\!\Leftarrow f(t_1,...,t_i,...,p_j,...,t_n)$. √ √

Die restlichen Behauptungen zeigt man genauso wie in Satz *2.2.2*. ♦

Genauso wie $\rightarrow_P$ ist auch $\Rightarrow_P$ nicht fundiert, und folglich kann die *cbv*-Auswertung von Grundtermen zu Konstruktorgrundtermen nur durch eine *partielle* Auswertungsfunktion $\mathsf{cbv\text{-}eval}_P$ angegeben werden:

Definition 2.6.2 (Interpretierer *cbv-eval*$_P$, *cbv*-Auswertungskosten $||t||_P$)
Der *Interpretierer* *cbv-eval*$_P$ des funktionalen Programms P ist die Funktion *cbv-eval*$_P$: $\mathcal{T}(\Sigma(P)) \mapsto_S \mathcal{T}(\Sigma^c)$ mit *cbv-eval*$_P(t)=q$ gdw. $t \Rightarrow_P^* q$. Die *cbv-Auswertungskosten* $||t||_P$ eines Terms $t \in \mathcal{T}(\Sigma(P))$ sind definiert als die Länge einer *cbv*-Auswertungsfolge zu t. ♦

Mit Satz *2.6.1(iv)* sind die *cbv*-Auswertungskosten eines Terms wohldefiniert, und der Interpretierer *cbv-eval*$_P$ kann – ausgehend vom *cbv*-Auswertungskalkül – genauso einfach wie der Interpretierer *eval*$_P$ implementiert werden, vgl. Abschnitt *2.2*.

Beispiel 2.6.1

(*i*) Für $P=\langle$ **function** $inner(x{:}nat){:}nat \Leftarrow inner(succ(x))$ $\rangle$ erhalten wir

$$\begin{aligned} inner(O) &\Rightarrow_P inner(succ(O)) \\ &\Rightarrow_P inner(succ(succ(O))) \\ &\Rightarrow_P inner(succ(succ(succ(O)))) \\ &\Rightarrow_P \dots \end{aligned}$$

und damit *cbv-eval*$_P(inner(O))=\infty$, vgl. Beispiel *2.2.1(i)*.

(*ii*) Für $P=\langle$ **function** $outer(x{:}nat){:}nat \Leftarrow succ(outer(x))$ $\rangle$ erhalten wir

$$\begin{aligned} outer(O) &\Rightarrow_P succ(outer(O)) \\ &\Rightarrow_P succ(succ(outer(O))) \\ &\Rightarrow_P succ(succ(succ(outer(O)))) \\ &\Rightarrow_P \dots \end{aligned}$$

und damit *cbv-eval*$_P(outer(O))=\infty$, vgl. Beispiel *2.2.1(ii)*.

(*iii*) Für P wie in (*ii*) erhalten wir

$$\begin{aligned} pred(outer(O)) &\Rightarrow_P pred(succ(outer(O))) \\ &\Rightarrow_P pred(succ(succ(outer(O)))) \\ &\Rightarrow_P pred(succ(succ(succ(outer(O))))) \\ &\Rightarrow_P \dots \end{aligned}$$

und damit $cbv\text{-}eval_P(outer(O))=\infty$, vgl. Beispiel *2.2.1(iii)*.

(*iv*) Für $P=\langle F_{zero}, F_{plus}, F_{times}\rangle$ mit den Funktionsprozeduren wie in Beispiel *2.1.1* erhalten wir

$$\underline{times(succ(O),succ(O))}$$

$$\Rightarrow_P if_{nat}(\underline{zero(succ(O))}, O, plus(times(pred(succ(O)), succ(O)), succ(O)))$$

$$\Rightarrow_P if_{nat}(eq_{nat}\underline{(succ(O),O)}, O, plus(times(pred(succ(O)), succ(O)), succ(O)))$$

$$\Rightarrow_P \underline{if_{nat}(false, O, plus(times(pred(succ(O)), succ(O)), succ(O)))}$$

$$\Rightarrow_P plus(times(\underline{pred(succ(O))}, succ(O)), succ(O))$$

$$\Rightarrow_P plus(\underline{times(O, succ(O))}, succ(O))$$

$$\Rightarrow_P plus(if_{nat}(\underline{zero(O)}, O, plus(times(pred(O), succ(O)), succ(O))), succ(O))$$

$$\Rightarrow_P plus(if_{nat}(eq_{nat}\underline{(O, O)}, O, plus(times(pred(O), succ(O)), succ(O))), succ(O))$$

$$\Rightarrow_P plus(\underline{if_{nat}(true, O, plus(times(pred(O), succ(O)), succ(O)))}, succ(O))$$

$$\Rightarrow_P \underline{plus(O, succ(O))}$$

$$\Rightarrow_P if_{nat}(\underline{zero(O)}, succ(O), succ(plus(pred(O), succ(O))))$$

$$\Rightarrow_P \; if_{nat}(\underline{eq_{nat}(O, O)},$$
$$succ(O),$$
$$succ(plus(pred(O), succ(O))))$$

$$\Rightarrow_P \; \underline{if_{nat}(true,}$$
$$\underline{succ(O),}$$
$$\underline{succ(plus(pred(O), succ(O))))}$$

$$\Rightarrow_P \; succ(O)$$

und damit $cbv\text{-}eval_P(times(succ(O),succ(O)))=succ(O)$, d.h. $1\times 1=1$, vgl. Beispiel *2.2.1(iv)*. ♦

Übung 2.6.1

Beweisen Sie folgende Behauptung: Für jede Regel der Form

$$\frac{f(t_1,\ldots,t_j,\ldots,t_n)}{f(t_1,\ldots,r_j,\ldots,t_n)} \text{, falls } t_j \Rightarrow_P r_j \,;$$

im *cbv*-Auswertungskalkül für funktionale Programme gilt $f(t_1,\ldots,t,\ldots,t_n) \Rightarrow_P^* f(t_1, \ldots,r,\ldots,t_n)$, falls $t \Rightarrow_P^* r$ und $j=1$ für $f=if$. ♦

Übung 2.6.2

Sei P ein funktionales Programm, $f(t_1,\ldots,t_j,\ldots,t_n)\in\mathcal{T}(\Sigma(P))$, und sei $\langle s_i\rangle_{i\in K}$ eine *cbv*-Auswertungsfolge zu t_j. Ermitteln Sie, unter welchen Voraussetzungen $\langle f(t_1,\ldots,s_i, \ldots,t_n)\rangle_{i\in K}$ eine *cbv*-Auswertungsfolge zu $f(t_1,\ldots,t_j,\ldots,t_n)$ ist. ♦

Übung 2.6.3

Zeigen Sie:

(*i*) $\| t \|_P > \| r \|_P$, falls $cbv\text{-}eval_P(t)\neq\infty$ und $t\Rightarrow_P^+ r$.

(*ii*) $\| f(t_1,\ldots,t_j,\ldots,t_n) \|_P > \| t_j \|_P$, falls $cbv\text{-}eval_P(f(t_1,\ldots,t_n))\neq\infty$ und $f\neq succ$ sowie $j=1$ für $f=if_s$.

(*iii*) $\| if_s(b,p_1,p_2) \|_P > \| p_j \|_P$, falls $cbv\text{-}eval_P(b)=true$ und $j=1$ oder $cbv\text{-}eval_P(b)=false$ und $j=2$.

(*iv*) $\| succ(t) \|_P = \| t \|_P$.

(*v*) $\| t \|_P \geq \| t[\pi\leftarrow cbv\text{-}eval_P(t|_\pi)] \|_P$, falls $\pi\in Occ(t)$ und $cbv\text{-}eval_P(t|_\pi)\neq\infty$ ♦

Übung 2.6.4
Zeigen Sie:
(*i*) $\mathit{cbv\text{-}eval}_P(t)=\mathit{cbv\text{-}eval}_P(r)$, falls $t \Rightarrow_P{}^* r$.
(*ii*) $\mathit{cbv\text{-}eval}_P(f(t_1,...,t_n))=\mathit{cbv\text{-}eval}_P(f(t_1,...,\mathit{cbv\text{-}eval}_P(t_j),...,t_n))$, falls $\mathit{cbv\text{-}eval}_P(f(...))\neq\infty$ und $j=1$ für $f=if_s$. ♦

Der *cbv*-Auswertungskalkül ist bezgl. der denotationalen Semantik funktionaler Programme korrekt:

Satz 2.6.2 (Korrektheitssatz für $\mathit{cbv\text{-}eval}_P$)
Sei $P\in\mathcal{FP}$ und $t\in\mathcal{T}(\Sigma(P))$ mit $\mathit{cbv\text{-}eval}_P(t)\neq\infty$. Dann gilt $\mathit{cbv\text{-}eval}_P(t)=D_P(t)$.

Beweis Sei $\gg \subset \mathcal{T}(\Sigma(P))\times\mathcal{T}(\Sigma(P))$ mit $s_1 \gg s_2$ gdw. $\mathit{cbv\text{-}eval}_P(s_1)\neq\infty\neq\mathit{cbv\text{-}eval}_P(s_2)$ sowie $\|s_1\|_P > \|s_2\|_P$ oder ($\|s_1\|_P=\|s_2\|_P$ und $s_1 >_{\mathcal{T}} s_2$). Dann ist $\gg$ mit Lemma *1.4.3(ii)* fundiert, und man zeigt die Behauptung durch Noethersche Induktion über $\gg$. Der Beweis verläuft entsprechend dem Beweis von Satz *2.4.1*. Dabei muß man im Induktionsschritt lediglich den Fall $t=f(t_1,...,t_n)$ mit $f\notin\Sigma(\mathsf{BM})$ erneut betrachten, um $D_P(f(t_1,...,t_n))=D_P(t')$ für alle t' mit $f(t_1,...,t_n) \Rightarrow_P t'$ nachzuweisen:

Fall $\{t_1,...,t_n\}\subset\mathcal{T}(\Sigma^c)$: Es gilt $f(t_1,...,t_n) \Rightarrow_P \sigma(R_f)$ mit $\sigma=\{x_1/t_1,...,x_n/t_n\}$ und man zeigt $D_P(f(t_1,...,t_n)) = D_P(\sigma(R_f))$ wie in Satz *2.4.1*. √

Fall $\{t_1,...,t_n\}\not\subset\mathcal{T}(\Sigma^c)$: Es gilt $f(t_1,...,t_j,...,t_n) \Rightarrow_P f(t_1,...,r_j,...,t_n)$ mit $t_j \Rightarrow_P r_j$ und folglich $\|f(t_1,...,t_j,...,t_n)\|_P > \|t_j\|_P > \|r_j\|_P$, vgl. Übung *2.6.3(ii,i)*. Mit der Induktionshypothese gilt dann $\mathit{cbv\text{-}eval}_P(t_j)=D_P(t_j)$ sowie $\mathit{cbv\text{-}eval}_P(r_j)= D_P(r_j)$, mit $\mathit{cbv\text{-}eval}_P(t_j)= \mathit{cbv\text{-}eval}_P(r_j)$, vgl. Übung *2.6.4(i)*, gilt $D_P(t_j)= D_P(r_j)$ und man erhält $D_P(f(t_1,...,t_j,..., t_n)) = \delta_{P,f}(D_P(t_1),...,D_P(t_j),..., D_P(t_n)) = \delta_{P,f}(D_P(t_1),...,D_P(r_j), ...,D_P(t_n)) = D_P(f(t_1,...,r_j,..., t_n))$. √ √ ♦

In Beispiel *2.6.1* berechnen wir mit der *call-by-value*-Auswertung die gleichen Resultate, wie bei der *call-by-name*-Auswertung, vgl. Beispiel *2.2.1*. Dies gilt jedoch nicht in jedem Fall: Beispielsweise erhalten wir mit $\mathit{cbv\text{-}eval}_P(\mathit{outer}(O))=\infty$ auch $\mathit{cbv\text{-}eval}_P(\mathit{times}(O, \mathit{outer}(O)))=\infty$, da der aktuelle Parameter *outer*(*O*) nicht ausgewertet werden kann. Da zur *call-by-name*-Auswertung von *times*(*O*, *outer*(*O*)) der Wert von *outer*(*O*) nicht bekannt sein muß, erhalten wir dagegen $\mathit{eval}_P(\mathit{times}(O, \mathit{outer}(O)))=O$, vgl. Übung *2.2.1(i)*. Mit dem Korrektheitssatz *2.4.1*. gilt dann $D_P(\mathit{times}(O, \mathit{outer}(O)))=O$, und damit ist der *cbv*-Auswertungskalkül bzgl. der denotationalen Semantik funktionaler Programme *unvollständig*.

Wir formulieren den Zusammenhang zwischen *call-by-name*- und *call-by-value*-Auswertung mit folgendem Korollar:

Korollar 2.6.3

(*i*) Es gibt Programme $P \in \mathcal{FP}$ und Terme $t \in \mathcal{T}(\Sigma(P))$ mit $\textsf{cbv-eval}_P(t) = \infty$ und $\textsf{eval}_P(t) \neq \infty$.

(*ii*) Für jedes Programm $P \in \mathcal{FP}$ und jeden Term $t \in \mathcal{T}(\Sigma(P))$ gilt $\textsf{cbv-eval}_P(t) = \textsf{eval}_P(t)$, falls $\textsf{cbv-eval}_P(t) \neq \infty$.

Beweis (*i*) Gilt offensichtlich mit $\textsf{cbv-eval}_P(times(O, outer(O))) = \infty$ und $\textsf{eval}_P(times(O, outer(O))) = O$. √

(*ii*) Für $\textsf{cbv-eval}_P(t) \neq \infty$ gilt $\textsf{cbv-eval}_P(t) = \mathsf{D}_P(t)$, denn $\textsf{cbv-eval}_P$ ist mit Satz *2.6.2* korrekt. Also gilt $\textsf{cbv-eval}_P(t) = \textsf{eval}_P(t)$, denn $\textsf{eval}_P$ ist mit Korollar *2.4.7* vollständig, und folglich $\mathsf{D}_P(t) = \textsf{eval}_P(t)$. √ ♦

Die Ursache für die Unvollständigkeit der *call-by-value*-Auswertung liegt offenbar darin, daß mit $\Rightarrow_P$ auch Terme ausgewertet werden, deren Auswertung nicht erforderlich ist. Dagegen wertet die *call-by-name*-Auswertung Terme nur dann aus, wenn deren Wert auch tatsächlich benötigt wird. Man spricht deshalb auch vom Parameterübergabemechanismus *call-by-need* und nennt die *call-by-name*-Auswertung auch *lazy evaluation*, also "*faule*" Auswertung. Die *call-by-value*-Auswertung wird dagegen auch *eager evaluation*, also "*eifrige*" Auswertung, genannt.

Mit Satz *2.6.3*(*ii*) ist $\textsf{cbv-eval}_P$ "*weniger definiert oder gleich*" $\textsf{eval}_P$. Wir werden in Kapitel *3* den Unterschied zwischen beiden Auswertungsarten noch genauer untersuchen. Dabei wird sich herausstellen, daß es für die *Automatisierung* der Verifikation funktionaler Programme vorteilhaft ist, wenn anstatt *call-by-name* die *call-by-value*-Auswertung von Termen zu Grunde gelegt wird.

Übung 2.6.5

Berechnen Sie für das funktionale Programm $P = \langle F_{two} \rangle$ mit F_{two} =

function $two(x,y{:}nat){:}nat \Leftarrow$ **if** $x=O$ **then** 2 **else** $two(x-1, two(x, y))$ **fi**

durch Angabe der Auswertungsfolgen die Ergebnisse von

(*i*) $eval_P(two(succ(O), succ(O)))$ und
(*ii*) $cbv\text{-}eval_P(two(succ(O), succ(O)))$. ♦

2.7 Elimination von gegenseitiger Rekursion

Die Verifikation funktionaler Programme wird oft durch *gegenseitige Rekursion* erschwert, und es ist daher vorteilhaft, solche Rekursionen zu eliminieren. Dazu übersetzt man ein funktionales Programm P mit gegenseitiger Rekursion in ein "äquivalentes" funktionales Programm P', das nur *direkte* Rekursionen enthält:

Definition 2.7.1 (Elimination gegenseitiger Rekursionen)
Sei $P=\langle F_1,...,F_k\rangle$ ein funktionales Programm, so daß für alle $j \in \{1,...,k\}$

$$F_j = \textbf{function}\ f_j(x_j^*:w_j):s_j \Leftarrow R_{fj}$$

eine Funktionsprozedur für f_j ist und $\mathcal{V}(x_i^*) \cap \mathcal{V}(x_j^*) = \varnothing$ für jedes $i \neq j$ gilt. Dann ist $P'=\langle D,F\rangle$ das funktionale Programm mit

(*i*) $D =$ **structure** $tuple(comp_1:s_1, ..., comp_k:s_k):s$, und

(*ii*) $F =$ **function** $f(j:nat, x_1^*:w_1, ..., x_k^*:w_k):s \Leftarrow$

```
if j=1
  then tuple(R_f1',∇_s2,...,∇_sk)
  else ( if j=2
           then tuple(∇_s1,R_f2',∇_s3,...,∇_sk)
           else ...
                  if j=k−1
                    then tuple(∇_s1,...,∇_sk-1,R_fk-1',∇_sk)
                    else tuple(∇_s1,...,∇_sk-1,R_fk')
                  fi
         fi)
fi
```

wobei für jeden Term $t \in \mathcal{T}(\Sigma(P),\mathcal{V})$ der Term $t' \in \mathcal{T}(\Sigma(P'),\mathcal{V})$ definiert ist durch

(*iii*) $t' = comp_j(f(j, \nabla_{w1}, \ldots, \nabla_{wj-1}, r^{*\prime}, \nabla_{wj+1}, \ldots, \nabla_{wk}))$ gdw. $t = f_j(r^*)$,

(*iv*) $t' = g(r^{*\prime})$ gdw. $t = g(r^*)$ und $g \in \Sigma(\mathsf{BM})$

sowie

(*v*) $t' = t$ gdw. $t \in \mathcal{V}$. ♦

Da das funktionale Programm P' nur *eine* rekursiv definierte Funktionsprozedur enthält, ist P' offensichtlich *direkt rekursiv* definiert. P' *simuliert* das funktionale Programm P, indem die Funktionsprozeduren $F_1,\ldots,F_k$ von P in einer Funktionsprozedur F zusammengefaßt werden, deren Ausführung durch einen zusätzlichen formalen Parameter j gesteuert wird, um die einzelnen Funktionsprozeduren $F_1,\ldots, F_k$ entsprechend anzuwählen. Die Simulation durch P' ist "äquivalenzerhaltend", denn es gilt $\mathsf{sem}[\![P]\!](f_j(t)) = \mathsf{sem}[\![P']\!](comp_j(f(j,\ldots,t',\ldots)))$.

Beispiel 2.7.1
Für das funktionale Programm $P=\langle F_1,F_2\rangle$ mit F_1 =

function $f_1(x{:}nat){:}bool \Leftarrow$ **if** $x{=}O$ **then** *true* **else** $f_2(pred(x))$

und F_2 =

function $f_2(y{:}nat){:}bool \Leftarrow$ **if** $y{=}O$ **then** *false* **else** $f_1(pred(y))$,

vgl. Beispiel *2.1.1*, erhält man $P'=\langle D,F\rangle$ mit

(*1*) D = **structure** $tuple(comp_1{:}bool, comp_2{:}bool){:}s$, und

(*2*) F = **function** $f(j{:}nat, x{:}nat, y{:}nat){:}s \Leftarrow$
if $j{=}1$
then $tuple($**if** $x{=}O,$
then *true*,
else $comp_2(f(2, O, pred(x)))$,
fi
true)

else *tuple*(*true*,
if $y{=}O$ **then** *false* **else** $comp_1(f(1, pred(y), O))$ **fi**)
fi

Beispielweise gilt $\mathsf{sem}[\![P]\!](f_1(succ(succ(O))))=true$, denn

$$
\begin{aligned}
& f_1(succ(succ(O))) \\
& \to_P\ if_{bool}(eq_{nat}(succ(succ(O)), O),\ true,\ f_2(pred(succ(succ(O))))) \\
& \to_P^+\ f_2(pred(succ(succ(O)))) \\
& \to_P\ if_{bool}(eq_{nat}(pred(succ(succ(O))), O),\ false,\ f_1(pred(pred(succ(succ(O)))))) \\
& \to_P^+\ f_1(pred(pred(succ(succ(O))))) \\
& \to_P\ if_{bool}(eq_{nat}(pred(pred(succ(succ(O)))), O),\ true,\ f_2(pred(pred(pred(succ(succ(O))))))) \\
& \to_P\ true\ .
\end{aligned}
$$

Genauso erhält man *true* durch Auswertung von $comp_1(f(1, succ(succ(O)), O))$ in P', denn

$$
\begin{aligned}
& comp_1(f(1, succ(succ(O)), O)) \\
& \to_{P'}\ comp_1(if_{bool}(eq_{nat}(1, 1), \\
& \qquad tuple(if_{bool}(eq_{nat}(succ(succ(O)), O), \\
& \qquad\qquad true, \\
& \qquad\qquad comp_2(f(2, O, pred(succ(succ(O)))))), \\
& \qquad\quad true), \\
& \qquad tuple(true, \ldots)))
\end{aligned}
$$

$$
\begin{array}{ll}
\to_{P'}^{+} & \mathit{comp}_1(\mathit{tuple}(\mathit{if}_{\mathrm{bool}}(\mathit{eq}_{\mathrm{nat}}(\mathit{succ}(\mathit{succ}(O)), O), \\
 & \qquad\qquad\qquad \mathit{true}, \\
 & \qquad\qquad\qquad \mathit{comp}_2(f(2, O, \mathit{pred}(\mathit{succ}(\mathit{succ}(O)))))), \\
 & \qquad\qquad \mathit{true}))
\end{array}
$$

$$
\to_{P'}^{+} \quad \mathit{comp}_1(\mathit{tuple}(\mathit{comp}_2(f(2, O, \mathit{pred}(\mathit{succ}(\mathit{succ}(O))))), \mathit{true}))
$$

$$
\begin{array}{ll}
\to_{P'} & \mathit{comp}_1(\mathit{tuple}(\mathit{comp}_2(\mathit{if}_{\mathrm{bool}}(\mathit{eq}_{\mathrm{nat}}(2, 1), \\
 & \qquad\qquad\qquad\qquad \mathit{tuple}(\ldots , \mathit{true}), \\
 & \qquad\qquad\qquad\qquad \mathit{tuple}(\mathit{true}, \\
 & \qquad\qquad\qquad\qquad\quad \mathit{if}_{\mathrm{bool}}(\mathit{eq}_{\mathrm{nat}}(\mathit{pred}(\mathit{succ}(\mathit{succ}(O))), O), \\
 & \qquad\qquad\qquad\qquad\quad\; \mathit{false}, \\
 & \qquad\qquad\qquad\qquad\quad\; \mathit{comp}_1(f(1,\mathit{pred}(\ldots(\mathit{succ}(O)\ldots),O).), \\
 & \qquad\qquad\qquad\qquad\qquad\quad \mathit{true}))
\end{array}
$$

$$
\begin{array}{ll}
\to_{P'}^{+} & \mathit{comp}_1(\mathit{tuple}(\mathit{comp}_2(\mathit{tuple}(\mathit{true}, \\
 & \qquad\qquad\qquad\qquad \mathit{if}_{\mathrm{bool}}(\mathit{eq}_{\mathrm{nat}}(\mathit{pred}(\mathit{succ}(\mathit{succ}(O))), O), \\
 & \qquad\qquad\qquad\qquad\; \mathit{false}, \\
 & \qquad\qquad\qquad\qquad\; \mathit{comp}_1(f(1,\mathit{pred}(\ldots(\mathit{succ}(O)\ldots),O)..), \\
 & \qquad\qquad\qquad\qquad\qquad \mathit{true}))
\end{array}
$$

$$
\begin{array}{ll}
\to_{P'}^{+} & \mathit{comp}_1(\mathit{tuple}(\mathit{comp}_2(\mathit{tuple}(\mathit{true}, \\
 & \qquad\qquad\qquad\qquad \mathit{comp}_1(f(1,\mathit{pred}(\mathit{pred}(\mathit{succ}(\mathit{succ}(O)..),O)..), \\
 & \qquad\qquad\qquad\qquad\qquad \mathit{true}))
\end{array}
$$

$$
\begin{array}{ll}
\to_{P'} & \mathit{comp}_1(\mathit{tuple}(\mathit{comp}_2(\mathit{tuple}(\mathit{true}, \\
 & \qquad\qquad\qquad\qquad \mathit{comp}_1(\mathit{if}_{\mathrm{bool}}(\mathit{eq}_{\mathrm{nat}}(1, 1), \\
 & \qquad\qquad\qquad\qquad\qquad \mathit{tuple}(\\
 & \qquad\qquad\qquad\qquad\qquad\quad \mathit{if}_{\mathrm{bool}}(\mathit{eq}_{\mathrm{nat}}(\\
 & \qquad\qquad\qquad\qquad\qquad\qquad\quad \mathit{pred}(\ldots(\mathit{succ}(O).\,.), O), \\
 & \qquad\qquad\qquad\qquad\qquad\qquad \mathit{true}, \\
 & \qquad\qquad\qquad\qquad\qquad\qquad \mathit{comp}_2(f(2, \\
 & \qquad\qquad\qquad\qquad\qquad\qquad\qquad O, \\
 & \qquad\qquad\qquad\qquad\qquad\qquad\qquad \mathit{pred}(\mathit{pred}(\mathit{pred}(\\
 & \qquad\qquad\qquad\qquad\qquad\qquad\qquad\quad \mathit{succ}(\mathit{succ}(O)..))))), \\
 & \qquad\qquad\qquad\qquad\qquad\quad \mathit{true}), \\
 & \qquad\qquad\qquad\qquad\qquad \mathit{tuple}(\mathit{true}, \ldots), \\
 & \qquad\qquad\qquad\qquad\quad \mathit{true}))
\end{array}
$$

$$
\begin{aligned}
\rightarrow_{P'}^{+}\ & comp_1(tuple(comp_2(tuple(true,\\
&\quad comp_1(tuple(\\
&\qquad if_{bool}(eq_{nat}(\\
&\qquad\quad pred(...(succ(O)..), O),\\
&\qquad true,\\
&\qquad comp_2(f(2,\\
&\qquad\quad O,\\
&\qquad\quad pred(pred(pred(\\
&\qquad\qquad succ(succ(O)..))))),\\
&\qquad true),\\
&\quad true))
\end{aligned}
$$

$$\rightarrow_{P'}^{+}\ comp_1(tuple(comp_2(tuple(true, comp_1(tuple(true, true)))), true))$$

$$\rightarrow_{P'}\ comp_1(tuple(comp_2(tuple(true, true)), true))$$

$$\rightarrow_{P'}\ comp_1(tuple(true, true))$$

$$\rightarrow_{P'}\ true\ ,$$

und damit gilt $\mathsf{sem}[\![P]\!](f_1(2)) = \mathsf{sem}[\![P']\!](comp_1(f(1, 2, O)))$. ♦

Wir zeigen jetzt, daß die Elimination gegenseitiger Rekursionen tatsächlich "äquivalenzerhaltend" ist:

Lemma 2.7.1
Sei P ein funktionales Programm und $t \in \mathcal{T}(\Sigma(P))$. Seien weiter das funktionale Programm P' und der Term $t' \in \mathcal{T}(\Sigma(P'))$ gegeben wie in Definition *2.7.1*. Dann gilt $\mathsf{eval}_P(t) = \mathsf{eval}_{P'}(t')$, falls $\mathsf{eval}_P(t) \neq \infty$.

Beweis Sei $\gg\ \subset \mathcal{T}(\Sigma(P)) \times \mathcal{T}(\Sigma(P))$ mit $s_1 \gg s_2$ gdw. $\mathsf{eval}_P(s_1) \neq \infty \neq \mathsf{eval}_P(s_2)$ sowie $|s_1|_P > |s_2|_P$ oder ($|s_1|_P = |s_2|_P$ und $s_1 >_{\mathcal{T}} s_2$). Dann ist $\gg$ mit Lemma *1.4.3(ii)* fundiert, und wir zeigen $\mathsf{eval}_P(t) = \mathsf{eval}_{P'}(t')$ durch Noethersche Induktion über $\gg$:

Induktionsanfang t ist $\gg$-minimal: Es gilt $t \in \mathcal{T}(\Sigma^c)$ und damit $\mathsf{eval}_P(t) = t = t' = \mathsf{eval}_{P'}(t')$ √

Induktionsschritt t ist nicht »-minimal: Für $t \in \mathcal{T}(\Sigma^c)$ gilt die Behauptung wie im Induktionsanfang. Für $t \notin \mathcal{T}(\Sigma^c)$ gibt es ein $r \in \mathcal{T}(\Sigma(P))$ mit $t \rightarrow_P r$, folglich gilt $|t|_P > |r|_P$, vgl. Übung *2.2.4(i)*, und wir erhalten $eval_P(r) = eval_{P'}(r')$ als Induktionshypothese, denn mit $t \rightarrow_P r$ gilt $eval_P(t) = eval_P(r)$, vgl. Übung *2.2.5(i)*, und damit $eval_P(r) \neq \infty$. Daraus folgt mit dem Nachweis von $eval_{P'}(t') = eval_{P'}(r')$ dann die Behauptung:

Fall $if_s(b, p_1, p_2) \rightarrow_P p_i$: Es gilt $b \in \Sigma^c{}_{bool}$ und damit $eval_{P'}(if_s(b, p_1, p_2)') = eval_{P'}(if_s(b', p_1', p_2')) = eval_{P'}(if_s(b, p_1', p_2')) = eval_{P'}(p_i')$. √

Fall $if_s(b, p_1, p_2) \rightarrow_P if_s(c, p_1, p_2)$: Es gilt $b \rightarrow_P c$ und folglich $|if_s(b, p_1, p_2)|_P > |b|_P > |c|_P$, vgl. Übung *2.2.4(ii,i)*. Mit der Induktionshypothese gilt dann $eval_P(b) = eval_{P'}(b')$ sowie $eval_P(c) = eval_{P'}(c')$, und man erhält

$$
\begin{aligned}
& eval_{P'}(if_s(b, p_1, p_2)') \\
& \quad = eval_{P'}(if_s(b', p_1', p_2')) && \text{, mit Definition } \textit{2.7.1} \\
& \quad = eval_{P'}(if_s(eval_{P'}(b'), p_1', p_2')) && \text{, vgl. Übung } \textit{2.2.5(ii)} \\
& \quad = eval_{P'}(if_s(eval_P(b), p_1', p_2')) && \text{, mit Induktionsvoraussetzung} \\
& \quad = eval_{P'}(if_s(eval_P(c), p_1', p_2')) && \text{, mit } b \rightarrow_P c \text{, vgl. Übung } \textit{2.2.5(i)} \\
& \quad = eval_{P'}(if_s(eval_{P'}(c'), p_1', p_2')) && \text{, mit Induktionsvoraussetzung} \\
& \quad = eval_{P'}(if_s(c', p_1', p_2')) && \text{, vgl. Übung } \textit{2.2.5(ii)} \\
& \quad = eval_{P'}(if_s(c, p_1, p_2)') && \text{, mit Definition } \textit{2.7.1}. \quad \surd
\end{aligned}
$$

Fall $f_j(t_1,...,t_n) \rightarrow_P \sigma(R_{fj})$ mit $f_j \notin \Sigma(\text{BM})$ und $\sigma = \{x_{j,1}/t_1,...,x_{j,n}/t_n\}$: Mit $eval_P(f_j(t_1,..., t_n)) \neq \infty$ gilt auch $eval_P(\sigma(R_{fj})) \neq \infty$, folglich gilt $|f_j(t_1,...,t_n)|_P > |\sigma(R_{fj})|_P$, vgl. Übung *2.2.4(i)*, und mit der Induktionshypothese gilt dann $eval_P(\sigma(R_{fj})) = eval_{P'}(\sigma(R_{fj})')$. Für $\rho := \{x_{j,1}/t_1',...,x_{j,n}/t_n'\}$ gilt $\rho(R_{fj}') = \sigma(R_{fj})'$ und mit $\rho(R_{fj}') \rightarrow_{P'}^+ q \in \mathcal{T}(\Sigma^c)$ gilt $comp_j(f(j, \nabla_{w1},..., \nabla_{wj-1}, t_1',...,t_n', \nabla_{wj+1},..., \nabla_{wk})) \rightarrow_{P'}^+ comp_j(tuple(\nabla_{s1},..., \nabla_{sj-1}, \rho(R_{fj}'), \nabla_{sj+1},..., \nabla_{sk})) \rightarrow_{P'}^+ comp_j(tuple(\nabla_s 1, ..., \nabla_s j\text{-}1, q, \nabla_s j\text{+}1,..., \nabla_{sk})) \rightarrow_{P'} q$. Man erhält

$$
\begin{aligned}
& eval_{P'}(f_j(t_1,...,t_n)') \\
& \quad = eval_{P'}(comp_j(f(j, \nabla_{w1},..., \nabla_{wj-1}, \\
& \qquad\qquad t_1',...,t_n', && \text{, mit Definition } \textit{2.7.1} \\
& \qquad\qquad \nabla_{wj+1},..., \nabla_{wk}))) \\
& \quad = eval_{P'}(\rho(R_{fj}')) && \text{, mit } comp_j(f(...)) \rightarrow_{P'}^+ q \;{}^+\!\!\leftarrow_{P'} \rho(R_{fj}') \\
& \quad = eval_{P'}(\sigma(R_{fj})') && \text{, denn } \sigma(R_{fj})' = \rho(R_{fj}'). \quad \surd
\end{aligned}
$$

Die restlichen Fälle zeigt man entsprechend. √ ♦

Lemma 2.7.2
Sei P ein funktionales Programm und $t \in \mathcal{T}(\Sigma(P))$. Seien weiter das funktionale Programm P' und der Term $t' \in \mathcal{T}(\Sigma(P'))$ gegeben wie in Definition *2.7.1*. Dann gilt $eval_P(t)=eval_{P'}(t')$, falls $eval_{P'}(t') \neq \infty$.

Beweis Sei $P=\langle F_1,...,F_k\rangle$ mit F_j=**function** $f_j(x_j^*:w_j):s_j \Leftarrow R_{fj}$ für alle $j \in \{1, ...,k\}$ und $\mathcal{V}(x_i^*) \cap \mathcal{V}(x_j^*)=\varnothing$ für jedes $i \neq j$. Mit $f \notin \{f_1,...,f_k\}$ ist $P'':=\langle F_1,..., F_k,D,F\rangle$ ebenfalls ein funktionales Programm, für das offensichtlich $eval_P(t)= eval_{P''}(t)$ für alle $t \in \mathcal{T}(\Sigma(P))$ sowie $eval_{P''}(t')=eval_{P'}(t')$ für alle $t' \in \mathcal{T}(\Sigma(P'))$ gilt. Sei $\gg \subset \mathcal{T}(\Sigma(P')) \times \mathcal{T}(\Sigma(P'))$ mit $s_1 \gg s_2$ gdw. $eval_{P'}(s_1) \neq \infty \neq eval_{P'}(s_2)$ sowie $|s_1|_{P'} > |s_2|_{P'}$ oder ($|s_1|_{P'}=|s_2|_{P'}$ und $s_1 >_{\mathcal{T}} s_2$). Dann ist $\gg$ mit Lemma *1.4.3* (*ii*) fundiert, und wir zeigen die Behauptung durch Noethersche Induktion über $\gg$:

Induktionsanfang t' ist $\gg$-minimal: Es gilt $t' \in \mathcal{T}(\Sigma^c)$ und mit $t=t'$ dann die Behauptung. √

Induktionsschritt t' ist nicht $\gg$-minimal: Für $t \in \mathcal{T}(\Sigma^c)$ gilt die Behauptung wie im Induktionsanfang. Für $t \notin \mathcal{T}(\Sigma^c)$ unterscheiden wir folgende Fälle:

Fall $t=pred(t_1)$: Es gilt $t'=pred(t_1')$ und mit $eval_{P'}(t') \neq \infty$ dann $eval_{P'}(t_1') \neq \infty$. Damit gilt $pred(t_1') \gg t_1'$, vgl. Übung *2.2.4*(*ii*), und man erhält

$$\begin{aligned} eval_P(pred(t_1)) &= eval_P(pred(eval_P(t_1))) && \text{, vgl. Übung } 2.2.5(ii) \\ &= eval_P(pred(eval_{P'}(t_1'))) && \text{, mit Induktionsvoraussetzung} \\ &= eval_{P''}(pred(eval_{P''}(t_1'))) && \text{,} \\ &= eval_{P''}(pred(t_1')) && \text{, vgl. Übung } 2.2.5(ii) \\ &= eval_{P'}(pred(t_1)') && \text{, mit Definition } 2.7.1. \quad \surd \end{aligned}$$

Fall $t=f_j(t_1,...,t_n)$ mit $f_j \notin \Sigma(\mathsf{BM})$: Es gilt $t'=comp_j(f(j,\nabla_{w1},...,\nabla_{wj-1},t_1',..., t_n',\nabla_{wj}{}^+{}_1,..., \nabla_{wk})) \to_{P'}^+ comp_j(tuple(\nabla_{s1},...,\nabla_{sj-1},\rho(R_{fj}'),\nabla_{sj+1},...,\nabla_{sk}))$ für $\rho:=\{x_{j,1}/t_1',...,x_{j,n}/t_n'\}$, und mit $eval_{P'}(t') \neq \infty$ gilt $eval_{P'}(\rho(R_{fj}')) \neq \infty$. Damit gilt $t' \gg \rho(R_{fj}')$ und für $\sigma=\{x_{j,1}/t_1, ...,x_{j,n}/t_n\}$ gilt folglich $t' \gg \sigma(R_{fj})'$, denn $\rho(R_{fj}') =\sigma(R_{fj})'$. Für $\rho(R_{fj}') \to_{P'}^+ q \in \mathcal{T}(\Sigma_c)$ gilt $comp_j(tuple(\nabla_{s1},...,\nabla_{sj-1},\rho(R_{fj}'),\nabla_{sj+1},...,\nabla_{sk})) \to_{P'}^+ comp_j(tuple(\nabla_{s1},...,\nabla_{sj-1},q, \nabla_{sj+1},..., \nabla_{sk})) \to_{P'} q$ und man erhält

$$\begin{aligned} & eval_P(f_j(t_1,...,t_n)) \\ & \quad = eval_P(\sigma(R_{fj})) && \text{, mit } f_j(t_1,...,t_n) \to_P \sigma(R_{fj}) \end{aligned}$$

$= \mathsf{eval}_{P'}(\sigma(R_{fi})')$, mit Induktionsvoraussetzung
$= \mathsf{eval}_{P'}(\rho(R_{fi}'))$, denn $\sigma(R_{fi})'=\rho(R_{fi}')$
$= \mathsf{eval}_{P'}(comp_j(f(j,\nabla_{w1},\ldots,\nabla_{wj-1},$
$t_1',\ldots,t_n',$, mit $comp_j(f(\ldots)) \rightarrow_{P'}^{+} q \,{}^{+}\!\!\leftarrow_{P'} \rho(R_{fi}')$
$\nabla_{wj+1},\ldots,\nabla_{wk})))$
$= \mathsf{eval}_{P'}(f_j(t_1,\ldots,t_n)')$, mit Definition *2.7.1*. √

Die restlichen Fälle zeigt man entsprechend. √ ♦

Korollar 2.7.3
Sei P ein funktionales Programm und $t\in\mathcal{T}(\Sigma(P))$. Seien weiter das funktionale Programm P' und der Term $t'\in\mathcal{T}(\Sigma(P'))$ gegeben wie in Definition *2.7.1*. Dann gilt $\mathsf{sem}[\![P]\!](t)=\mathsf{sem}[\![P']\!](t')$.

Beweis Für $\mathsf{eval}_P(t)\neq\infty$ oder $\mathsf{eval}_{P'}(t')\neq\infty$ gilt $\mathsf{eval}_P(t)=\mathsf{eval}_{P'}(t')$ mit Lemma *2.7.1* bzw. Lemma *2.7.2*. Andernfalls gilt $\mathsf{eval}_P(t)=\infty=\mathsf{eval}_{P'}(t')$, und folglich gilt $\mathsf{sem}[\![P]\!](t) =\mathsf{eval}_P(t)=\mathsf{eval}_{P'}(t')=\mathsf{sem}[\![P']\!](t')$ in jedem Fall. ♦

Übung 2.7.1
(*i*) Vervollständigen Sie den Beweis von Lemma *2.7.1*.
(*ii*) Vervollständigen Sie den Beweis von Lemma *2.7.2*. ♦

Mit Korollar *2.7.3* (und Satz *2.5.1*(*i*)) haben wir zugleich bewiesen, daß jede berechenbare Funktion durch ein funktionales Programm berechnet werden kann, das *höchstens eine rekursiv definierte Funktionsprozedur* enthält. Dies ist ein bekanntes Resultat der Berechenbarkeitstheorie, nämlich das *Normalform-Theorem* von *Kleene* (hier formuliert für funktionale Programme aus $\mathcal{FP}$).

Ein Programm P', das ein funktionales Programm P simuliert, indem die Funktionsprozeduren $F_1,\ldots,F_k$ von P in *einer* Funktionsprozedur F von P' zusammengefaßt werden, ist jedoch schwieriger zu verifizieren als P. Daher ist es aus beweistechnischen Gründen sinnvoll, nur solche Funktionsprozeduren von P zu einer Funktionsprozedur in P' zusammenzufassen, deren Zusammenfassung zur Elimination von gegenseitigen Rekursionen auch wirklich erforderlich ist. Wir gehen dazu folgendermaßen vor:

Für ein funktionales Programm P wie in Definition *2.7.1* und $\Sigma:=\{f_1,\ldots,f_k\}$ definieren wir eine Relation $\approx$ auf Σ durch: $f\approx f'$ gdw. $f=f'$ oder $f<_{\Sigma(P)}^{+}f'<_{\Sigma(P)}^{+}f$, vgl. Definition *2.1.1*. Man zeigt leicht, daß $\approx$ eine Äquivalenzrelation auf Σ ist, und wir betrachten die Äquivalenzklassen $[f_j]_{\approx}$ von $\approx$: Für $[f_j]_{\approx}=\{f_j\}$ ist die Funktionsprozedur F_j entweder *nicht* oder aber *direkt* rekursiv definiert, und folglich müssen hier keine gegenseitigen Rekursionen eliminiert werden. Für $[f_j]_\approx = f_{j1},\ldots, f_{jh}\}$ (mit $h>1$) gilt $f_{j1} <_{\Sigma(P)}^+ f_{j2} <_{\Sigma(P)}^+ \ldots <_{\Sigma(P)}^+ f_{jh} <_{\Sigma(P)}^+ f_{j1}$, d.h. die Funktionsprozeduren $F_{j1},\ldots,F_{jh}$ sind gegenseitig rekursiv definiert und werden in P' durch eine gemeinsame Funktionsprozedur G_i zusammengefaßt. Für n $\approx$-Äquivalenzklassen und m *mehrelementige* $\approx$-Äquivalenzklassen erhält man dann aus P ein funktionales Programm $P' = \langle D_1,\ldots,D_m,G_1,\ldots,G_n\rangle$, wobei $G_i=F_j$, falls $[f_j]_\approx = \{f_j\}$, d.h. die Funktionsprozedur G_i stammt direkt aus P, oder G_i entsteht wie in Definition *2.7.1* durch Zusammenfassung der gegenseitig rekursiv definierten Funktionsprozeduren $F_{j1},\ldots, F_{jh}$. Für diese Funktionsprozeduren werden die Datenstrukturen D_i wie in Definition *2.7.1* bereitgestellt. Man faßt damit Funktionsprozeduren aus P so wenig wie möglich, aber so viel wie nötig zu einer Funktionsprozedur P' zusammen, um gegenseitige Rekursionen zu eliminieren.

Übung 2.7.2

Beweisen Sie, daß Korollar *2.7.3* auch für solche funktionalen Programme P' gilt, die aus einem funktionalen Programm P entstehen, indem man nur diejenigen Funktionsprozeduren in P zu einer Funktionsprozedur in P' zusammenfaßt, für die dies zur Elimination gegenseitiger Rekursionen auch wirklich erforderlich ist. ♦

Wie in Abschnitt *2.3* erläutert, kann man die Semantik einer *direkt* rekursiv definierten Funktionsprozedur F=**function** $f(x^*:w):s \Leftarrow R_f$ eines funktionalen Programms $P=P'\oplus\langle F\rangle$ bestimmen, indem zunächst die Semantik der Funktionsprozeduren aus P' durch den kleinsten Fixpunkt des Funktionals $\Re_{P'}$ ermittelt wird. Dann bildet man aus dem Rumpf R_f der Funktionsprozedur F ein Funktional $\Im_F$, wobei die von f verschiedenen Funktionssymbole durch die $\Sigma(P')$-Algebra $D_{P'}$ gedeutet werden. Der kleinste Fixpunkt von $\Im_F$ definiert dann die Semantik der Funktionsprozedur F, vgl. Beispiel *2.3.6*.

Definition 2.7.2 (Funktional $\Im_F$ einer Funktionsprozedur)

Seien $P' = \langle F_1,\ldots,F_k\rangle$ und $P = P'\oplus\langle F\rangle$ funktionale Programme mit F = **function** $f(x^*:w):s \Leftarrow \ldots$. Dann ist das Funktional $\Im_F \in \{[\mathcal{D}_w \to \mathcal{D}_s] \to [\mathcal{D}_w \to \mathcal{D}_s]\}$ definiert durch

$$\Im_F[\![\phi]\!] = \Re_{P,F}[\![\, (\Re_{P',F1}[\![\mathit{fix}_{\Re P'}]\!], \ldots, \Re_{P',Fk}[\![\mathit{fix}_{\Re P'}]\!], \phi)\,]\!] \,. \quad ♦$$

Mit den Funktionalen $\mathfrak{I}_F$ erhält man für nicht gegenseitig rekursiv definierte Funktionsprozeduren F die gleiche Semantik, wie mit den Funktionalen $\mathfrak{R}_F$ von Definition *2.3.15*:

Satz 2.7.4
Seien $P' = \langle F_1,...,F_k\rangle$ und $P = P'\oplus\langle F\rangle$ funktionale Programme mit $F =$ **function** $f(x^*{:}w){:}s \Leftarrow ...$. Dann gilt

(*i*) $\mathfrak{R}_{P,Fj}[\![\mathit{fix}_{\mathfrak{R}P}]\!] = \mathfrak{R}_{P',Fj}[\![\mathit{fix}_{\mathfrak{R}P'}]\!]$ für alle $j \in \{1,...,k\}$, und
(*ii*) $\mathfrak{R}_{P,F}[\![\mathit{fix}_{\mathfrak{R}P}]\!] = \mathit{fix}_{\mathfrak{I}F}$.

Beweis P' ist nach Voraussetzung ein funktionales Programm, damit gilt $f \notin \Sigma(R)$ für den Prozedurrumpf R jeder Funktionsprozedur von P' und folglich gilt (*i*). Man erhält

$$\begin{aligned}
&\mathfrak{I}_F[\![\mathfrak{R}_{P,F}[\![\mathit{fix}_{\mathfrak{R}P}]\!]]\!] \\
&\quad = \mathfrak{R}_{P,F}[\![(\mathfrak{R}_{P',F1}[\![\mathit{fix}_{\mathfrak{R}P'}]\!],...,\mathfrak{R}_{P',Fk}[\![\mathit{fix}_{\mathfrak{R}P'}]\!],\mathfrak{R}_{P,F}[\![\mathit{fix}_{\mathfrak{R}P}]\!])]\!] \\
&\quad = \mathfrak{R}_{P,F}[\![(\mathfrak{R}_{P,F1}[\![\mathit{fix}_{\mathfrak{R}P}]\!],...,\mathfrak{R}_{P,Fk}[\![\mathit{fix}_{\mathfrak{R}P}]\!],\mathfrak{R}_{P,F}[\![\mathit{fix}_{\mathfrak{R}P}]\!])]\!] \\
&\quad = \mathfrak{R}_{P,F}[\![\mathfrak{R}_P[\![\mathit{fix}_{\mathfrak{R}P}]\!]]\!] \\
&\quad = \mathfrak{R}_{P,F}[\![\mathit{fix}_{\mathfrak{R}P}]\!]
\end{aligned}$$

mit Definition von $\mathfrak{I}_F$, (*i*) und Definition *2.3.15*. Also ist $\mathfrak{R}_{P,F}[\![\mathit{fix}_{\mathfrak{R}P}]\!]$ ein Fixpunkt von $\mathfrak{I}_F$ und folglich gilt

(*1*) $\mathfrak{R}_{P,F}[\![\mathit{fix}_{\mathfrak{R}P}]\!] \sqsupseteq_{\mathcal{D}w\to\mathcal{D}s} \mathit{fix}_{\mathfrak{I}F}$,

denn $\mathit{fix}_{\mathfrak{I}F}$ ist der *kleinste* Fixpunkt von $\mathfrak{I}_F$.

Sei jetzt $\langle\Phi_i\rangle_{i\in\mathbb{N}}$ mit $\Phi_i=(\phi_{1,i},...,\phi_{k+1,i})$ die Iterationsfolge zu $\mathfrak{R}_P$ und sei $\langle\psi_i\rangle_{i\in\mathbb{N}}$ die Iterationsfolge zu $\mathfrak{I}_F$. Dann gilt

(*2*) $\phi_{k+1,i} \sqsubseteq \psi_i$ für alle $i\in\mathbb{N}$.

Wir beweisen (*2*) durch Induktion über i: Für $i=0$ gilt (*2*) trivialerweise, denn $\phi_{k+1,0} = \omega = \psi_0$. Mit $\Phi_{i+1}=\mathfrak{R}_P[\![\Phi_i]\!]=(\mathfrak{R}_{P,F1}[\![\Phi_i]\!],...,\mathfrak{R}_{P,Fk}[\![\Phi_i]\!], \mathfrak{R}_{P,F}[\![\Phi_i]\!])$ gilt $\phi_{k+1,i+1} = \mathfrak{R}_{P,F}[\![\Phi_i]\!]$ und man erhält

$$\begin{aligned}
&\phi_{k+1,i+1} \\
&\quad = \mathfrak{R}_{P,F}[\![(\phi_{1,i},...,\phi_{k,i},\phi_{k+1,i})]\!]
\end{aligned}$$

$\sqsubseteq \mathfrak{R}_{P,F}[\![(\mathfrak{R}_{P,F1}[\![\mathit{fix}_{\mathfrak{R}P}]\!],\dots,\mathfrak{R}_{P,Fk}[\![\mathit{fix}_{\mathfrak{R}P}]\!],\phi_{k+1,i})]\!]$, denn $\Phi_i \sqsubseteq \mathit{fix}_{\mathfrak{R}P}$

$\sqsubseteq \mathfrak{R}_{P,F}[\![(\mathfrak{R}_{P,F1}[\![\mathit{fix}_{\mathfrak{R}P}]\!],\dots,\mathfrak{R}_{P,Fk}[\![\mathit{fix}_{\mathfrak{R}P}]\!],\psi_i)]\!]$, mit Ind.hypothese (*2*)

$= \mathfrak{R}_{P,F}[\![(\mathfrak{R}_{P',F1}[\![\mathit{fix}_{\mathfrak{R}P'}]\!],\dots,\mathfrak{R}_{P',Fk}[\![\mathit{fix}_{\mathfrak{R}P'}]\!],\psi_i)]\!]$, mit (*i*)

$= \mathfrak{I}_F[\![\psi_i]\!]$, mit Definition *2.7.2*,

$= \psi_{i+1}$, mit Definition $\langle\psi_i\rangle_{i\in\mathbb{N}}$,

denn $\mathfrak{R}_{P,F}$ ist monoton, vgl. Satz *2.3.12*. Damit gilt auch

(*3*) $\quad \mathfrak{R}_{P,F}[\![\mathit{fix}_{\mathfrak{R}P}]\!] \sqsubseteq_{\mathcal{D}w\to\mathcal{D}s} \mathit{fix}_{\mathfrak{I}F}$,

denn man erhält für jedes $q^* \in \mathcal{T}(\Sigma^c)_w$

$\mathfrak{R}_{P,F}[\![\mathit{fix}_{\mathfrak{R}P}]\!](q^*)$

$= \mathfrak{R}_{P,F}[\![\mathit{sup}_i\langle\Phi_i\rangle]\!](q^*)$, mit dem Fixpunktsatz *2.3.11*,

$= \mathit{sup}_i\langle\mathfrak{R}_{P,F}[\![\Phi_i]\!]\rangle(q^*)$, denn $\mathfrak{R}_{P,F}$ ist stetig, vgl. Satz *2.3.12*,

$= \mathfrak{R}_{P,F}[\![\Phi_h]\!](q^*)$, für ein $h\in\mathbb{N}$ mit Korollar *2.3.10*,

$= \phi_{k+1,h+1}(q^*)$, mit Definition $\langle\Phi_i\rangle_{i\in\mathbb{N}}$,

$\sqsubseteq \psi_{h+1}(q^*)$, mit (*2*),

$= \mathfrak{I}_F[\![\psi_h]\!](q^*)$, mit Definition $\langle\psi_i\rangle_{i\in\mathbb{N}}$,

$\sqsubseteq \mathfrak{I}_F[\![\mathit{sup}_i\langle\psi_i\rangle]\!](q^*)$, denn $\mathfrak{I}_F$ ist monoton, vgl. Satz *2.3.12*,

$= \mathfrak{I}_F[\![\mathit{fix}_{\mathfrak{I}F}]\!](q^*)$, mit dem Fixpunktsatz *2.3.11*,

$= \mathit{fix}_{\mathfrak{I}F}(q^*)$, mit Definition $\mathit{fix}_{\mathfrak{I}F}$,

und mit (*1*) und (*3*) ist dann auch (*ii*) bewiesen. ♦

Übung 2.7.3

Bestimmen Sie für das funktionale Programm P aus Übung *2.3.11*(*ii*) die Iterationsfolgen $\langle\psi_{1,i}\rangle_{i\in\mathbb{N}}$ und $\langle\psi_{2,i}\rangle_{i\in\mathbb{N}}$ der Funktionale $\mathfrak{I}_{F1}$ und $\mathfrak{I}_{F2}$. Vergleichen Sie $\langle\psi_{1,i}\rangle_{i\in\mathbb{N}}$ mit der Funktionsfolge $\langle\phi_{1,i}\rangle_{i\in\mathbb{N}}$ und $\langle\psi_{2,i}\rangle_{i\in\mathbb{N}}$ mit der Funktionsfolge $\langle\phi_{2,i}\rangle_{i\in\mathbb{N}}$ aus Übung *2.3.11*(*ii*). Vergleichen Sie schließlich die kleinsten Fixpunkte $\mathit{fix}_{\mathfrak{I}F1}$ und $\mathit{fix}_{\mathfrak{I}F2}$ mit $\mathfrak{R}_{F1}[\![\mathit{fix}_{\mathfrak{R}P}]\!]$ bzw. mit $\mathfrak{R}_{F2}[\![\mathit{fix}_{\mathfrak{R}P}]\!]$ und diskutieren Sie das Ergebnis Ihrer Vergleiche. ♦

3 Verifikation funktionaler Programme

Nachdem wir in Kapitel *2* die Semantik funktionaler Programme definiert haben, können wir nun daran gehen, Aussagen über solche Programme zu beweisen, also funktionale Programme zu *verifizieren*. Dabei unterscheiden wir zwischen

- Aussagen, die sich direkt auf ein funktionales Programm *P* beziehen, und
- Aussagen über die Funktion sem⟦*P*⟧, die durch *P* definiert wird.

Beispielsweise ist "*der Aufwand von* P *liegt in* $O(n \times log(n))$" eine Aussage über ein funktionales Programm *P*. Eine andere Aussage über *P* lautet etwa "*das funktionale Programm* P *terminiert*". Aussagen, die sich auf sem⟦*P*⟧ beziehen, lauten allgemein: "*die durch das funktionale Programm* P *definierte Funktion* sem⟦*P*⟧ *hat die Eigenschaft* $\mathcal{E}$ ".

Beispielsweise sind "F_{half} *terminiert*", "F_{log} *terminiert für jede Eingabe* ≠ 0" und "log(n) *wird in* $\lfloor n/2 \rfloor$ *Schritten berechnet*" (wahre) Aussagen über das funktionale Programm $P_{log}=\langle F_{half}, F_{log}\rangle$ mit

function *half*(*x*:*nat*):*nat* ⇐
  if *x=0* **then** *0* **else** (**if** *x=1* **then** *0* **else** *1+half*(*x–2*) **fi**) **fi**

und

function *log*(*x*:*nat*):*nat* ⇐
  if *x=0* **then** *log*(*0*) **else** (**if** *x=1* **then** *0* **else** *1+log*(*half*(*x*)) **fi**) **fi** .

Eine (wahre) Aussage über die berechnete Funktion sem$[\![P_{\log}]\!]$ lautet etwa "log(n) = ⌊*Logarithmus von* n⌋".

Die Unterscheidung zwischen solchen Aussagen ist zunächst nicht eindeutig. Beispielsweise ist die Aussage über P "*alle Funktionsprozeduren in* P *terminieren*" auch eine Aussage über eine Eigenschaft der durch P berechneten Funktion, nämlich "sem$[\![P]\!]$ *ist* total". Eine eindeutige Unterscheidung ergibt sich später, wenn wir festlegen, *wie* Aussagen über sem$[\![P]\!]$ und Eigenschaften $\mathcal{E}$ von Funktionen *formuliert* werden dürfen.

3.1 Terminierung funktionaler Programme

Wir beginnen mit Aussagen über funktionale Programme und betrachten hier die Terminierungseigenschaft. Umgangssprachlich versteht man unter "Terminierung", daß ein Vorgang nach endlicher Zeit abgeschlossen ist. In unserem Zusammenhang bedeutet das, daß die *Auswertung* eines Grundterms t zu einem Konstruktorgrundterm q in endlich vielen Schritten gelingt. Formal läßt sich dies mit den Auswertungsfolgen der operationalen Semantik ausdrücken, vgl. Definition *2.2.3*, für die man verlangt, daß sie *endlich* sind, d.h. $t{=}t_1 \rightarrow_P t_2 \rightarrow_P \dots \rightarrow_P t_{n-1} \rightarrow_P t_n{=}q$, oder anders formuliert, daß $(\mathcal{T}(\Sigma(P)), \rightarrow_P)$ eine fundierte Menge ist. Damit ist "Terminierung" zunächst einmal ein *operationaler* Begriff. Mit dem Äquivalenzsatz *2.4.8* sind wir jedoch nicht auf die operationale Semantik festgelegt und können daher Terminierung allgemein definieren:

Definition 3.1.1 (Terminierung funktionaler Programme)
Sei $P{=}\langle F_1,\dots,F_k\rangle$ ein funktionales Programm, so daß für alle $j \in \{1,\dots,k\}$

$$F_j = \textbf{function}\; f_j(x_j{}^*{:}w_j){:}s_j \Leftarrow R_{f_j}$$

eine Funktionsprozedur für f_j ist. Dann *terminiert* die *Funktionsprozedur* F_j *für* $q^* \in \mathcal{T}(\Sigma^c)_{w_j}$ gdw. sem$[\![P]\!](f_j q^*) \neq \propto$. Die *Funktionsprozedur* F_j *terminiert* gdw. F_j für alle $q^* \in \mathcal{T}(\Sigma^c)_{w_j}$ terminiert.

Das *funktionale Programm P terminiert für* $t \in \mathcal{T}(\Sigma(P))$ gdw. sem⟦P⟧$(t) \neq \infty$. Das *funktionale Programm P terminiert* gdw. P für alle $t \in \mathcal{T}(\Sigma(P))$ terminiert. ♦

Eine Funktionsprozedur F für f terminiert also für eine Eingabe q^* gdw. $f(q^*)$ zu einem Konstruktorgrundterm ausgewertet werden kann und F terminiert, wenn *jede* solche Auswertung gelingt. Folgendes Lemma zeigt den Zusammenhang zwischen der Terminierung eines funktionalen Programms und der Terminierung seiner Funktionsprozeduren:

Lemma 3.1.1
Ein funktionales Programm P terminiert gdw. jede Funktionsprozedur in P terminiert.

Beweis Übung. ♦

Beispielsweise terminiert die Funktionsprozedur F_{half}. Die Funktionsprozedur $F_{\log}$ terminiert nur für alle $q \in \mathcal{T}(\Sigma^c)_{\text{nat}}$ mit $q \neq 0$ und damit terminiert das Programm $P_{\log}$ nicht.

Wir wollen jetzt untersuchen, wie die Terminierung funktionaler Programme bewiesen werden kann. Mit dem Mächtigkeitssatz *2.5.1* wissen wir, daß Terminierung *nicht entscheidbar* ist. Andernfalls könnten wir für jede μ-rekursive Funktion ϕ entscheiden, ob ϕ *total* ist, und so das *Halteproblem* für Turingmaschinen lösen. Terminierung ist noch nicht einmal *rekursiv aufzählbar*, denn die Menge aller totalen berechenbaren Funktionen ist nicht rekursiv aufzählbar, und folglich kann mit Satz *2.5.1* die Menge aller funktionalen Programme P, für die sem⟦P⟧ total ist, nicht rekursiv aufzählbar sein. Damit gibt es kein Verfahren, das zumindest für jedes *terminierende* Programm P feststellt, daß P terminiert, oder anders gesagt: Jedes *korrekte* Beweisverfahren für die Terminierung funktionaler Programme ist *unvollständig*, d.h. jedes dieser Verfahren kann die Terminierung gewisser terminierender funktionaler Programme *nicht feststellen*.

Wir werden jetzt *hinreichende* Kriterien für die Terminierung eines funktionalen Programms entwickeln, d.h. Kriterien, die bei gewissen *terminierenden* Programmen *versagen*. Dabei werden wir jeweils untersuchen, *für welche* terminierenden Programme diese Kriterien versagen, um eine Vorstellung davon zu bekommen, wie *relevant* die Schwäche dieser Kriterien jeweils ist.

Mit Lemma *3.1.1* können wir die Aufgabe, die Terminierung eines funktionalen Programms P zu beweisen, auf die Terminierung der einzelnen Funktionsprozeduren in P zurückführen. Mit den Ergebnissen von Abschnitt *2.7* dürfen wir außerdem voraussetzen, daß P keine *gegenseitigen* Rekursionen enthält. Das bedeutet insbesondere, daß für $P=\langle F_1,...,F_k\rangle$ jede Folge $P_{j+1}=\langle F_1,..., F_{j+1}\rangle$ von Funktionsprozeduren mit $j\in\{0,...,k-1\}$ ebenfalls ein funktionales Programm ist, und damit der Terminierungsnachweis für ein funktionales Programm auf den Terminierungsnachweis der einzelnen Funktionsprozeduren "lokalisiert" werden kann:

Lemma 3.1.2
Seien $P=\langle F_1,...,F_k\rangle$ und P_j funktionale Programme mit $P_0=\langle\rangle$ und $P_{j+1}=\langle F_1,..., F_{j+1}\rangle$ für alle $j\in\{0,...,k-1\}$. Dann terminiert P gdw. für jedes $j\in\{0,..., k-1\}$ das Programm P_j und die Funktionsprozedur F_{j+1} des Programms $P_j\oplus\langle F_{j+1}\rangle$ terminiert.

Beweis Übung. ♦

Mit Lemma *3.1.2* können wir die Terminierung eines funktionalen Programms P durch Induktion über die Länge von P beweisen: Im Induktionsanfang $j=0$ müssen wir die Terminierung der Funktionsprozedur F_1 beweisen. Im Induktionsschritt $j>0$ muß die Terminierung der Funktionsprozedur F_{j+1} bewiesen werden, wobei die Terminierung des funktionalen Programms P_j schon durch die Induktionsvoraussetzung gegeben ist.

In beiden Fällen ist also die Terminierung einer einzelnen Funktionsprozedur F_{j+1} zu beweisen. Wenn F_{j+1} nicht rekursiv definiert ist, so terminiert F_{j+1} trivialerweise, denn P_j terminiert nach der Induktionsvoraussetzung (oder $P_j=\langle\rangle$ und damit terminiert P_j mit Satz *2.2.1(iv)*). Wir müssen daher nur rekursiv definierte Funktionsprozeduren untersuchen, und damit ist es naheliegend, die *rekursiven Aufrufe* im Rumpf einer Funktionsprozedur zu betrachten.

Offensichtlich bestimmt ein rekursiver Aufruf $f(t^*)$ im Rumpf R_f einer Funktionsprozedur F = **function** $f(x^*:w):s \Leftarrow R_f$ nur dann das Ergebnis der Auswertung eines Terms $f(q^*)$ mit $q^*\in\mathcal{T}(\Sigma^c)_w$, wenn im Zuge der Auswertung von $f(q^*)$ mindestens eine *Instanz* $f(\sigma(t^*))$ von $f(t^*)$ ausgewertet werden muß, also eine Instanz des rekursiven Aufrufs, bei der die formalen Parameter x^* in t^* mit $\sigma:=\{x^*/q^*\}$ durch die aktuelle Parameter q^* ersetzt werden.

Die *Teilterme* eines Terms t, die bei Auswertung von t ausgewertet werden *müssen*, beschreiben wir allgemein durch die sogenannte *erforderliche Auswertung*:

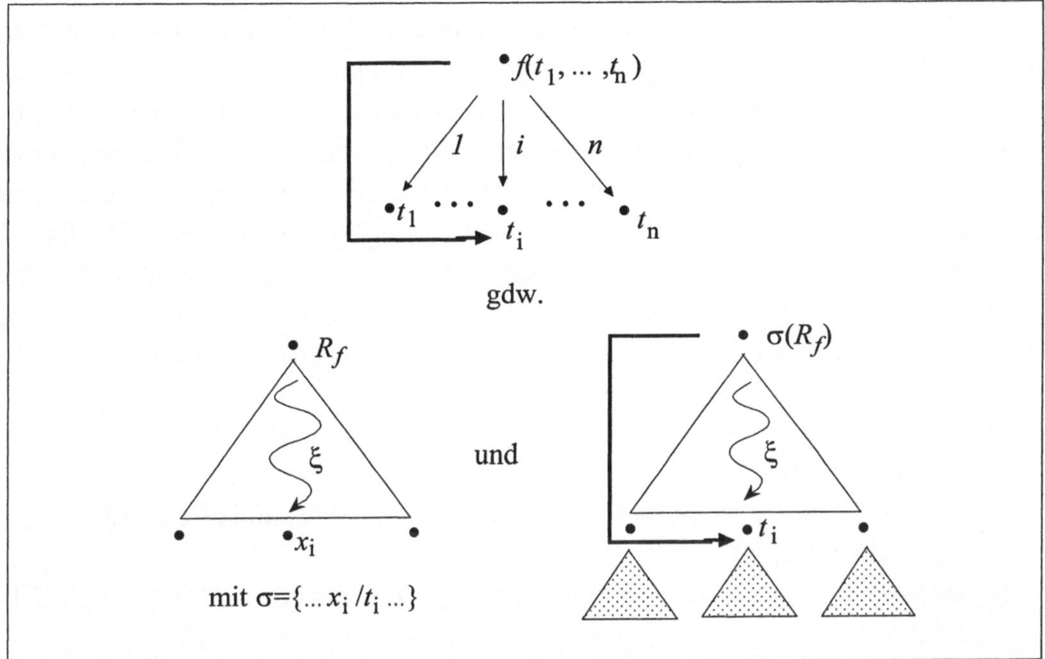

Bild 3.1.1 Erforderliche Auswertung von aktuellen Parametern

Definition 3.1.2 (Erforderliche Auswertung $t \lrcorner_P \pi$)
Sei P ein funktionales Programm, $t \in \mathcal{T}(\Sigma(P))$ und $\pi \in Occ(t)$. Dann ist bei Auswertung von t die Auswertung von $t|_\pi$ *erforderlich*, abgekürzt $t \lrcorner_P \pi$, gdw. $t \notin \mathcal{T}(\Sigma^c)$ sowie $\pi = \varepsilon$ oder $\pi = i\pi'$, $t = f(t_1,\ldots,t_n)$, $i \in \{1,\ldots,n\}$, $t_i \lrcorner_P \pi'$ und

(*i*) $f \in \{succ, pred, eq_{nat}, if_s\}$ und $i=1$, oder
(*ii*) $f = eq_{nat}$ und $i=2$, oder
(*iii*) $f = if_s$, $i=2$ und $t_1 \rightarrow_P{}^* true$, oder
(*iv*) $f = if_s$, $i=3$ und $t_1 \rightarrow_P{}^* false$, oder
(*v*) $P = \langle \ldots,$ **function** $f(x_1{:}s_1,\ldots,x_n{:}s_n){:}s \Leftarrow R_f, \ldots \rangle$ und $\sigma(R_f) \lrcorner_P \xi$ für ein $\xi \in Occ(R_f)$ mit $R_f|_\xi = x_i$ und $\sigma = \{x_1/t_1,\ldots,x_n/t_n\}$. ♦

Mit (*i*) wird das erste Argument t_1 bei Auswertung einer Grundoperation $f(t_1,\ldots)$ immer ausgewertet. Gleiches gilt für t_2 bei Auswertung von $eq_{nat}(t_1, t_2)$, vgl. (*ii*). Die einzige Ausnahme bilden Ausdrücke der Form *succ*(*succ*(...(*O*)...)), denn diese Terme sind bereits ausgewertet. Die Auswertung des *then*-Teils t_2 eines bedingten Ausdrucks $t = if(t_1, t_2, t_3)$ ist nur dann bei Auswertung von t erforderlich, wenn die Bedingung t_1 zu *true* ausgewertet wird, vgl. (*iii*), und mit (*iv*) gilt entsprechendes für den *else*-Teil. Damit wird insbesondere kein Teil eines bedingten Ausdrucks ausgewertet, wenn die Auswertung der Bedingung t_1 (wegen Nicht-Terminierung) scheitert. Schließlich wird ein aktueller Parameter t_i bei Auswertung eines Prozeduraufrufs $f(t_1,...,t_n)$ ausgewertet, falls der *instantiierte* Prozedurrumpf $\sigma(R_f)$ an einer Stelle ξ ausgewertet wird, wobei ξ den formalen Parameter x_i im (nicht-instantiierten) Prozedurrumpf R_f auswählt, vgl. (*v*) und Bild *3.1.1*. Es gilt also $t \downarrow_P \pi$ gdw. bei Auswertung von t auch $t|_\pi$ ausgewertet werden muß. Folgendes Lemma beschreibt den Zusammenhang zwischen der erforderlichen Auswertung eines Terms und seiner Teilterme, sowie dem Ergebnis einer Auswertung:

Lemma 3.1.3
Für alle $t \in \mathcal{T}(\Sigma(P))$ gilt:

(*i*) $t \downarrow_P \pi\rho$ gdw. $t \downarrow_P \pi$ und $t|_\pi \downarrow_P \rho$ für alle $\pi \in Occ(t)$ und alle $\rho \in Occ(t|_\pi)$, vgl. Bild *3.1.2*.

(*ii*) $eval_P(t)=\infty$ gdw. $t \downarrow_P \pi$ und $eval_P(t|_\pi)=\infty$ für ein $\pi \in Occ(t)$, vgl. Bild *3.1.3*.

Beweis (*i*) Wir beweisen die Behauptung durch Induktion über π:

Induktionsanfang $\pi=\varepsilon$: Es gilt $t \downarrow_P \rho$ gdw. $t \downarrow_P \varepsilon$ und $t \downarrow_P \rho$ für alle $\rho \in Occ(t)$. √

Induktionsschritt $\pi=i\pi'$: Es gilt $t=f(t_1,...,t_n)$ mit $i \in \{1,...,n\}$ und $\pi' \in Occ(t_i)$. Als Induktionshypothese dürfen wir " $t \downarrow_P \pi'\rho$ gdw. $t \downarrow_P \pi'$ und $t|_{\pi'} \downarrow_P \rho$ für alle $\rho \in Occ(t|_{\pi'})$ " annehmen.

Fall $f \in \{succ, pred, eq_{nat}, if_s\}$ und $i=1$: Es gilt

$t \downarrow_P 1\pi'\rho$	gdw.	$t_1 \downarrow_P \pi'\rho$	, mit Definition *3.1.2*(*i*)
	gdw.	$t_1 \downarrow_P \pi'$ und $t_1|_{\pi'} \downarrow_P \rho$	, mit der Induktionshypothese
	gdw.	$t \downarrow_P 1\pi'$ und $t|_{1\pi'} \downarrow_P \rho$	, mit Definition *3.1.2*(*i*). √

Fall $f=if_s$ und $i=2$: Es gilt

$t \downarrow_P 2\pi'\rho$

gdw.	$t_1 \rightarrow_P^* true$ und $t_2 \downarrow_P \pi'\rho$	, mit Definition *3.1.2*(*iii*)
gdw.	$t_1 \rightarrow_P^* true$, $t_2 \downarrow_P \pi'$ und $t_2|_{\pi'} \downarrow_P \rho$	, mit der Induktionshypothese
gdw.	$t \downarrow_P 2\pi'$ und $t|_{2\pi'} \downarrow_P \rho$	, mit Definition *3.1.2*(*i*). √

Fall $P = \langle \ldots,$ **function** $f(x_1{:}s_1,\ldots,x_n{:}s_n){:}s \Leftarrow R_f, \ldots \rangle$ und $\sigma(R_f) \lrcorner_P \xi$ für ein $\xi \in$ $Occ(R_f)$ mit $R_f|_\xi = x_i$ und $\sigma = \{x_1/t_1,\ldots,x_n/t_n\}$: Es gilt

$t \lrcorner_P i\pi'\rho$
gdw. $\sigma(R_f) \lrcorner_P \xi$ und $t_i \lrcorner_P \pi'\rho$, mit Definition *3.1.2*(*v*)
gdw. $\sigma(R_f) \lrcorner_P \xi$ und $t_i \lrcorner_P \pi'$ und $t_i|_{\pi'} \lrcorner_P \rho$, mit der Induktionshypothese
gdw. $t \lrcorner_P i\pi'$ und $t|_{i\pi'} \lrcorner_P \rho$, mit Definition *3.1.2*(*v*). √

Die restlichen Fälle beweist man entsprechend. √

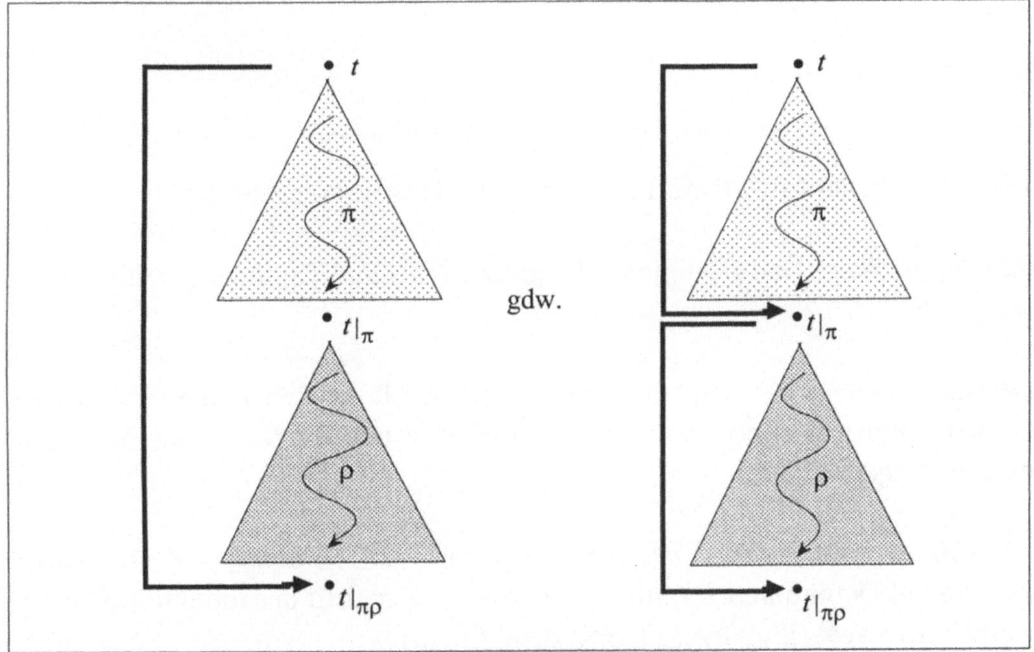

Bild 3.1.2 Erforderliche Auswertung von Termen und Teiltermen

(*ii*) "=>" Mit $eval_P(t)=\infty$ gilt $t \notin \mathcal{T}(\Sigma^c)$ und folglich gilt die Behauptung für $\pi{:=}\varepsilon$.√
"<=" Sei $\gg \subset \mathcal{T}(\Sigma(P))\times\mathcal{T}(\Sigma(P))$ mit $s_1 \gg s_2$ gdw. $eval_P(s_1)\neq\infty\neq eval_P(s_2)$ sowie $|s_1|_P >$ $|s_2|_P$ oder ($|s_1|_P=|s_2|_P$ und $s_1 >_{\mathcal{T}} s_2$). Dann ist $\gg$ mit Lemma *1.4.3*(*ii*) fundiert, und wir zeigen die Behauptung " für alle $t\in\mathcal{T}(\Sigma(P))$ und für alle $\pi\in Occ(t)$ gilt: wenn $eval_P(t)\neq\infty$ und $t \lrcorner_P \pi$, dann $eval_P(t|_\pi)\neq\infty$ " durch Noethersche Induktion über $\gg$:

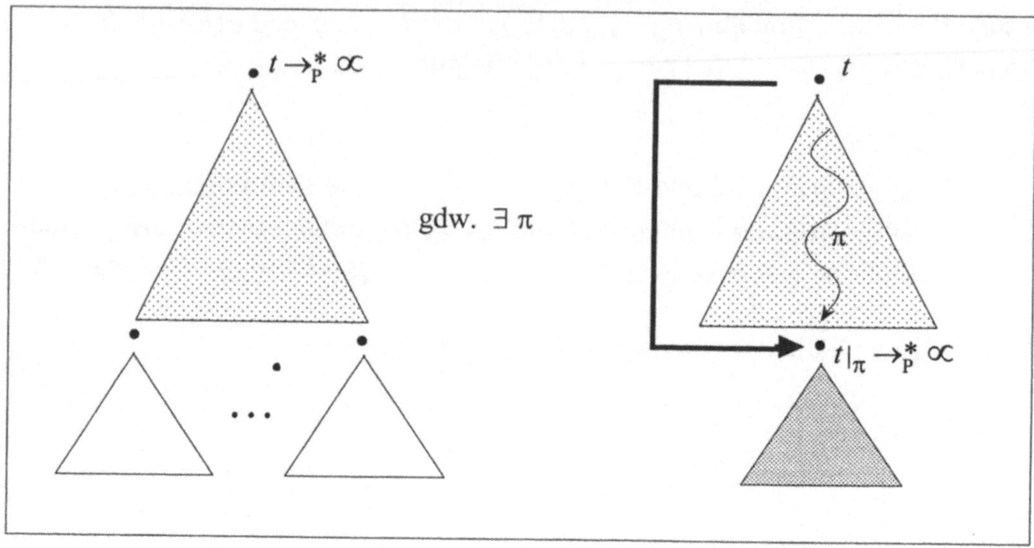

Bild 3.1.3 Nicht-auswertbare Terme und erforderliche Auswertung

Induktionsanfang t ist »-minimal: Es gilt $t \in \mathcal{T}(\Sigma^c)$ und damit $t \lrcorner_P\ \pi$ für kein $\pi \in Occ(t)$. √

Induktionsschritt t ist nicht »-minimal: Für $\pi=\varepsilon$ gilt die Behauptung trivialerweise, also nehmen wir jetzt $\pi=i\pi'$ mit $i \in Occ(t) \cap \mathbb{N}$ und $\pi' \in Occ(t_i)$ an. Wir unterscheiden folgende Fälle:

Fall $t=f(t_1\ ...\ )$ mit $f \in \{succ, pred, eq_{nat}, if_s\}$ und $i=1$: Mit $eval_P(t) \neq \propto$ gilt $eval_P(t_1) \neq \propto$, und mit Definition *3.1.2* gilt $t \lrcorner_P\ \pi$ gdw. $t_1 \lrcorner_P\ \pi'$. Mit der Induktionshypothese erhält man $eval_P(t_1|_{\pi'})=eval_P(t|_\pi) \neq \propto$, denn $f(t_1\ ...\ ) \gg t_1$. √

Fall $t=eq_{nat}(t_1, t_2)$ und $i=2$: Zeigt man entsprechend dem vorherigen Fall. √

Fall $t=if_s(t_1, t_2, t_3)$ und $i=2$: Mit Definition *3.1.2* gilt $t \lrcorner_P\ \pi$ gdw. $t_2 \lrcorner_P\ \pi'$ sowie $t_1 \to_P^* true$, und folglich $eval_P(t) \neq \propto$ gdw. $eval_P(t_2) \neq \propto$. Mit der Induktionshypothese erhält man $eval_P(t_2|_{\pi'}) \neq \propto$, denn $if_s(t_1, t_2, t_3) \gg t_2$, und damit $eval_P(t|_\pi) \neq \propto$. √

Fall $t=if_s(t_1, t_2, t_3)$ und $i=3$: Zeigt man entsprechend dem vorherigen Fall. √

Fall $t=f(t_1,...,t_n)$ mit $P = \langle\ ...,$ **function** $f(x_1{:}s_1,...,x_n{:}s_n){:}s \Leftarrow R_f\ ,\ ...\ \rangle$: Mit Definition *3.1.2* gilt $t \lrcorner_P\ \pi$ gdw. $t_i \lrcorner_P\ \pi'$ sowie $\sigma(R_f) \lrcorner_P \xi$ für ein $\xi \in Occ(R_f)$ mit $R_f|_\xi = x_i$ und $\sigma = \{x_1/t_1,...,x_n/t_n\}$. Mit $t \to_P \sigma(R_f)$ gilt $eval_P(t)=eval_P(\sigma(R_f)) \neq \propto$, und mit der Induktionshypothese erhält man $eval_P(\sigma(R_f)|_\rho)\neq\infty$ für alle $\rho\in Occ(\sigma(R_f))$ mit $\sigma(R_f) \hookleftarrow_P \rho$, denn $t \gg \sigma(R_f)$. Folglich gilt $eval_P(\sigma(R_f)|_{\xi\rho'})\neq\infty$ für alle $\xi\in Occ(R_f)$ und für alle $\rho'\in Occ(\sigma(R_f|_\xi))$ mit $\sigma(R_f) \hookleftarrow_P \xi\rho'$. Damit gilt insbesondere $eval_P(\sigma(R_f)|_{\xi\pi'}) \neq\infty$ für alle $\xi\in Occ(R_f)$ mit $R_f|_\xi=x_i$ und $\sigma(R_f) \hookleftarrow_P \xi\pi'$. Mit (*i*) erhält man $\sigma(R_f) \hookleftarrow_P \xi\pi'$ gdw. $\sigma(R_f) \hookleftarrow_P \xi$ und $\sigma(R_f)|_\xi \hookleftarrow_P \pi'$, und mit Definition *3.1.2*(*v*) folgt $\sigma(R_f) \hookleftarrow_P \xi\pi'$ gdw. $f(t_1,...,t_n) \hookleftarrow_P i\pi'$, denn $\sigma(R_f)|_\xi=t_i$. Also gilt $eval_P(t_i|_{\pi'})=eval_P(t|_\pi)\neq\infty$. √ ♦

Beispiel 3.1.1

Für $t=if_{nat}(eq(succ(O), O), O, plus(times(pred(succ(O)), succ(O)), succ(O)))$ und $\pi_1,\pi_2,\pi_3,\pi_4\in Occ(t)$ mit

$$t|_{\pi 1} = plus(times(pred(succ(O)), succ(O)), succ(O)),$$
$$t|_{\pi 2} = times(pred(succ(O)), succ(O)),$$
$$t|_{\pi 3} = pred(succ(O)) \text{ und}$$
$$t|_{\pi 4} = eq(succ(O), O)$$

gilt $t \hookleftarrow_P \pi_i$: Mit Definition *3.1.2* gilt etwa

$if_{nat}(eq(succ(O), O), O, plus(times(\mathbf{pred(succ(O))}, succ(O)), succ(O))) \hookleftarrow_P \pi_3$

gdw. $plus(times(\mathbf{pred(succ(O))}, succ(O)), succ(O)) \hookleftarrow_P 11$ und
$eq(succ(O), O) \rightarrow_P false$

gdw. $times(\mathbf{pred(succ(O))}, succ(O)) \hookleftarrow_P 1$ und
$if_{nat}(eq(\mathbf{times(pred(succ(O)), succ(O))}, O)\ succ(O), succ(plus(...))) \hookleftarrow_P 11$,
denn $R_{plus} = if_{nat}(eq(\mathbf{x}, O)\ y, succ(plus(...)))$,

gdw. $\mathbf{pred(succ(O))} \hookleftarrow_P \varepsilon$,
$if_{nat}(eq(\mathbf{pred(succ(O))}, O), O, plus(times(...), succ(O))) \hookleftarrow_P 11$, und
$eq(\mathbf{times(pred(succ(O)), succ(O))}, O) \hookleftarrow_P 1$,
denn $R_{times} = if_{nat}(eq(\mathbf{x}, O)\ O, plus(times(...), y)))$,

gdw. $eq(\mathbf{pred(succ(O))}, O) \hookleftarrow_P 1$,
$\mathbf{times(pred(succ(O)), succ(O))} \hookleftarrow_P \varepsilon$

gdw. $\mathbf{pred(succ(O))} \hookleftarrow_P \varepsilon$

Für $1 \le i \le 2$ gilt $\pi_3 = \pi_i \rho_i$ für gewisse ρ_i und mit Lemma *3.1.3*(*i*) folgt dann $t \downarrow_P \pi_1$ sowie $t \downarrow_P \pi_2$. Schließlich gilt $t \downarrow_P \pi_4$ gdw. **eq(succ(O), O)** $\downarrow_P \varepsilon$. ♦

Übung 3.1.1
Zeigen Sie, daß $|t|_P \geq |t|_\pi|_P$ für alle $t \in \mathcal{T}(\Sigma(P))$ mit $eval_P(t) \neq \infty$ und für alle $\pi \in Occ(t)$ mit $t \downarrow_P \pi$ gilt. ♦

Mit Definition *3.1.2* können wir jetzt ein äquivalentes Kriterium für die Terminierung einer Funktionsprozedur F formulieren. Wir gehen dabei in diesem und im folgenden Abschnitt davon aus, daß jeweils P' ein *terminierendes* funktionales Programm, $P = P' \oplus \langle F \rangle$ ein funktionales Programm mit F = **function** $f(x^*{:}w){:}s \Leftarrow R_f$, und $D(\gamma) = (\mathcal{D}, \delta(\gamma))$ die $\Sigma(P') \cup \{f\}$-Expansion von $D_{P'}$ mit $\delta(\gamma)_f = \gamma$ für eine beliebige Funktion $\gamma \in [\mathcal{D}_w \rightarrow \mathcal{D}_s]$ ist:

Definition 3.1.3 (*call-by-name*-Terminierung)
Die Funktionsprozedur F *terminiert call-by-name* gdw. eine fundierte Relation $\gg \subset \mathcal{D}_w \times \mathcal{D}_w$ und ein Fixpunkt $\phi \in [\mathcal{D}_w \rightarrow \mathcal{D}_s]$ von $\mathfrak{I}_F$ existieren, so daß

(*) $D(\phi)(s^*) \gg D(\phi)(\sigma(t^*))$ für alle $\sigma = \{x^*/s^*\}$ mit $s^* \in \mathcal{T}(\Sigma(P))_w$
und für alle $\pi \in Occ(R_f)$ mit $R_f|_\pi = ft^*$ und $\sigma(R_f) \downarrow_P \pi$

gilt. Das *funktionale Programm P* terminiert *call-by-name* gdw. jede Funktionsprozedur in P *call-by-name* terminiert. ♦

Für die *call-by-name*-Terminierung wird mit (*) gefordert, daß die Deutung $D(\phi)(\sigma(t^*))$ der Argumentliste $\sigma(t^*)$ jedes *ausgeführten* rekursiven Aufrufs $f\sigma(t^*)$ bzgl. einer *fundierten* Relation $\gg$ *kleiner* ist, als die Deutung $D(\phi)(s^*)$ der Argumentliste s^* eines Prozeduraufrufs fs^*.

Für die Deutung der Argumentlisten werden die Funktionssymbole f_j der Funktionsprozeduren F_j aus $P' = \langle F_1, \ldots, F_k \rangle$ (mit $k \ge 0$) durch $\mathfrak{R}_{P',F_j}[\![fix_{\mathfrak{R}P'}]\!]$, also mittels des kleinsten Fixpunkts des Funktionals von P' gedeutet, vgl. Definition *2.3.15*. Das Funktionssymbol f der Funktionsprozedur F wird durch einen Fixpunkt ϕ des Funktionals $\mathfrak{I}_F$ interpretiert. Dieses Funktional erhält man aus dem Rumpf R_f der Funktionsprozedur F, indem alle Funktionssymbole f_j der Funktionsprozeduren F_j aus P' durch $\mathfrak{R}_{P',F_j}[\![fix_{\mathfrak{R}P'}]\!]$ gedeutet werden, und f durch den Parameter des Funktionals $\mathfrak{I}_F$ interpretiert wird, vgl. Definition *2.7.2*. Damit müssen also nur solche Funktionen ϕ betrachtet werden, die mit der Definition von f (durch die Funktionsprozedur F) "verträglich" sind.

Beispiel 3.1.2

(*i*) Die Funktionsprozedur F_{null} mit

function *null*(*x*,*y*:*nat*):*nat* $\Leftarrow$
if $x=0$ **then** *0* **else** *null*(*null*($x-1$, *null*(*x*, *y*)), *y*) **fi**

terminiert *call-by-name*: Sei $\phi \in [\mathcal{D}_{\text{nat,nat}} \to \mathcal{D}_{\text{nat}}]$ ein Fixpunkt von $\mathfrak{I}_{F\text{null}}$. Dann gilt $\phi(q,e)=0$ für alle $q \in \mathcal{T}(\Sigma^c)_{\text{nat}}$ und alle $e \in \mathcal{D}_{\text{nat}}$ mit $\phi(q,e) \neq \emptyset$, wie man leicht durch Peano-Induktion über q zeigt.

Für $\sigma=\{x/s,\ y/r\}$ sind *null*(*null*($s-1$, *null*(*s*, *r*)), *r*) und *null*($s-1$, *null*(*s*, *r*)) die beiden einzigen rekursiven Aufrufe, deren Auswertung zur Auswertung von *null*(*s*, *r*) erforderlich ist. Sei $\langle d,e \rangle \gg \langle d',e' \rangle$ gdw. $d \in \mathcal{T}(\Sigma^c)_{\text{nat}}$ und entweder $d'=\emptyset$ oder $d >_{\mathcal{T}} d'$. Wenn ein rekursiver Aufruf ausgewertet wird, so gilt $D_P(s)=1+c$ für ein $c \in \mathcal{T}(\Sigma c)_{\text{nat}}$, und damit $D(\phi)(s)=1+c$, denn $D_P=D(fix_{\mathfrak{I}F\text{null}})$ und $fix_{\mathfrak{I}F\text{null}} \sqsubseteq \phi$. Folglich gilt $D(\phi)(\langle s, r \rangle) = \langle 1+c, D(\phi)(r) \rangle$.

Für $\phi(c, \phi(1+c, D(\phi)(r)))=\emptyset$ erhält man $\langle 1+c, D(\phi)(r) \rangle \gg \langle \emptyset, D(\phi)(r) \rangle = D(\phi)(\langle null(s-1, null(s, r)), r \rangle)$. Andernfalls gilt $\phi(c, \phi(1+c, D(\phi)(r)))= 0$ und man erhält $\langle 1+c, D(\phi)(r) \rangle \gg \langle 0, D(\phi)(r) \rangle = D(\phi)(\langle null(s-1, null(s, r)), r \rangle)$. Schließlich gilt auch $\langle 1+c, D(\phi)(r) \rangle \gg \langle c, \phi(1+c, D(\phi)(r)) \rangle = D(\phi)\ (\langle s-1, null(s, r) \rangle)$. Also ist Forderung (*) von Definition *3.1.3* erfüllt und F_{null} terminiert *call-by-name*.

(*ii*) Die Funktionsprozedur F_{one} mit

function *one*(*x*:*nat*):*nat* $\Leftarrow x \times one(x-1) + 1 - x$

terminiert *call-by-name*: Sei $\phi \in [\mathcal{D}_{\text{nat}} \to \mathcal{D}_{\text{nat}}]$ ein Fixpunkt von $\mathfrak{I}_{F\text{one}}$ und sei $d \gg d'$ gdw. $d \in \mathcal{T}(\Sigma^c)_{\text{nat}}$ und $d >_{\mathcal{T}} d'$. Wenn für $\sigma=\{x/s\}$ die Auswertung des rekursiven Aufrufs *one*($s-1$) erforderlich ist, so gilt $D_P(s)=1+c$ für ein $c \in \mathcal{T}(\Sigma^c)_{\text{nat}}$, und damit $D(\phi)(s)=1+c$. Man erhält $1+c \gg c = D(\phi)(s-1)$, also ist Forderung (*) von Definition *3.1.3* erfüllt und F_{one} terminiert *call-by-name*.

(*iii*) Die Funktionsprozedur F_{two} mit

function *two*(*x*,*y*:*nat*):*nat* $\Leftarrow$ **if** $x=0$ **then** *2* **else** *two*($x-1$, *two*(*x*, *y*)) **fi**

terminiert *call-by-name*: Sei $\phi \in [\mathcal{D}_{\text{nat,nat}} \to \mathcal{D}_{\text{nat}}]$ ein Fixpunkt von $\mathfrak{I}_{F\text{two}}$ und sei $\langle d, e \rangle \gg \langle d',e' \rangle$ gdw. $d \in \mathcal{T}(\Sigma^c)_{\text{nat}}$ und $d >_{\mathcal{T}} d'$. Wenn für $\sigma=\{x/s,\ y/r\}$ die Auswertung des rekursiven Aufrufs $two(s-1, two(s, r))$ erforderlich ist, so gilt $D_P(s)=1+c$ für ein $c \in \mathcal{T}(\Sigma^c)_{nat}$, und damit $D(\phi)(s)=1+c$. Es gilt $D(\phi)(\langle s, r\rangle) = \langle 1+c, D(\phi)(r)\rangle \gg \langle c, \phi(1+c, D(\phi)(r))\rangle = D(\phi)\ (\langle s-1, two(s, r)\rangle)$. Da die Auswertung des rekursiven Aufrufs $two(s, r)$ nie erforderlich ist, ist Forderung (*) von Definition *3.1.3* erfüllt und F_{two} terminiert *call-by-name*, vgl. Übung *2.6.5(i)*.

(*iv*) Die Funktionsprozedur F_{outer} mit

function $outer(x{:}nat){:}nat \Leftarrow 1{+}outer(x)$

terminiert nicht *call-by-name*: Für $\sigma=\{x/s\}$ ist $outer(s)$ der einzige auszuwertende rekursive Aufruf, und folglich muß $D(\phi)(s) \gg D(\phi)(s)$ gelten. Damit kann $\gg$ nicht fundiert sein.

(*v*) Die Funktionsprozedur F_{inner} mit

function $inner(x{:}nat){:}nat \Leftarrow inner(1{+}x)$

terminiert nicht *call-by-name*: Für $\sigma=\{x/s\}$ ist $inner(1+s)$ der einzige auszuwertende rekursive Aufruf, und folglich muß $D(\phi)(s) \gg 1+D(\phi)(s) \gg 2+D(\phi)(s) \gg \dots$ gelten. Damit kann $\gg$ nicht fundiert sein. ♦

Satz 3.1.4
F terminiert gdw. *F call-by-name* terminiert.

Beweis "=>" Sei $>_f$ die Relation auf $\mathcal{T}(\Sigma^c)_w$ mit $q^* >_f r^*$ gdw. $q^*=eval_P(s^*)$ und $r^*=eval_P(\sigma(t^*))$ für ein $s^* \in \mathcal{T}(\Sigma(P))_w$ und $\sigma=\{x^*/s^*\}$, so daß $R_f|_\pi=ft^*$ sowie $\sigma(R_f) \lrcorner_P \pi$ für ein $\pi \in Occ(R_f)$. Für $eval_P(s^*) >_f eval_P(\sigma(t^*))$ erhält man dann

$$\begin{aligned} |fs^*|_P &> |\sigma(R_f)|_P \quad \text{, denn } fs^* \to_P \sigma(R_f) \\ &\geq |f\sigma(t^*)|_P \quad \text{, denn } f\sigma(t^*)=\sigma(R_f)|_\pi \text{ und } \sigma(R_f)\lrcorner_P\pi \text{, vgl. Übung } 3.1.1, \end{aligned}$$

also $|fs^*|_P > |f\sigma(t^*)|_P$. Damit ist $>_f$ fundiert, denn für eine unendliche Folge $q_0^* >_f q_1^* >_f q_2^* >_f \dots$ gibt es eine unendliche Folge $s_0^*, s_1^*, s_2^*, \dots$ in $\mathcal{T}(\Sigma(P))_w$ mit $|fs_0^*|_P > |fs_1^*|_P > |fs_2^*|_P > \dots$. Damit gilt dann insbesondere $|fs_0^*|_P = \infty$, also $eval_P(fs_0^*)=\propto$, und folglich terminiert *F* nicht. ↯

Sei jetzt $\sigma=\{x^*/s^*\}$ mit $s^* \in \mathcal{T}(\Sigma(P))_w$ und sei $\pi \in Occ(R_f)$ mit $R_f|_\pi=ft^*$ sowie $\sigma(R_f)\lrcorner_P\pi$. Dann gilt $eval_P(s^*) >_f eval_P(\sigma(t^*))$ und mit dem Äquivalenzsatz *2.4.8* erhält man $D_P(s^*) >_f D_P(\sigma(t^*))$. Mit Satz *2.7.4* gilt $D(fix_{\Im F})=D_P$, d.h. $D(fix_{\Im F})(s^*) >_f D(fix_{\Im F})(\sigma(t^*))$, und da $fix_{\Im F}$ ein Fixpunkt von $\Im_F$ ist, ist Forderung *3.1.3*(*) erfüllt, und F terminiert *call-by-name*. √

"<=" Angenommen, es gibt ein $q^* \in \mathcal{T}(\Sigma^c)_w$, so daß $eval_P(fq^*)=\infty$. Für $M:= \{r^* \in \mathcal{T}(\Sigma(P))_w \mid eval_P(fr^*)=\infty$ und $eval_P(r_i)\neq\infty$ für alle $i \in \{1,...,|w|\}$ mit $fr^* \lrcorner_P i\}$ gilt dann $M\neq\emptyset$. Da F *call-by-name* terminiert, gibt es eine fundierte Relation » auf $\mathcal{D}_w$ und einen Fixpunkt $\phi \in [\mathcal{D}_w \rightarrow \mathcal{D}_s]$ von $\Im_F$, so daß

(*) $D(\phi)(s^*) \gg D(\phi)(\sigma(t^*))$ für alle $\sigma=\{x^*/s^*\}$ mit $s^* \in \mathcal{T}(\Sigma(P))_w$ und für alle $\pi \in Occ(R_f)$ mit $R_f|_\pi=ft^*$ und $\sigma(R_f)\lrcorner_P\pi$

gilt. Sei $s^* \in M$, so daß $D(\phi)(s^*)$ »-minimal unter allen Elementen von M ist. Für $\sigma=\{x^*/s^*\}$ gilt $eval_P(\sigma(R_f))=\infty$, denn $fs^* \rightarrow_P \sigma(R_f)$. Da P' nach Voraussetzung terminiert, enthält $\sigma(R_f)$ einen Teilterm $\sigma(R_f)|_\pi=fu^*$ mit $\sigma(R_f)\lrcorner_P\pi$ und $eval_P(fu^*)= \infty$ für ein $\pi \in Occ(\sigma(R_f))$.

Sei › $\subset \mathcal{T}(\Sigma(P))_w \times \mathcal{T}(\Sigma(P))_w$ mit $a^*›b^*$ gdw. $a_i|_\rho = fb^*$ und $fa^*\lrcorner_P i\rho$ für ein $i\in \{1,...,|w|\}$ und ein $\rho \in Occ(a_i)$. Dann ist › fundiert, denn $fa^* >_{\mathcal{T}} fb^*$, falls $a^*› b^*$, und wir nehmen o.B.d.A an, daß u^* ›-minimal ist. Angenommen, es gilt $u^* \notin M$. Dann gibt es ein $i\in\{1,...,|w|\}$, so daß $fu^*\lrcorner_P i$ und $eval_P(u_i)=\infty$. Folglich gilt $u_i|_\rho= fp^*$ mit $eval_P(fp^*)=\infty$ sowie $u_i\lrcorner_P\rho$ für ein $\rho\in Occ(u_i)$, denn $eval_P(t')\neq\infty$ für alle $t' \in\mathcal{T}(\Sigma(P'))$, vgl. Bild *3.1.4(i)*. Mit Lemma *3.1.3(i)* erhält man $fu^*\lrcorner_P i\rho$, d.h. $\sigma(R_f)|_\pi \lrcorner_P i\rho$, und mit $\sigma(R_f)\lrcorner_P\pi$ folgt $\sigma(R_f)\lrcorner_P\pi i\rho$. Es gilt $u^*›p^*$, und folglich ist u^* nicht ›-minimal, denn $\sigma(R_f)|_{\pi i\rho}=fp^*$ und $eval_P(fp^*)=\infty$. ↯

Also gilt $u^*\in M$, und wir zeigen jetzt, daß damit $D(\phi)(s^*)$ nicht »-minimal unter allen Elementen von M ist:

Fall $\pi\notin Occ(R_f)$ oder $R_f|_\pi\in\mathcal{V}$: Es gilt $\pi=\xi\rho$ für ein $\xi\in Occ(R_f)$ mit $R_f|_\xi=x_i$ und $i\in \{1,...,|w|\}$ sowie ein $\rho\in Occ(\sigma(x_i))$, vgl. Übung *1.1.1(i)*, und wegen $\sigma(R_f) \lrcorner_P\pi$ erhält man $\sigma(R_f)\lrcorner_P\xi$ sowie $\sigma(R_f)|_\xi\lrcorner_P\rho$ mit Lemma *3.1.3(i)*, vgl. Bild *3.1.4(ii)*. Mit $\sigma(R_f)\lrcorner_P\xi$ folgt $fs^*\lrcorner_P i$, vgl. Definition *3.1.2(v)*, und damit $eval_P(s_i)\neq\infty$, denn $s^*\in M$. Mit $s_i=\sigma(R_f)|_\xi$ erhält man $s_i\lrcorner_P\rho$ und mit Lemma *3.1.3(ii)* folgt $eval_P(s_i|_\rho)\neq\infty$, vgl. Bild *3.1.4(iii)*. Mit $s_i|_\rho=\sigma(R_f)|_{\xi\rho}=\sigma(R_f)|_\pi= fu^*$ gilt folglich $eval_P(fu^*)\neq\infty$. ↯ √

Fall $\pi\in Occ(R_f)$ und $R_f|_\pi\notin\mathcal{V}$: Mit $\sigma(R_f|_\pi)=\sigma(R_f)|_\pi=fu^*$, vgl. Übung *1.1.1(ii)*, gilt $R_f|_\pi=ft^*$ und $\sigma(t^*)=u^*$ für ein $t^*\in\mathcal{T}(\Sigma(P),\mathcal{V})_w$. Mit (*) erhält man dann $D(\phi)(s^*) \gg D(\phi)(\sigma(t^*))$ und mit $\sigma(t^*)=u^*$ ist $D(\phi)(s^*)$ nicht »-minimal. ↯ √

Also gibt es für jedes $r^* \in \mathcal{T}(\Sigma(P))_w$ mit $eval_P(fr^*)=\infty$ ein $i \in \{1,...,|w|\}$ mit $fr^* \leftarrow\!\rfloor_P i$ und $eval_P(r_i)=\infty$. Für $q^* \in \mathcal{T}(\Sigma^c)_w$ gilt folglich $eval_P(fq^*)\neq\infty$, denn $eval_P(q_i)=q_i$ für alle $i \in \{1,...,|w|\}$, und damit terminiert F. √ ♦

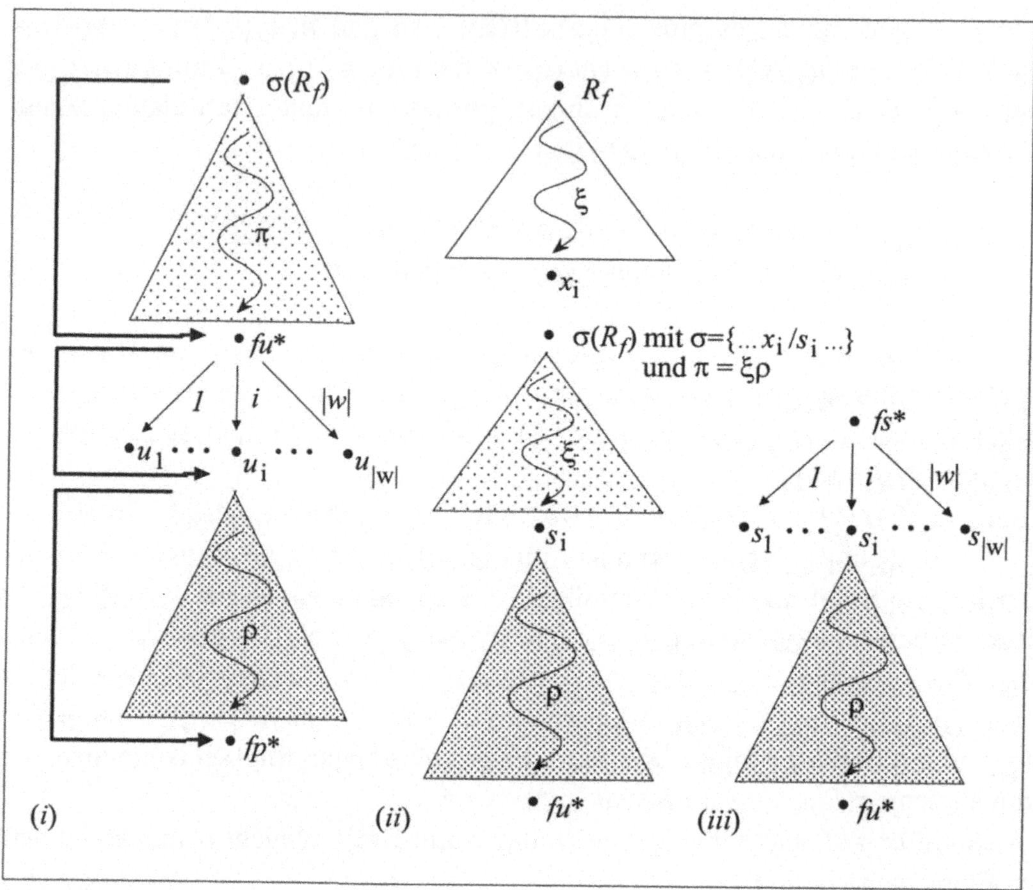

Bild 3.1.4 Zum Beweis von Satz *3.1.4*

Korollar 3.1.5

Sei $P \in \mathcal{FP}$ ohne gegenseitige Rekursionen. Dann terminiert P gdw. P *call-by-name* terminiert.

Beweis Übung. ♦

Übung 3.1.2

Bestimmen Sie für f:=*null* mit *null* definiert wie in Beispiel *3.1.2*(*i*) alle Paare $(n,m) \in \mathcal{T}(\Sigma^c)_{nat} \times \mathcal{T}(\Sigma^c)_{nat}$ mit $(3,2) >_f^+ (n,m)$, wobei $>_f$ definiert ist wie im Beweis von Satz *3.1.4*. ♦

Mit der *call-by-name*-Terminierung besitzen wir also ein *äquivalentes* Kriterium für die Terminierung einer Funktionsprozedur. *Call-by-name*-Terminierung ist jedoch zum praktischen Nachweis der Terminierung unbrauchbar, da die Relation $\rightarrow_P^+$ und damit $t\lrcorner_P\pi$ *nicht entscheidbar* ist. Dies bedeutet insbesondere, daß *nicht berechenbar* ist, für *welche* rekursiven Aufrufe ft^* die Ordnungsforderung $D(\phi)(s^*) \gg D(\phi)(\sigma(t^*))$ in Definition *3.1.3* gelten muß. In Beispiel *3.1.2*(*iii*) etwa ist der Nachweis der Ordnungsforderung $D(\phi)(\langle s, r\rangle) \gg D(\phi)(\langle s-1, two(s, r)\rangle)$ trivial. Nicht trivial hingegen ist der Nachweis, daß die Auswertung von *two*(*s*, *r*) bei Auswertung von *two*(*s–1*, *two*(*s*, *r*)) *nicht erforderlich* ist, und damit nicht auch noch $D(\phi)(\langle s, r\rangle) \gg D(\phi)(\langle s, r\rangle)$ bewiesen werden muß. Da dies für keine fundierte Relation ≫ gilt, ist der Nachweis, daß *two*(*s*, *r*) nie ausgewertet wird, hier entscheidend für das Gelingen des Terminierungsbeweises.

Wir werden uns also mit einem stärkeren Kriterium zum Terminierungsnachweis begnügen müssen, und dafür die Äquivalenz aufgeben. Ziel ist dabei, ein Kriterium zu entwickeln, das auch *maschinell nachprüfbar* ist, um so zu *Terminierungsbeweisverfahren* zu gelangen. Mit Aufgabe der Äquivalenz können solche Verfahren jedoch nur *unvollständig* sein, d.h. die Verfahren versagen bei gewissen terminierenden Programmen.

Wir definieren dazu jetzt die sogenannte *call-by-value*-Terminierung. Dieses Terminierungskriterium entsteht aus der *call-by-name*-Terminierung durch Aufgabe der Beschränkung auf rekursive Aufrufe der Form $f\sigma(t^*)$ mit $f\sigma(t^*)=\sigma(R_f|_\pi)$ und $\sigma(R_f)\lrcorner_P\pi$. Statt dessen verwenden wir Eigenschaften, die *notwendig* dafür sind, daß ein bestimmter rekursiver Aufruf $f\sigma(t^*)$ bei Auswertung von $\sigma(R_f)$ ausgewertet wird. Diese Eigenschaften ermitteln wir mit Hilfe der *Bedingungen b* in den Teiltermen *if*(*b*, ... , ...) eines Prozedurrumpfs R_f. Betrachten wir dazu als Beispiel die Funktionsprozedur F_{gcd} mit

```
function gcd(x, y:nat):nat ⇐
    if y=0
      then x
      else if x≥y
             then gcd(x–y, y)
             else if x=0 then y else gcd(x, y–x) fi
           fi
    fi
```

Bei Auswertung von $gcd(q, r)$ wird der erste rekursive Aufruf $gcd(x\text{-}y, y)$ in F_{gcd} offensichtlich nur dann ausgeführt, wenn sowohl $r{\neq}0$ als auch $q{\geq}r$ gilt. Der zweite rekursive Aufruf $gcd(x, y\text{-}x)$ wird nur dann erreicht, wenn $r{\neq}0$, $q{<}r$ und $q \neq 0$ gilt. Wir fassen daher die Bedingungen der *if*-Terme im Rumpf von F_{gcd} für jeden rekursiven Aufruf in einer eigenen Konjunktion von Gleichungen zusammen.

Allgemein ermitteln wir für einen Term t und eine Stelle $\pi \in Occ(t)$ alle Bedingungen, die gelten müssen, wenn bei Auswertung von t auch $t|_\pi$ ausgewertet wird, und verbinden diese dann zu einer Konjunktion $\mathrm{COND}(t,\pi) \in \mathcal{F}_f(\Sigma,\mathcal{V})$. Für

$$t = if(eq(y, 0), x, if(ge(x, y), gcd(x{-}y, y), if(eq(x, 0), y, gcd(x, y{-}x))))$$

und $\pi{=}333$ erhält man so

$$\mathrm{COND}(t,\pi) = eq(y, 0){\equiv}false \wedge ge(x, y){\equiv}false \wedge eq(x, 0){\equiv}false,$$

denn $gcd(x, y{-}x){=}t|_\pi$ wird bei Auswertung von t nur dann ausgewertet, wenn $\mathrm{COND}(t,\pi)$ gilt. Genauso erhält man

$$\mathrm{COND}(t,32) = eq(y, 0){\equiv}false \wedge ge(x, y){\equiv}true,$$

denn wenn $gcd(x{-}y, y){=}t|_{32}$ ausgewertet wird, so gilt $\mathrm{COND}(t,32)$, vgl. Bild *3.1.5*.

Zur Berechnung von $\mathrm{COND}(t,\pi)$ erzeugt man einen *Teiltermbaum* $TTB(t)$ für t, vgl. Abschnitt *1.1*, und markiert darin jede Kante von einem Knoten k mit Markierung $if(b,t_1,t_2)$ zu dem Sohn mit Markierung t_1 mit der Gleichung $b{\equiv}true$. Die Kante von k zu dem Sohn mit Markierung t_2 wird mit der Gleichung $b{\equiv}false$ markiert, und alle anderen Kanten werden mit TRUE markiert. Man erhält dann $\mathrm{COND}(t,\pi)$ für $\pi{\neq}\varepsilon$, indem man in $TTB(t)$ auf dem Weg von der Wurzel zu dem Knoten mit Markierung $t|_\pi$ alle Kantenmarkierungen aufsammelt und diese dann konjunktiv verknüpft, vgl. Bild *3.1.5*, wobei überflüssige Konjunktionsglieder der Form " ... $\wedge$ TRUE " weggelassen werden. Für $\pi{=}\varepsilon$ definieren wir $\mathrm{COND}(t,\pi){=}$ TRUE. Wir formalisieren die Berechnung von $\mathrm{COND}(t,\pi)$ mit folgender Definition:

Definition 3.1.4 ($\mathrm{COND}(t,\pi)$)
Für $t \in \mathcal{T}(\Sigma,\mathcal{V})$ und $\pi \in Occ(t)$ ist $\mathrm{COND}(t,\pi) \in \mathcal{F}_f(\Sigma,\mathcal{V})$ definiert durch

$$COND(t,\pi) := \begin{cases} \text{TRUE} & \text{, falls } \pi=\varepsilon \\ b\equiv true \wedge COND(t_2,\pi') & \text{, falls } t=if_s(b,t_2,t_3) \text{ und } \pi=2\pi' \\ b\equiv false \wedge COND(t_3,\pi') & \text{, falls } t=if_s(b,t_2,t_3) \text{ und } \pi=3\pi' \\ COND(t_i,\pi') & \text{, falls } t=f(t_1,\ldots,t_n) \text{ und } \pi=i\pi' \text{ sonst .} \end{cases}$$

Wir schreiben $COND(t,\pi) \rightarrow_P^*$ TRUE gdw. $COND(t,\pi)$=TRUE oder $COND(t,\pi) = b_1\equiv c_1 \wedge \ldots \wedge b_h\equiv c_h$ und $b_i \rightarrow_P^* c_i$ für alle $i\in\{1,\ldots,h\}$ gilt, wobei überflüssige Konjunktionsglieder der Form TRUE weggelassen werden. Genauso schreiben wir $COND(t,\pi) \Rightarrow_P^*$ TRUE gdw. $COND(t,\pi)$=TRUE oder $b_i \Rightarrow_P^* c_i$ für alle $i\in\{1,\ldots,h\}$ gilt. ♦

Mit $COND(t,\pi)$ werden Forderungen in Form von Gleichungen formuliert, die erfüllt sein müssen, wenn bei Auswertung eines Terms t ein Teilterm $t|_\pi$ von t an der Stelle π ausgewertet werden muß, d.h. wenn $t \downarrow_P \pi$ gilt.

Lemma 3.1.6

Sei P ein funktionales Programm, $t\in\mathcal{T}(\Sigma(P))$ und $\pi\in Occ(t)$ mit $t \downarrow_P \pi$. Dann gilt $COND(t,\pi) \rightarrow_P^*$ TRUE.

Beweis Wir zeigen die Behauptung durch strukturelle Induktion über t.

Induktionsanfang $t\in\Sigma^c$: Es gilt $t\in\mathcal{T}(\Sigma^c)$ und damit $t \downarrow_P \pi$ für kein $\pi\in Occ(t)$. √

Induktionsschritt $t\notin\Sigma^c$: Es gilt $t=f(t_1,\ldots,t_n)$ und mit der Induktionshypothese erhält man $COND(t_i,\pi_i) \rightarrow_P^*$ TRUE für alle $i\in\{1,\ldots,n\}$ und alle $\pi_i\in Occ(t_i)$ mit $t_i \downarrow_P \pi_i$. Sei $\pi\in Occ(t)$ mit $t \downarrow_P \pi$. Für $\pi=\varepsilon$ gilt $COND(t,\pi)$ = TRUE, also nehmen wir $\pi = i\pi'$ mit $i\in\{1,\ldots,n\}$ und $\pi'\in Occ(t_i)$ an. Mit Lemma *3.1.3(i)* gilt dann $t \downarrow_P i$ sowie $t_i \downarrow_P \pi'$, und man erhält $COND(t_i,\pi') \rightarrow_P^*$ TRUE mit der Induktionshypothese.

Fall $f\in\{succ, pred, eq_{nat}, if_s\}$ und $i=1$, $f=eq_{nat}$ und $i=2$, oder $f\notin\Sigma$(BM): Dann gilt $COND(t,\pi) = COND(t_i,\pi')$ und folglich $COND(t,\pi) \rightarrow_P^*$ TRUE. √

Fall $f=if_s$ und $i\in\{2,3\}$: Es gilt $COND(t,\pi) = t_1\equiv c_i \wedge COND(t_i, \pi')$, wobei $c_2 = true$ und $c_3 = false$. Mit $t \downarrow_P i$ gilt $t_1 \rightarrow_P^* c_i$, und mit $COND(t_i,\pi') \rightarrow_P^*$ TRUE gilt dann auch $COND(t,\pi) \rightarrow_P^*$ TRUE. √ ♦

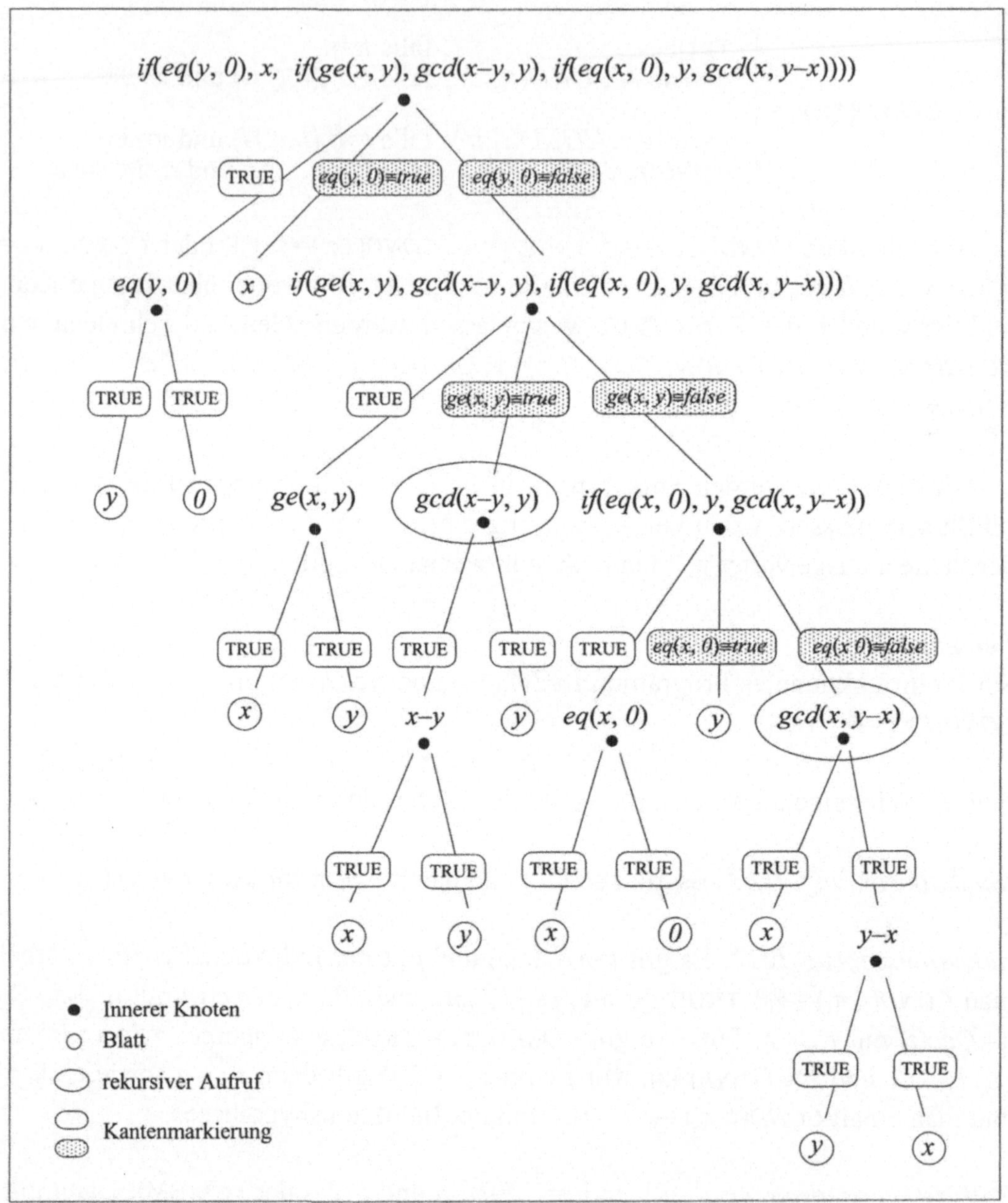

Bild 3.1.5 Teiltermbaum für R_{gcd} zur Berechnung von $COND(R_{\text{gcd}},\pi)$

Übung 3.1.3

Berechnen Sie $COND(t,\pi)$ für t und $\pi \in \{\pi_1,\pi_2,\pi_3,\pi_4\}$ wie in Beispiel *3.1.1*. ♦

Übung 3.1.4
Zeigen Sie, daß für alle $t \in \mathcal{T}(\Sigma(P))$ gilt:

(*i*) $COND(t,\pi\rho) \approx COND(t,\pi) \wedge COND(t|_\pi,\rho)$ für alle $\pi \in Occ(t)$ und alle $\rho \in Occ(t|_\pi)$, vgl. Definition *1.2.2*.

(*ii*) $cbv\text{-}eval_P(t)=\infty$ gdw. $COND(t,\pi) \Rightarrow_P^*$ TRUE und $cbv\text{-}eval_P(t|_\pi)=\infty$ für ein $\pi \in Occ(t)$. ♦

Übung 3.1.5
Zeigen Sie, daß $||t||_P \geq ||t|_\pi||_P$ für alle $t \in \mathcal{T}(\Sigma(P))$ mit $cbv\text{-}eval_P(t) \neq \infty$ und für alle $\pi \in Occ(t)$ mit $COND(t,\pi) \Rightarrow_P^*$ TRUE gilt. ♦

Mit Lemma *3.1.6* werden also alle Gleichungen in $COND(t,\pi)$ zu wahren atomaren Formeln ausgewertet, falls $t|_\pi$ bei Auswertung von t ausgewertet wird. Mit dem Äquivalenzsatz *2.4.8* ist $D_P \models COND(t,\pi)$ damit *notwendig* für $t \lrcorner_P \pi$, und wir betrachten daher jetzt für $R_f|_\pi = ft^*$ alle rekursiven Aufrufe $f\sigma(t^*)$ mit $D(\phi) \models COND(\sigma(R_f),\pi)$, anstatt mit $\sigma(R_f) \lrcorner_P \pi$, wenn wir die *call-by-value* Terminierung definieren. Dabei beschränken wir uns auf Prozeduraufrufe der Form fq^* mit $q^* \in \mathcal{T}(\Sigma^c)_w$:

Definition 3.1.5 (*call-by-value*-Terminierung)
Die Funktionsprozedur F *terminiert call-by-value* gdw. eine fundierte Relation $\gg \subset \mathcal{D}_w \times \mathcal{D}_w$ und ein Fixpunkt $\phi \in [\mathcal{D}_w \rightarrow \mathcal{D}_s]$ von $\mathfrak{I}_F$ existiert, so daß

(*) $q^* \gg D(\phi)(\theta(t^*))$ für alle $\theta=\{x^*/q^*\}$ mit $q^* \in \mathcal{T}(\Sigma^c)_w$ und
für alle $\pi \in Occ(R_f)$ mit $R_f|_\pi = ft^*$ und $D(\phi) \models COND(\theta(R_f),\pi)$

gilt. Das *funktionale Programm P* terminiert *call-by-value* gdw. jede Funktionsprozedur in *P call-by-value* terminiert. ♦

Für die *call-by-value*-Terminierung wird mit (*) gefordert, daß die Deutung $D(\phi)(\theta(t^*))$ der Argumente $\theta(t^*)$ jedes *ausführbaren* rekursiven Aufrufs $f\theta(t^*)$ bzgl. einer fundierten Relation $\gg$ kleiner sind als die Argumente q^* des Prozeduraufrufs fq^*, wobei die Funktionssymbole der Funktionsprozeduren aus P genauso gedeutet werden wie bei der *call-by-name*-Terminierung, und lediglich Argumente aus $\mathcal{T}(\Sigma^c)$ betrachtet werden müssen.

Beispiel 3.1.3
(*i*) Die Funktionsprozedur F_{mod2} mit

```
function mod2(x:nat):nat ⇐
    if x=0
     then 0
     else  if x–1=0
              then  1
              else  ( if mod2(x–2)=0 then 0 else 1+mod2(2×⌊x/2⌋) fi )
            fi
  fi
```

terminiert *call-by-value*: Für jeden Fixpunkt $\phi \in [\mathcal{D}_{\text{nat}} \to \mathcal{D}_{\text{nat}}]$ von $\Im_{F\text{mod2}}$ gilt "$\phi(r) \neq ø \Rightarrow \phi(r)=0$ oder r ist *ungerade* für alle $r \in \mathcal{T}(\Sigma^c)_{\text{nat}}$", wie man leicht mit Noetherscher Induktion wie in Beispiel *1.3.3* zeigt. Für $\theta=\{x/q\}$ sind $mod2(q-2)$ und $mod2(2\times\lfloor q/2\rfloor)$ die beiden einzigen rekursiven Teilterme von $\theta(R_{\text{mod2}})$.

Sei $d \gg d'$ gdw. $d \in \mathcal{T}(\Sigma^c)_{\text{nat}}$ und $d >_{\mathcal{T}} d'$. Dann ist $\gg$ fundiert, für $D(\phi) \models q\neq 0 \wedge q\neq 1$ gilt $q=2+c$ für ein $c \in \mathcal{T}(\Sigma^c)_{\text{nat}}$ und damit $2+c \gg c= D(\phi)(q-2)$, denn "$t\neq r$" steht für "$eq(t,r)\equiv false$". Für $D(\phi) \models q\neq 0 \wedge q\neq 1 \wedge mod2(q-2)\neq 0$ gilt $q=2+c$ für ein $c \in \mathcal{T}(\Sigma^c)_{\text{nat}}$ sowie $\phi(q-2)\neq 0$. Damit gilt "c ist *ungerade*", denn ϕ ist ein Fixpunkt von $\Im_{F\text{mod2}}$, folglich auch "$2+c$ ist *ungerade*" und damit $2+c \gg 1+c = D(\phi)(2\times\lfloor q/2\rfloor)$, denn mit "$2+c$ ist *ungerade*" gilt $2\times\lfloor(2+c)/2\rfloor=1+c$. Also ist Forderung *3.1.5*(*) erfüllt und F_{mod2} terminiert *call-by-value*.

(*ii*) Die Funktionsprozedur F_{louie} mit

```
function louie(x:nat):nat ⇐ if x=0 then 0 else louie(louie(x–1)) fi
```

terminiert *call-by-value*: Für jeden Fixpunkt $\phi \in [\mathcal{D}_{\text{nat}} \to \mathcal{D}_{\text{nat}}]$ von $\Im_{F\text{louie}}$ gilt "$\phi(r) \neq ø \Rightarrow \phi(r)=0$ für alle $r \in \mathcal{T}(\Sigma^c)_{\text{nat}}$", wie man leicht mit Peano-Induktion zeigt. Für $\theta=\{x/q\}$ sind $louie(louie(q-1))$ sowie $louie(q-1)$ die beiden einzigen rekursiven Teilterme von $\theta(R_{\text{louie}})$.

Sei $d \gg d'$ gdw. $d \in \mathcal{T}(\Sigma^c)_{\text{nat}}$ und entweder $d'=ø$ oder $d >_{\mathcal{T}} d'$. Dann ist $\gg$ fundiert, für $D(\phi) \models q\neq 0$ gilt $q=1+c$ für ein $c \in \mathcal{T}(\Sigma^c)_{\text{nat}}$ und man erhält $1+c \gg c = D(\phi)(q-1)$. Für $\phi(q-1)=ø$ gilt $1+c \gg ø = D(\phi)(louie(q-1))$. Für $\phi(q-1)\neq ø$ gilt $\phi(q-1) = 0$, denn ϕ ist Fixpunkt von $\Im_{F\text{louie}}$, und man erhält $1+c \gg 0 = D(\phi)(louie(q-1))$. Also ist Forderung *3.1.5*(*) erfüllt und F_{louie} terminiert *call-by-value*. ♦

Im Unterschied zur *call-by-name*-Terminierung von Definition *3.1.3* sind bei der *call-by-value* Terminierung die rekursiven Aufrufe $f\theta(t^*)$, für die Ordnungsforderung $q^* \gg D(\phi)(\theta(t^*))$ von Definition *3.1.5*(*) gelten muß, jetzt *berechenbar*. Dafür liefert die *call-by-value*-Terminierung jedoch nur ein *hinreichendes* Terminierungskriterium, denn es gibt *terminierende* funktionale Programme, die *nicht call-by-value* terminieren, da $D(\phi) \models COND(\theta(R_f),\pi)$ nur notwendig, aber *nicht hinreichend* für $\theta(R_f)\lrcorner_P\pi$ ist. Damit ist Forderung *3.1.5*(*) für manche terminierende Funktionsprozeduren nicht erfüllbar:

Beispiel 3.1.4

(*i*) Die Funktionsprozedur F_{null} mit

function *null*(*x,y*:*nat*):*nat* ⇐
  if *x=0* **then** *0* **else** *null*(*null*(*x–1*, *null*(*x*, *y*)), *y*) **fi**

aus Beispiel *3.1.1*(*i*) terminiert nicht *call-by-value*: Forderung *3.1.5*(*) ist nicht erfüllbar, denn es gibt keine fundierte Relation $\gg$ mit $\langle q, r\rangle \gg \langle q, r\rangle$ für $q,r \in \mathcal{T}(\Sigma^c)_{\text{nat}}$. Forderung *3.1.5*(*) ist unerfüllbar, da der Rumpf von F_{null} einen rekursiven Aufruf *null*(*x*, *y*) enthält, der *bei Auswertung* zu Nicht-Terminierung führt. Da dieser rekursive Aufruf jedoch nie ausgeführt wird, verhindert das Vorkommen von *null*(*x*, *y*) nicht die (*call-by-name*)-Terminierung von F_{null}.

(*ii*) Die Funktionsprozedur F_{one} mit

function *one*(*x*:*nat*):*nat* ⇐ *x* × *one*(*x–1*) + *1* – *x*

aus Beispiel *3.1.1*(*ii*) terminiert nicht *call-by-value*: Forderung *3.1.5*(*) ist nicht erfüllbar, denn es gibt keine fundierte Relation $\gg$ mit $0 \gg 0 = D(\phi)(0-1)$.

(*iii*) Die Funktionsprozedur F_{two} aus Beispiel *3.1.1*(*iii*) mit

function *two*(*x,y*:*nat*):*nat* ⇐ **if** *x=0* **then** *2* **else** *two*(*x–1*, *two*(*x*, *y*)) **fi**

terminiert nicht *call-by-value*, vgl. Übung *2.6.5*(*ii*): Forderung *3.1.5*(*) ist nicht erfüllbar, denn $\langle q, r\rangle \gg \langle q, r\rangle$ gilt für keine fundierte Relation $\gg$. ♦

Forderung *3.1.5*(*) ist also stärker als Forderung *3.1.3*(*), denn mit Forderung *3.1.5*(*) muß bei Auswertung von $\theta(R_f)$ die Ordnungsforderung für jeden rekursiven Aufruf $f\theta(t^*)$ mit $f\theta(t^*)=\theta(R_f|_\pi)$ gelten, dessen Ausführungsbedingung $COND(\theta(R_f),\pi)$ *erfüllt* ist. Damit müssen bei Auswertung eines Prozeduraufrufs ft_1

$...t_n$ auch alle Argumente t_i ausgewertet werden, denn $COND(ft_1...t_n,i)$=TRUE für alle $i\in\{1,...,n\}$. Dies entspricht dem *Parameterübergabemechanismus call-by-value*, der einen Aufruf $ft_1...t_n$ der Funktionsprozedur F dadurch implementiert, daß *zuerst* alle Argumente t_i *ausgewertet* werden, und daran *anschließend* der instantiierte Rumpf von F, in dem die formalen Parameter durch die *ausgewerteten* aktuellen Parameter ersetzt wurden, ausgewertet wird, vgl. Abschnitt *2.6*.

Aus diesen Überlegungen folgt, daß die *call-by-value*-Terminierung eines funktionalen Programms P *notwendig* und *hinreichend* dafür ist, daß der *call-by-value*-Interpretierer $cbv\text{-}eval_P$ jeden Grundterm $t\in\mathcal{T}(\Sigma(P))$ zu einen Konstruktorgrundterm q auswertet, also $cbv\text{-}eval_P(t)\neq\infty$ gilt:

Satz 3.1.7
Für alle $t\in\mathcal{T}(\Sigma(P))$ gilt $cbv\text{-}eval_P(t)\neq\infty$ gdw. F *call-by-value* terminiert und $cbv\text{-}eval_{P'}(t')\neq\infty$ für alle $t'\in\mathcal{T}(\Sigma(P'))$ gilt.

Beweis "=>" Sei $>>_f$ die Relation auf $\mathcal{T}(\Sigma^c)_w$ mit $q^* >>_f r^*$ gdw. $r^*=cbv\text{-}eval_P(\theta(t^*))$ für $\theta=\{x^*/q^*\}$ und ein $\pi\in Occ(R_f)$ mit $R_f|_\pi=ft^*$ sowie $COND(\theta(R_f),\pi) \Rightarrow_P^*$ TRUE. Für $q^* >>_f r^*$ erhält man

$$\begin{aligned} \| fq^* \|_P &> \| \theta(R_f) \|_P && \text{, denn } fq^* \Rightarrow_P \theta(R_f) \\ &\geq \| f\theta(t^*) \|_P && \text{, denn } f\theta(t^*)=\theta(R_f)|_\pi \text{ und } COND(\theta(R_f),\pi) \Rightarrow_P^* \text{TRUE} \\ &\geq \| fr^* \|_P && \text{, denn } cbv\text{-}eval_P(\theta(t^*))=r^*, \end{aligned}$$

vgl. Übungen *3.1.5* und *2.6.3(v)*, d.h. es gilt $\| fq^*\|_P > \| fr^*\|_P$. Folglich ist $>>_f$ fundiert, denn für eine unendliche Folge $q_0^* >>_f q_1^* >>_f q_2^* >>_f ...$ müßte $\| fq_0^*\|_P > \| fq_1^*\|_P > \| fq_2^*\|_P > ...$, also $\| fq_0^*\|_P = \infty$ gelten, also $cbv\text{-}eval_P(fq_0^*)=\infty$. ↯

Sei jetzt $\theta=\{x^*/q^*\}$ mit $q^*\in\mathcal{T}(\Sigma^c)_w$ und sei $\pi\in Occ(R_f)$ mit $R_f|_\pi=ft^*$ sowie $D(fix_{\Im F}) \models COND(\theta(R_f),\pi)$. Dann gilt $D_P \models COND(\theta(R_f),\pi)$ mit Satz *2.7.4* und mit Satz *2.6.2* gilt folglich $COND(\theta(R_f),\pi) \Rightarrow_P^*$ TRUE, denn nach Voraussetzung gilt $cbv\text{-}eval_P(t)\neq\infty$ für alle $t\in\mathcal{T}(\Sigma(P))$. Damit gilt $q^* >>_f cbv\text{-}eval_P(\theta(t^*))$, also $q^* >>_f D(fix_{\Im F})(\theta(t^*))$ mit Satz *2.6.2* und Satz *2.7.4*. Da $fix_{\Im F}$ ein Fixpunkt von $\Im_F$ ist, ist Forderung *3.1.5*(*) erfüllt, und F terminiert *call-by-value*. √

"<=" Angenommen, es gilt $cbv\text{-}eval_P(t)=\infty$ für ein $t\in\mathcal{T}(\Sigma(P))$. Für $M:=\{r^*\in \mathcal{T}(\Sigma^c)_w \mid cbv\text{-}eval_P(fr^*)=\infty\}$ gilt dann $M\neq\varnothing$, denn nach Voraussetzung gilt $cbv\text{-}eval_P(t')\neq\infty$ für alle $t'\in\mathcal{T}(\Sigma(P'))$. Da F *call-by-value* terminiert, gibt es eine fundierte Relation » auf $\mathcal{D}_w$ und einen Fixpunkt $\phi\in[\mathcal{D}_w\rightarrow\mathcal{D}_s]$ von $\Im_F$, so daß

(*) $q^* \gg D(\phi)(\theta(t^*))$ für alle $\theta=\{x^*/q^*\}$ mit $q^*\in\mathcal{T}(\Sigma^c)_w$ und für alle $\pi\in Occ(R_f)$ mit $R_f|_\pi=ft^*$ und $D(\phi) \models COND(\theta(R_f),\pi)$

gilt. Sei q^* »-minimal in M. Für $\theta=\{x^*/q^*\}$ gilt dann $cbv\text{-}eval_P(\theta(R_f))=\infty$, denn $fq^* \Rightarrow_P \theta(R_f)$. Nach Voraussetzung gilt $cbv\text{-}eval_P(t')\neq\infty$ für alle $t'\in\mathcal{T}(\Sigma(P'))$, und folglich enthält R_f einen Teilterm $R_f|_\pi=ft^*$ mit $COND(\theta(R_f),\pi) \Rightarrow_P^*$ TRUE und $cbv\text{-}eval_P(f\theta(t^*))=\infty$, vgl. Übung *3.1.4(ii)*. Wir nehmen o.B.d.A. an, daß $R_f|_\pi$ minimal bezgl. $>_\mathcal{T}$ ist, d.h. für jeden echten Teilterm fp^* von ft^* gilt $cbv\text{-}eval_P(f\theta(p^*)) \neq \infty$, falls $COND(\theta(R_f),\pi i\rho) \Rightarrow_P^*$ TRUE und $R_f|_{\pi i\rho}=fp^*$ für ein ein $i\in\{1,...,|w|\}$ und ein $\rho\in Occ(t_i)$. Damit gilt $cbv\text{-}eval_P(\theta(t^*))=r^*$ für ein $r^*\in M$, denn $cbv\text{-}eval_P(t') \neq\infty$ für alle $t'\in\mathcal{T}(\Sigma(P'))$. Mit Satz *2.6.2* gilt dann $D_P(\theta(t^*))=r^*$ sowie $D_P \models COND(\theta(R_f),\pi)$, und mit Satz *2.7.4* gilt folglich $D(\phi)(\theta(t^*))=r^*$ sowie $D(\phi) \models COND(\theta(R_f),\pi)$, denn $fix_{\mathfrak{I}F} \sqsubseteq \phi$. Mit (*) erhält man $q^* \gg D(\phi)(\theta(t^*))$, d.h. $q^* \gg r^*$, und damit ist q^* nicht »-minimal in M. ↯

Also gilt $cbv\text{-}eval_P(fr^*)\neq\infty$ für alle $r^*\in\mathcal{T}(\Sigma^c)_w$ und mit $cbv\text{-}eval_P(t')\neq\infty$ für alle $t'\in\mathcal{T}(\Sigma(P'))$ gilt dann auch $cbv\text{-}eval_P(t)\neq\infty$ für alle $t\in\mathcal{T}(\Sigma(P))$. √ ♦

Korollar 3.1.8

Sei $P\in\mathcal{FP}$ ohne gegenseitige Rekursionen. Dann terminiert P *call-by-value* gdw. $cbv\text{-}eval_P(t) \neq\infty$ für alle $t\in\mathcal{T}(\Sigma(P))$.

Beweis Übung. ♦

Da $D_P \models COND(t,\pi)$ notwendig für $t\lrcorner_P\pi$ ist, ist die *call-by-value*-Terminierung hinreichend für die *call-by-name*-Terminierung:

Satz 3.1.9

(*i*) Wenn F *call-by-value* terminiert, so terminiert F auch *call-by-name*.

(*ii*) Wenn $P\in\mathcal{FP}$ *call-by-value* terminiert, so terminiert P auch *call-by-name*.

Beweis (*i*) Angenommen, es gibt ein $\sigma=\{x^*/s^*\}$ mit $s^*\in\mathcal{T}(\Sigma(P))_w$ sowie ein $\pi\in Occ(R_f)$ mit $R_f|_\pi=ft^*$ und $\sigma(R_f) \lrcorner_P\pi$, so daß $D(\phi)(s^*) \gg D(\phi)(\sigma(t^*))$ nicht gilt.

Sei $\succ\subset\mathcal{T}(\Sigma(P))_w\times\mathcal{T}(\Sigma(P))_w$ mit $u^*\succ v^*$ gdw. $u_i \geq_\mathcal{T} fv^*$ für ein $i\in\{1,..., |w|\}$. Dann ist $\succ$ fundiert, denn $u^*\succ v^*$ gdw. $fu^* >_\mathcal{T} fv^*$, und wir nehmen o.B.d.A an, daß s^* $\succ$-minimal ist. Damit gilt $s^*\in\mathcal{T}(\Sigma(P'))_w$ und folglich $D_P(s^*)\in\mathcal{T}(\Sigma^c)_w$, denn P' terminiert nach Voraussetzung. Mit $\sigma(R_f)\lrcorner_P\pi$ gilt auch $D_P \models COND(\sigma(R_f),\pi)$, vgl. Lemma *3.1.6*, und mit $D_P=D(fix_{\mathfrak{I}F})$ sowie $fix_{\mathfrak{I}F} \sqsubseteq \phi$ gilt dann $D(\phi)(s^*)\in\mathcal{T}(\Sigma^c)_w$ und $D(\phi) \models COND(\sigma(R_f),\pi)$. Für $\theta= \{x^*/D(\phi)(s^*)\}$ erhält man $D(\phi) \models COND(\theta(R_f),\pi)$

mit dem Substitutionslemma *1.2.1(i)*, und mit Definition *3.1.5(*)* folgt dann $D(\phi)(s^*) \gg D(\phi)(\theta(t^*))$, denn F terminiert *call-by-value*. Mit Lemma *1.2.1(i)* gilt $D(\phi)(\theta(t^*)) = D(\phi)(\sigma(t^*))$, d.h. $D(\phi)(s^*) \gg D(\phi)(\sigma(t^*))$. ↯ Also gilt Forderung *3.1.3(*)*, d.h. F terminiert *call-by-name*. √

(*ii*) Wenn P *call-by-value* terminiert, so enthält P keine gegenseitigen Rekursionen, und die Behauptung folgt mit Korollar *3.1.8*, Korollar *2.6.3(ii)* und Korollar *3.1.5*. √ ♦

Mit Satz *3.1.9(i)* und Satz *3.1.4* folgt, daß wir für die Relation $\gg$ aus Definition *3.1.5* genausogut $\gg \subset \mathcal{T}(\Sigma^c)_w \times \mathcal{T}(\Sigma^c)_w$ fordern können, denn wenn F terminiert, so gilt $D(\phi)(\theta(t^*)) \in \mathcal{T}(\Sigma^c)_w$. Umgekehrt ist mit $\mathcal{T}(\Sigma^c)_w \subset \mathcal{D}_w$ jede Relation auf $\mathcal{T}(\Sigma^c)_w$ auch eine Relation auf $\mathcal{D}_w$. Trotz der Äquivalenz erhält man so jedoch ein Kriterium mit einer zusätzlichen Beweisverpflichtung, denn Forderung *3.1.5(*)* muß jetzt für einen ω-*totalen* Fixpunkt gelten, d.h. die Existenz eines ω-*totalen* Fixpunkts, für den *3.1.5(*)* gilt, muß nachgewiesen werden.

Beispielsweise muß man jetzt für die Funktionsprozedur F_{louie} aus Beispiel *3.1.3(ii)* anders argumentieren, denn die dort zum Terminierungsnachweis verwendete Relation $\gg$ ist keine Relation auf $\mathcal{T}(\Sigma^c)_{nat}$. Wir definieren daher $\gg \subset \mathcal{T}(\Sigma^c)_w \times \mathcal{T}(\Sigma^c)_w$ durch $q \gg q'$ gdw. $q >_{\mathcal{T}} q'$. Für $\theta = \{x/q\}$ betrachten wir die rekursiven Aufrufe *louie*$(q-1)$ sowie *louie*(*louie*$(q-1)$), und der Nachweis von $q \gg D(\phi)(q-1)$ gelingt wie in Beispiel *3.1.3(ii)*. Genauso gelingt der Nachweis von $q \gg D(\phi)$ (*louie*$(q-1)$) im Fall $\phi(q-1) \neq ø$. Im Fall $\phi(q-1) = ø$ muß jedoch ein Widerspruch hergeleitet werden, d.h. man muß zeigen, daß $\phi(q-1) = ø$ nie gilt, denn q und $ø$ sind bzgl. $\gg$ unvergleichbar. Folglich muß auch noch gezeigt werden, daß $\mathfrak{I}_{F_{louie}}$ einen ω-*totalen* Fixpunkt ϕ besitzt.

Die gleiche Überlegung gilt für die *call-by-name*-Terminierung von Definition *3.1.3*, vgl. Beispiel *3.1.1(i)*. Im Unterschied zur *call-by-value*-Terminierung von Definition *3.1.5* wird hier außerdem $D(\phi)(s^*) \gg D(\phi)(\sigma(t^*))$ für alle $\sigma = \{x^*/\ s^*\}$ mit $s^* \in \mathcal{T}(\Sigma(P))_w$ gefordert, d.h. man muß hier alle Prozeduraufrufe fs^* betrachten, deren Argumente s_i beliebige *Grundterme* sind. Beschränkt man sich zum Nachweis der *call-by-name*-Terminierung (wie bei der *call-by-value*-Terminierung) nur auf *Konstruktorgrundterme*, d.h. fordert man

$$(3.1.1)\quad \begin{array}{l} q^* \gg D(\phi)(\theta(t^*)) \text{ für alle } \theta = \{x^*/q^*\} \text{ mit } q^* \in \mathcal{T}(\Sigma^c)_w \\ \text{und für alle } \pi \in Occ(R_f) \text{ mit } R_f|_\pi = ft^* \text{ und } \theta(R_f)\lrcorner_P \pi\,, \end{array}$$

so erhält man ein Kriterium, das *nicht hinreichend* für die Terminierung und damit inkorrekt ist.

Beispiel 3.1.5
Die Funktionsprozedur F_{strange} mit

```
function strange(x,y:nat):nat ⇐
    if x=0 then 1 else strange(strange(x–1, 0), strange(x, 0)) fi
```

terminiert nicht, denn

$$\phi(d,e) := \begin{cases} 1 & \text{, falls } d=0 \text{ ,} \\ \varnothing & \text{, sonst .} \end{cases}$$

ist der kleinste Fixpunkt von $\mathfrak{I}_{F\text{strange}}$, und ϕ ist offensichtlich nicht ω-total. Trotzdem gilt Forderung (*3.1.1*): Für $\theta=\{x/q,\ y/r\}$ mit $q,r \in \mathcal{T}(\Sigma^c)_{\text{nat}}$ sind *strange*(*strange*(*q–1*, *0*), *strange*(*q*, *0*)) und *strange*(*q–1*, *0*) die beiden einzigen rekursiven Aufrufe, deren Auswertung zur Auswertung von *strange*(*q*, *r*) erforderlich ist. Sei $\langle d, e\rangle \gg \langle d', e'\rangle$ gdw. $d,e \in \mathcal{T}(\Sigma^c)_{\text{nat}}$ und entweder $d >_{\mathcal{T}} d'$, $d'=\varnothing$ oder $d=d'$ und $e'=\varnothing$. Wenn ein rekursiver Aufruf ausgewertet wird, so gilt $D(\phi) \models q\neq 0$ und damit $q=1+c$ für ein $c \in \mathcal{T}(\Sigma^c)_{\text{nat}}$, also $\langle q, r\rangle = \langle 1+c, r\rangle$.

Es gilt $D(\phi)(\langle strange(q-1, 0), strange(q, 0)\rangle) = \langle \phi(c, 0), \phi(1+c, 0)\rangle$. Für $c=0$ gilt $\phi(c, 0)=1$ und $\phi(1+c, 0)=\varnothing$, und damit $\langle 1+c, r\rangle = \langle 1, r\rangle \gg \langle 1, \varnothing\rangle = \langle \phi(c, 0), \phi(1+c, 0)\rangle$. Für $c\neq 0$ gilt $\phi(c, 0)=\phi(1+c, 0)=\varnothing$, und damit $\langle 1+c, r\rangle \gg \langle \varnothing, \varnothing\rangle = \langle \phi(c, 0), \phi(1+c, 0)\rangle$. Schließlich gilt auch $\langle 1+c, r\rangle \gg \langle c, 0\rangle = D(\phi)\ (\langle q-1, 0\rangle)$. Also ist Forderung (*3.1.1*) erfüllt, obwohl F_{strange} nicht terminiert. ♦

Mit der *call-by-value*-Terminierung haben wir die Forderungen an eine Funktionsprozedur soweit abgeschwächt, daß Terminierung jetzt *maschinell* überprüft werden kann (ohne jedoch ein *vollständiges* Terminierungsbeweisverfahren zu erhalten). Die Automatisierung erkaufen wir uns also damit, daß wir auf den Terminierungsnachweis von Funktionsprozeduren wie beispielsweise F_{null}, F_{one} und F_{two} aus Beispiel *3.1.4* verzichten.

Übung 3.1.6
Sei F_{silly} definiert durch

```
function silly(x,y:nat):nat ⇐
  if x=0
   then 1
   else ( if y=0 then silly(x–1, 1+y)) else silly(x–1, silly(x, y–1)) fi )
  fi  .
```

Bestimmen Sie für f:=*silly* alle Paare $(n,m) \in \mathcal{T}(\Sigma^c)_{nat} \times \mathcal{T}(\Sigma^c)_{nat}$ mit $(3,2) >_{f}+ (n, m)$, wobei $>_f$ definiert ist, wie im Beweis von Satz *3.1.4*. Bestimmen Sie weiter alle Paare $(n,m) \in \mathcal{T}(\Sigma^c)_{nat} \times \mathcal{T}(\Sigma^c)_{nat}$ mit $(3,2) >>_{f}+ (n,m)$, wobei $>>_f$ definiert ist, wie im Beweis von Satz *3.1.7*. In welcher Beziehung stehen $>_f$ und $>>_f$ allgemein ? ♦

Übung 3.1.7

Seien F_{case_s}, F_f und $F_f^!$ Funktionsprozeduren mit F_{case_s}=

```
function case_s(b:bool, x, y:s):s ⇐ if b then x else y fi
```

und $F_f^!$ entsteht aus F_f indem jedes Funktionssymbol if_s in F_f durch *case_s* ersetzt wird. Formulieren Sie notwendige und hinreichende Bedingungen für

(*i*) $F_f^!$ terminiert *call-by-name* und für
(*ii*) $F_f^!$ terminiert *call-by-value*. ♦

Übung 3.1.8

Geben Sie für das funktionale Programm $P = \langle F_{strange} \rangle$ mit $F_{strange}$ wie in Beispiel *3.1.5* Terme $s_1, s_2 \in \mathcal{T}(\Sigma(P))_{nat}$ und für $\sigma = \{x/s_1, y/s_2\}$ eine Stelle $\pi \in Occ(R_{strange})$ mit $R_{strange}|_\pi = strange(t_1,t_2)$ sowie $\sigma(R_{strange}) \lrcorner_P \pi$ an, so daß $\mathcal{D}(\phi)(\langle s_1, s_2 \rangle) \gg \mathcal{D}(\phi)(\langle \sigma(t_1), \sigma(t_2) \rangle)$ für keine fundierte Relation $\gg\ \subset \mathcal{D}_{nat,nat} \times \mathcal{D}_{nat,nat}$ und keinen Fixpunkt $\phi \in [\mathcal{D}_{nat,nat} \rightarrow \mathcal{D}_{nat}]$ von $\mathfrak{I}_{F strange}$ gilt. ♦

3.2 Normal- und Tail-Rekursive Funktionsprozeduren

Zum Nachweis der Terminierung einer Funktionsprozedur F müssen i.allg. Eigenschaften der durch F berechneten Funktion bekannt sein, denn die Forderung (*) der *call-by-name*-Terminierung von Definition *3.1.3* muß für einen *Fixpunkt* des Funktionals $\mathfrak{I}_F$ gelten. In Beispiel *3.1.2*(*i*) etwa haben wir zunächst die Semantik von F_{null} "erraten", indem wir die Behauptung

(*3.2.1*) für alle $d \in \mathcal{T}(\Sigma^c)_{\text{nat}}, e \in \mathcal{D}_{\text{nat}}$ gilt: $\phi(d,e) \neq ø \;\Rightarrow\; \phi(d,e) = 0$

für einen beliebigen Fixpunkt ϕ von $\mathfrak{I}_{F\text{null}}$ formuliert und dann in dem Terminierungsbeweis für F_{null} verwendet haben. Oft kommt man jedoch auch mit *schwächeren* Behauptungen aus, indem man Eigenschaften formuliert, die nur *notwendigerweise* für einen Fixpunkt gelten, aber immer noch für den Terminierungsnachweis ausreichend sind. Für Beispiel *3.1.2*(*i*) können wir etwa die (wahre) Behauptung

(*3.2.2*) für alle $d \in \mathcal{T}(\Sigma^c)_{\text{nat}}, e \in \mathcal{D}_{\text{nat}}$ gilt: $\phi(d,e) \neq ø \;\Rightarrow\; 1+d >_{\mathcal{T}} \phi(d,e)$

für einen Fixpunkt ϕ von $\mathfrak{I}_{F\text{null}}$ formulieren. Für den rekursiven Aufruf *null*(*null*(*s*–*1*, *null*(*s*, *r*)), *r*) schließt man jetzt im Fall $\phi(c, \phi(1+c, D(\phi)(r))) \neq ø$ mit (*3.2.2*): $\langle 1+c, D(\phi)(r)\rangle \gg \langle \phi(c, \phi(1+c, D(\phi)(r))), D(\phi)(r)\rangle = D(\phi)(\langle null(s-1, null(s, r)), r\rangle)$.

Man muß also nicht immer – wie etwa mit (*3.2.1*) – die Semantik einer Funktionsprozedur "exakt erraten", um Terminierung nachzuweisen, sondern kann sich oft mit schwächeren Behauptungen - wie etwa mit (*3.2.2*) - begnügen. Trotzdem muß i.allg. für eine Funktionsprozedur F eine *Behauptung* über die *Semantik* von F, mit der ein Terminierungsbeweis für F gelingt, zunächst *formuliert* und dann auch *bewiesen* werden. Anders gesagt, für den Terminierungsnachweis sind i.allg. geeignete *partielle Korrektheitssaussagen* (vgl. Abschnitt *3.3*) erforderlich, wodurch der Terminierungsnachweis erschwert wird.

Es gibt allerdings auch Funktionsprozeduren, für die ein Terminierungsbeweis ohne Kenntnis der Semantik der betrachteten Funktionsprozedur gelingt. In den Beispielen *3.1.2*(*ii*,*iii*) etwa wurde die Terminierung ohne Kenntnis von Eigenschaften eines Fixpunkts bewiesen.

Für die *call-by-value*-Terminierung gelten die gleichen Überlegungen, denn auch hier muß Forderung (*) von Definition *3.1.5* für einen *Fixpunkt* des Funktionals einer Funktionsprozedur gelten. Für einen Fixpunkt ϕ des Funktionals $\Im_{Flouie}$ in Beispiel *3.1.3*(*ii*) haben wir etwa die Behauptung

(*3.2.3*) für alle $r \in \mathcal{T}(\Sigma^c)_{nat}$ gilt: $\phi(r) \neq \emptyset \;\Rightarrow\; \phi(r)=0$

aufgestellt, mit der ein Terminierungsbeweis für F_{louie} gelingt. Auch hier reicht eine *schwächere* Behauptung, wie etwa

(*3.2.4*) für alle $r \in \mathcal{T}(\Sigma^c)_{nat}$ gilt: $\phi(r) \neq \emptyset \;\Rightarrow\; r \geq_{\mathcal{T}} \phi(r)$,

für den Terminierungsbeweis aus, dennoch müssen auch zum Nachweis der *call-by-value*-Terminierung i.allg. *partielle Korrektheitsaussagen* über die betrachtete Funktionsprozedur formuliert und bewiesen werden.

Wie schon zuvor bei der *call-by-name*-Terminierung gibt es jedoch auch Funktionsprozeduren, für die die *call-by-value*-Terminierung ohne Kenntnis der Semantik der betrachteten Funktionsprozedur nachgewiesen werden kann. Für solche Funktionsprozeduren *F* muß die Forderung (*) von Definition *3.1.5* für *jede Funktion* ϕ (anstatt für jeden *Fixpunkt* ϕ des Funktionals $\Im_F$) gelten, denn die Terminierung von *F* ist hier ja *unabhängig* von der *Semantik* von *F*. Wir sagen dann, daß *F stark* terminiert:

Definition 3.2.1 (Starke Terminierung)
Die Funktionsprozedur *F terminiert stark* gdw. eine fundierte Relation $\gg \subset \mathcal{D}_w \times \mathcal{D}_w$ existiert, so daß für *alle* Funktionen $\phi \in [\mathcal{D}_w \rightarrow \mathcal{D}_s]$

(*) $q^* \gg D(\phi)(\theta(t^*))$ für alle $\theta=\{x^*/q^*\}$ mit $q^* \in \mathcal{T}(\Sigma^c)_w$ und
für alle $\pi \in Occ(R_f)$ mit $R_f|_\pi = ft^*$ und $D(\phi) \models COND(\theta(R_f),\pi)$

gilt. Das *funktionale Programm P* terminiert *stark* gdw. jede Funktionsprozedur in *P* stark terminiert. ♦

Da Forderung (*) in Definition *3.2.1* für *jede Funktion* gelten muß, gilt (*) natürlich auch für *jeden Fixpunkt* der Funktionsprozedur *F*, und damit ist starke Terminierung hinreichend für *call-by-value*-Terminierung:

Korollar 3.2.1

(*i*) Wenn F *stark* terminiert, so terminiert F auch *call-by-value*.

(*ii*) Wenn $P \in \mathcal{FP}$ *stark* terminiert, so terminiert P auch *call-by-value*.

Beweis (*i*) Offenbar, denn Forderung *3.2.1*(*) gilt insbesondere für $\phi = \mathsf{fix}_{\Im F}$. √
(*ii*) Übung. √ ♦

Beispiel 3.2.1

(*i*) Die Funktionsprozedur F_{smod2} mit

```
function smod2(x:nat):nat ⇐
    if x=0
      then 0
      else if x=1
             then 1
             else if smod2(x–2)=0 then 0 else 1+smod2(x–1) fi
           fi
    fi
```

terminiert *stark*: Sei $\phi \in [\mathcal{D}_{nat} \to \mathcal{D}_{nat}]$ eine beliebige Funktion und $d \gg d'$ gdw. $d \in \mathcal{T}(\Sigma^c)_w$ und $d >_{\mathcal{T}} d'$. Für $\theta = \{x/q\}$ sind $smod2(q-2)$ und $smod2(q-1)$ die beiden einzigen rekursiven Teilterme von $\theta(R_{smod2})$.

Für $D(\phi) \models q \neq 0 \wedge q \neq 1$ gilt $q=2+c$ für ein $c \in \mathcal{T}(\Sigma^c)_{nat}$ und damit $2+c \gg c = D(\phi)(q-2)$. Für $D(\phi) \models q \neq 0 \wedge q \neq 1 \wedge smod2(q-2) \neq 0$ gilt ebenfalls $q=2+c$ für ein $c \in \mathcal{T}(\Sigma^c)_{nat}$ und damit $2+c \gg 1+c = D(\phi)(q-1)$. Also ist Forderung *3.2.1*(*) erfüllt und F_{smod2} terminiert *stark*.

(*ii*) Die Funktionsprozedur F_{ack} mit

```
function ack(x,y:nat):nat ⇐
    if x=0
      then 1+y
      else if y=0 then ack(x–1, 1) else ack(x–1, ack(x, y–1)) fi
    fi
```

terminiert *stark*: Sei $\gg$ die durch $>_{\mathcal{T}}$ induzierte lexikographische Ordnung auf $\mathcal{D}_{nat} \times \mathcal{D}_{nat}$. Wir betrachten die drei rekursiven Teilterme $ack(x-1, 1)$, $ack(x, y-1)$ und $ack(x-1, ack(x, y-1))$ im Rumpf von F_{ack}:

Für $D(\phi) \models q \neq 0 \wedge r=0$ gilt $q=1+c$ für ein $c \in \mathcal{T}(\Sigma^c)_{nat}$ und damit $\langle 1+c, 0\rangle \gg \langle c, 1\rangle = D(\phi)(\langle q-1, 1\rangle)$. Für $D(\phi) \models q \neq 0 \wedge r \neq 0$ erhält man mit $r=1+d$ für ein $d \in \mathcal{T}(\Sigma^c)_{nat}$ sowohl $\langle 1+c, 1+d\rangle \gg \langle 1+c, d\rangle = D(\phi)(\langle q, r-1\rangle)$ als auch $\langle 1+c, 1+d\rangle \gg \langle c, \phi(1+c, d)\rangle = D(\phi)(\langle q-1, ack(q, r-1)\rangle)$. Also ist Forderung *3.2.1*(*) erfüllt und F_{ack} terminiert *stark*. ♦

Mit der *starken* Terminierung von Definition *3.2.1* erhält man ein Terminierungskriterium, das stärker als die *call-by-value*-Terminierung ist. D.h. es gibt *call-by-value*-terminierende Funktionsprozeduren, die nicht *stark* terminieren. Ursache ist, daß Forderung *3.2.1*(*) auch für Funktionen ϕ gelten muß, die *keine* Fixpunkte des Funktionals $\mathfrak{I}_F$ der Funktionsprozedur F sind.

Beispiel 3.2.2

(*i*) Die Funktionsprozedur F_{mod2} aus Beispiel *3.1.3*(*i*) terminiert nicht *stark*. Forderung (*) von Definition *3.2.1* ist nicht erfüllbar, denn für $\phi \in [\mathcal{D}_{nat} \rightarrow \mathcal{D}_{nat}]$ mit $\phi(\vec{d})=1$ gibt es keine fundierte Relation $\gg$ mit $q \gg D(\phi)(2 \times \lfloor q/2 \rfloor)$, falls $D(\phi) \models q \neq 0 \wedge q \neq 1 \wedge mod2(q-2) \neq 0$: Für $q=2$ muß beispielsweise $2 \gg D(\phi)(2 \times \lfloor 2/2 \rfloor) = 2$, also $q \gg q$ gelten. Damit terminiert F_{mod2} nicht stark.

(*ii*) Die Funktionsprozedur F_{louie} aus Beispiel *3.1.3*(*ii*) terminiert nicht *stark*. Forderung (*) von Definition *3.2.1* ist nicht erfüllbar, denn für $\phi \in [\mathcal{D}_{nat} \rightarrow \mathcal{D}_{nat}]$ mit $\phi(\vec{d})=1$ gibt es keine fundierte Relation $\gg$ mit $q \gg D(\phi)(louie(q-1))$, falls $D(\phi) \models q \neq 0$: Für $q=1$ muß beispielsweise $1 \gg 1 = D(\phi)(louie(q-1))$, also $q \gg q$ gelten. Damit terminiert F_{louie} nicht stark. ♦

In beiden Fällen von Beispiel *3.2.2* ist Forderung *3.2.1*(*) nicht erfüllt, weil ϕ kein Fixpunkt des jeweiligen Funktionals der Funktionsprozedur ist. Da solche Funktionen ϕ bei *call-by-value*-Terminierung jedoch nicht betrachtet werden, terminieren die Funktionsprozeduren F_{mod2} und F_{louie} *call-by-value*, vgl. Beispiel *3.1.3*.

Da bei der *starken* Terminierung für den Terminierungsnachweis keine Kenntnisse über die Semantik einer Funktionsprozedur bekannt sein müssen, ist Terminierung hier *lokal* überprüfbar, denn man muß nur noch die rekursiven Aufrufe in einer Funktionsprozedur untersuchen, um Terminierung zu bewiesen. Die *Ergebnisse* in *nicht-rekursiven* Fällen und die *Kontexte*, in die *rekursive* Aufrufe eingebettet sind, haben keinen Einfluß auf die Terminierung einer *stark* terminierenden Funktionsprozedur. Folglich terminiert jede Funktionsprozedur F' *stark*, falls F' aus einer *stark* terminierenden Funktionsprozedur F entsteht, indem in F lediglich die Kontexte von rekursiven Aufrufen modifiziert und Ergebnisterme (ohne Einführung neuer Rekursionen) abgeändert werden. Damit ist *starke* Terminierung für eine *unendliche* Klasse von Funktionsprozeduren nachgewiesen, sobald *starke* Terminierung für *eine einzige* Funktionsprozedur dieser Klasse bewiesen worden ist.

Beispiel 3.2.3
Die Funktionsprozedur F_{gcd} aus Abschnitt *3.1* terminiert *stark*, wie man leicht mit $\langle q, r\rangle \gg \langle q', r'\rangle$ gdw. $q+r >_{\text{nat}} q'+r'$ zeigt. Damit *müssen* auch die Funktionsprozeduren F_{quot} =

function *quot*(*x*,*y*:*nat*):*nat* ⇐
  if *y*=*O* **then** *O* **else** (**if** *x*≥*y* **then** *1*+*quot*(*x*–*y*, *y*) **else** *O* **fi**) **fi**

und F_{mod} =

function *mod*(*x*,*y*:*nat*):*nat* ⇐
  if *y*=*O* **then** *O* **else** (**if** *x*≥*y* **then** *mod*(*x*–*y*, *y*) **else** *x* **fi**) **fi**

stark terminieren, denn beide Funktionsprozeduren entstehen aus F_{gcd} durch Modifikation von Kontexten rekursiver Aufrufe und Abänderung von Ergebnistermen (ohne Einführung neuer Rekursionen). ♦

Call-by-value (und auch *call-by-name*)-Terminierung ist dagegen i.allg. *nicht-lokal*, denn hier ist Terminierung abhängig von der Semantik einer Funktionsprozedur und damit abhängig von den Ergebnissen in nicht-rekursiven Fällen und den Kontexten rekursiver Aufrufe. Folglich ist das Terminierungsverhalten dieser Funktionsprozeduren anfällig gegenüber solchen Modifikationen, da dadurch die Semantik einer Funktionsprozedur geändert wird und man folglich nicht-terminierende Funktionsprozeduren erhalten kann:

Beispiel 3.2.4
Seien F_{dewey} und F_{huey} Funktionsprozeduren mit

function *dewey*(*x*:*nat*):*nat* ⇐ **if** *x*=*0* **then** *1* **else** *dewey*(*dewey*(*x*–*1*)) **fi**

und

function *huey*(*x*:*nat*):*nat* ⇐ **if** *x*=*0* **then** *0* **else** *2*+*huey*(*huey*(*x*–*1*)) **fi** .

Die Funktionsprozeduren F_{dewey} und F_{huey} terminieren nicht, denn wie man leicht zeigt, gilt $fix_{\Im F_{\text{dewey}}}(1)=\emptyset$ und $fix_{\Im F_{\text{huey}}}(2)=\emptyset$. Die Funktionsprozedur F_{louie} aus Beispiel *3.2.2* terminiert dagegen *call-by-value*.

F_{dewey} ensteht aus F_{louie}, indem das Ergebnis *0* im nicht-rekursiven Fall von F_{louie} durch *1* ersetzt wird.

F_{huey} ensteht aus F_{louie}, indem der rekursive Aufruf von F_{louie} in den Kontext *2+...* eingebettet wird. ♦

Für eine stark terminierende Funktionsprozedur gelingt der Terminierungsnachweis ohne die Formulierung und den Beweis einer partiellen Korrektheitsaussage über die Semantik der Funktionsprozedur. Wir untersuchen daher, für welche *call-by-value*-terminierenden Funktionsprozeduren der Terminierungsnachweis scheitert, wenn wir uns auf *starke* Terminierung beschränken:

Definition 3.2.2 (Normal-rekursive Funktionsprozeduren und Programme)
Eine *Funktionsprozedur* F=**function** $f(x^*{:}w){:}s \Leftarrow R_f$ heißt *normal-rekursiv* gdw. $f \notin \Sigma(t)$ für alle Terme $f(..., t, ...) \leq_T R_f$ und $if(t, ..., ...) \leq_T R_f$ gilt.

Ein *funktionales Programm P* ohne gegenseitige Rekursionen heißt *normal-rekursiv* gdw. alle Funktionsprozeduren in *P* normal-rekursiv sind. ♦

Der Rumpf einer normal-rekursiven Funktionsprozedur enthält also weder *geschachtelte* rekursive Aufrufe, d.h. rekursive Aufrufe der Form $f(... f(...) ...)$, noch rekursive Aufrufe in den *Bedingungen* von *if*-Ausdrücken. Beispielsweise sind alle Funktionsprozeduren in Beispiel *2.1.1* normal-rekursiv. Die Funktionsprozeduren F_{null}, F_{two}, F_{mod2} und F_{louie} aus den Beispielen *3.1.2* und *3.1.3* sind dagegen nicht normal-rekursiv.

Für normal-rekursive Funktionsprozeduren ist *starke* Terminierung nicht nur hinreichend, sondern auch *notwendig* für *call-by-value*-Terminierung:

Satz 3.2.2
Wenn *F normal-rekursiv* ist, so terminiert *F stark* gdw. *F call-by-value*-terminiert.

Beweis "=>" Folgt mit Korollar *3.2.1*(*i*). √
"<=" Da *F call-by-value*-terminiert, existieren eine fundierte Relation $\gg \subset \mathcal{D}_w \times \mathcal{D}_w$ und ein Fixpunkt $\phi \in [\mathcal{D}_w \rightarrow \mathcal{D}_s]$ von $\Im_F$ mit

$$q^* \gg D(\phi)(\theta(t^*)) \text{ für alle } \theta=\{x^*/q^*\} \text{ mit } q^* \in \mathcal{T}(\Sigma^c)_w \text{ und}$$

(*) für alle $\pi \in Occ(R_f)$ mit $R_f|_\pi = ft^*$ und $D(\phi) \models COND(\theta(R_f),\pi)$.

Weder $COND(\theta(R_f),\pi)$ noch $\theta(t^*)$ enthalten f-Terme, denn F ist nach Voraussetzung normal-rekursiv. Damit gilt $q^* \gg D(\phi)(\theta(t^*))$ sowie $D(\phi) \models COND(\theta(R_f),\pi)$ für *alle* $\phi \in [\mathcal{D}_w \rightarrow \mathcal{D}_s]$. Folglich gilt *3.2.1*(*), d.h. F terminiert *stark*. √ ♦

Korollar 3.2.3
Sei $P \in \mathcal{FP}$ *normal-rekursiv*. Dann terminiert P *stark* gdw. P *call-by-value*-terminiert.

Beweis Übung. ♦

Mit Satz *3.2.2* scheitert der Terminierungsnachweis also *höchstens* für nicht normal-rekursive Funktionsprozeduren, wenn wir anstatt *call-by-value*-Terminierung nur *starke* Terminierung überprüfen. Mit dem Begriff "normal-rekursiv" haben wir damit durch eine einfache syntaktische Forderung eine Klasse von Funktionsprozeduren definiert, für die *call-by-value*- und *starke* Terminierung übereinstimmen, vgl. Bild *3.2.1*. Dabei ist "F normal-rekursiv" noch nicht einmal *notwendig* für die Äquivalenz der beiden Terminierungsbegriffe, denn die Funktionsprozeduren F_{smod2} und F_{ack} aus Beispiel *3.2.1* terminieren *stark*, obwohl beide offensichtlich *nicht* normal-rekursiv sind.

Satz *3.2.2* läßt sich jedoch nicht auf *call-by-name*-Terminierung erweitern, d.h. es gibt *call-by-name*-terminierende normal-rekursive Funktionsprozeduren, die nicht *stark* terminieren:

Beispiel 3.2.5
Die Funktionsprozedur F_{one} mit

function $one(x{:}nat){:}nat \Leftarrow x \times one(x-1) + 1 - x$

ist offensichtlich normal-rekursiv und terminiert *call-by-name*, vgl. Beispiel *3.1.1(ii)*. F_{one} terminiert jedoch nicht *call-by-value*, vgl. Beispiel *3.1.4(ii)*, und mit Korollar *3.2.1(i)* terminiert F_{one} dann auch nicht *stark*. ♦

Man kann jedoch eine *Teilklasse* der normal-rekursiven Funktionsprozeduren, die sogenannten *tail-rekursiven* Funktionsprozeduren, definieren, für die *starke* Terminierung sogar mit der *call-by-name*-Terminierung übereinstimmt:

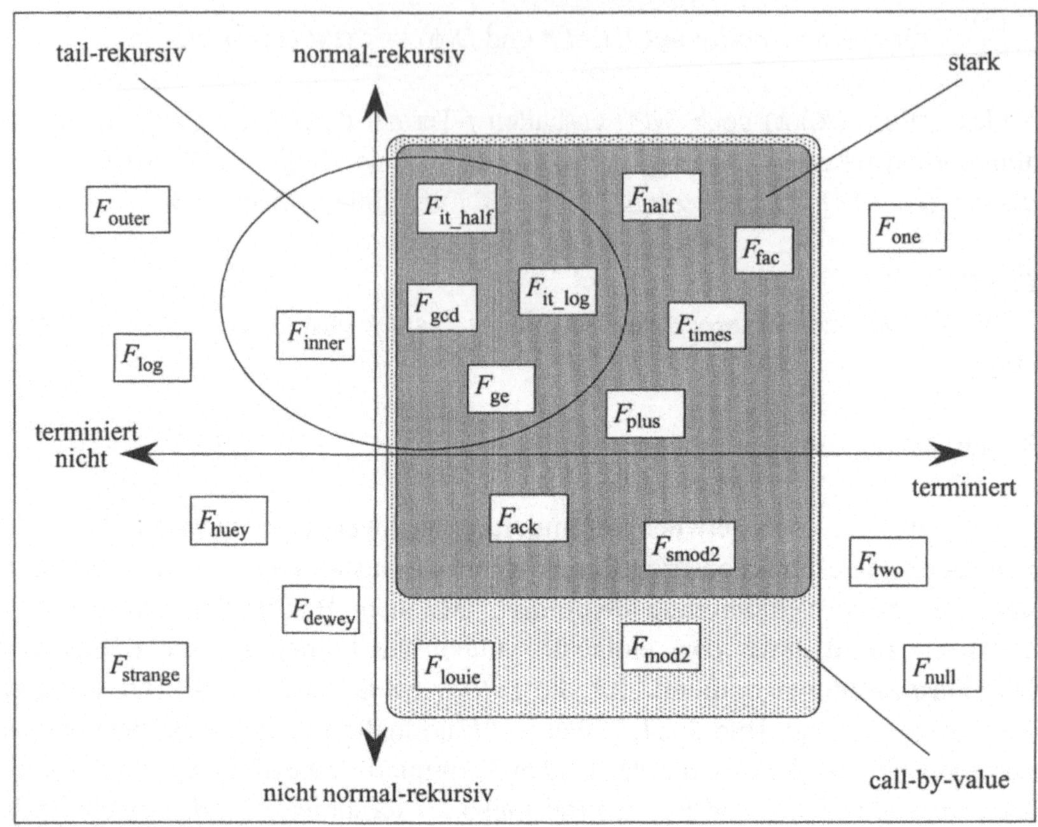

Bild 3.2.1 Terminierung von Funktionsprozeduren

Definition 3.2.3 (Tail-rekursive Funktionsprozeduren und Programme)
Eine normal-rekursive *Funktionsprozedur* F=**function** $f(x^*:w):s \Leftarrow R_f$ heißt *tail-rekursiv* gdw. $t = f(...)$, $t = if(...)$ oder $f \notin \Sigma(t)$ für alle Terme $t \leq_T R_f$ gilt.

Ein *funktionales Programm P* ohne gegenseitige Rekursionen heißt *tail-rekursiv* gdw. alle Funktionsprozeduren in *P* tail-rekursiv sind. ♦

Der Rumpf einer tail-rekursiven Funktionsprozedur enthält also keine rekursiven Aufrufe $f(...)$, die in andere Prozeduraufrufe eingebettet sind, d.h. Terme der Form $g(\ ...\ f(...)\ ...\ )$ (mit $g \neq if$). Beispielsweise sind die Funktionsprozeduren F_{ge} aus Beispiel *2.1.1*, F_{inner} aus Beispiel *3.1.2* und F_{gcd} aus Abschnitt *3.1* tail-rekursiv. Die Funktionsprozeduren F_{plus}, F_{times} und F_{fac} aus Beispiel *2.1.1* sind dagegen nicht tail-rekursiv, denn diese Funktionsprozeduren enthalten rekursive Aufrufe der Form $g(\ ...\ f(...)\ ...\ )$, wie etwa $times(x, fac(x-1))$. Die Funktionsprozeduren F_{null}, F_{two}, F_{mod2} und F_{louie} aus den Beispielen *3.1.2* und *3.1.3* sind noch nicht einmal normal-rekursiv, und damit auch nicht tail-rekursiv.

Tail-rekursive Funktionsprozeduren lassen sich einfach durch *logische Programme* (wie etwa in PROLOG) und durch *Schleifen* in einem *imperativen Programm* implementieren. Umgekehrt kann man Schleifen eines imperativen Programms unmittelbar durch tail-rekursive Funktionsprozeduren darstellen:

Beispiel 3.2.6

(*i*) Die tail-rekursive Funktionsprozedur F_{gcd} aus Abschnitt *3.1* wird durch folgendes Schleifenprogramm S_{gcd} implementiert:

```
while y≠0 and x≠0 do
   if x≥y then x:=x–y else y:=y–x fi
done;
if y=0 then return(x) else return(y) fi .
```

(*ii*) Aus dem Schleifenprogramm S =

```
while u≠0 and u≠1 do
   x :=u;
   y :=0;
   u :=begin
          while x≠0 and x≠1 do x:=x–2; y:=1+y done; return(y)
       end;
   v := 1+v;
done;
return(v)
```

erhält man für die innere Schleife die tail-rekursive Funktionsprozedur F_{it_half} mit

```
function it_half(x,y:nat):nat ⇐
  if x≠0 then (if x≠1 then it_half(x–2, 1+y) else y fi) else y fi
```

sowie für die äußere Schleife die tail-rekursive Funktionsprozedur F_{it_log} mit

```
function it_log(u,v:nat):nat ⇐
  if u≠0 then (if u≠1 then it_log(it_half(u, 0), 1+v) else v fi) else v fi ,
```

und damit das tail-rekursive funktionale Programm $P_S=\langle F_{it\_half}, F_{it\_log}\rangle$. ♦

Für *tail-rekursive* Funktionsprozeduren ist *starke* Terminierung nicht nur hinreichend, sondern auch *notwendig* für *call-by-name*-Terminierung:

Satz 3.2.4

Wenn F *tail-rekursiv* ist, so terminiert F *stark* gdw. F *call-by-name*-terminiert.

Beweis "=>" Folgt mit Korollar *3.2.1(i)* und Satz *3.1.9(i)*. √

"<=" Für $\theta=\{x^*/q^*\}$ mit $q^*\in\mathcal{T}(\Sigma^c)_w$ zeigen wir durch Induktion über ρ, daß (**) $r\downarrow_P\rho$ für alle $r\in\mathcal{T}(\Sigma(P))$ und alle $\rho\in Occ(r)$ mit $r\leq_{\mathcal{T}}\theta(R_f)$, $r|_\rho=f(...)$ und $COND(r,\rho)\rightarrow_P^*$ TRUE gilt:

Induktionsanfang $\rho=\varepsilon$: Mit $r=f(...)$ gilt $r\notin\mathcal{T}(\Sigma^c)$ und folglich $r\downarrow_P\varepsilon$. √

Induktionsschritt $\rho=j\rho'$: Es gilt $r=g(r_1,...,r_m)$ und $r_j|_{\rho'}=f(...)$, denn $\rho\in Occ(r)$ und $\rho\neq\varepsilon$. Also gilt $r=if_s(b, r_2, r_3)$ und $j\in\{2,3\}$, denn F ist *tail-rekursiv*, und man erhält $COND(r,j\rho') = b\equiv c_j \wedge COND(r_j,\rho')$ mit $c_2=true$ bzw. $c_3=false$, vgl. Definition *3.1.4*. Mit $COND(r,j\rho')\rightarrow_P^*$ TRUE gilt folglich $b\rightarrow_P^* c_j$ sowie $COND(r_j,\rho')\rightarrow_P^*$ TRUE, und man erhält mit der Induktionshypothese $r_j\downarrow_P\rho'$. Mit Definition *3.1.2(iii,iv)* folgt dann $if_s(b, r_2, r_3)\downarrow_P j\rho'$, also $r\downarrow_P\rho$, denn $b\rightarrow_P^* c_j$. √

Da F *call-by-name*-terminiert, existiert eine fundierte Relation » auf $\mathcal{D}_w$ sowie ein Fixpunkt $\phi\in[\mathcal{D}_w\rightarrow\mathcal{D}_s]$ von $\mathfrak{I}_F$ mit

(*) $D(\phi)(s^*) \gg D(\phi)(\sigma(t^*))$ für alle $\sigma=\{x^*/s^*\}$ mit $s^*\in\mathcal{T}(\Sigma(P))_w$ und für alle $\pi\in Occ(R_f)$ mit $R_f|_\pi=ft^*$ und $\sigma(R_f)\downarrow_P\pi$.

Für $\pi\in Occ(R_f)$ mit $R_f|_\pi=ft^*$ und $COND(\theta(R_f),\pi)\rightarrow_P^*$ TRUE gilt $\theta(R_f)\downarrow_P\pi$ mit (**), und mit (*) erhält man $D(\phi)(q^*) \gg D(\phi)(\theta(t^*))$. Mit dem Äquivalenzsatz *2.4.8* und Satz *2.7.4* gilt $COND(\theta(R_f),\pi)\rightarrow_P^*$ TRUE gdw. $D(fix_{\mathfrak{I}F})\models COND(\theta(R_f),\pi)$. Da F normal-rekursiv ist, gilt weder $f\in\Sigma(COND(\theta(R_f),\pi))$ noch $f\in\Sigma(\theta(t^*))$, und folglich $COND(\theta(R_f),\pi)\rightarrow_P^*$ TRUE gdw. $D(\psi)\models COND(\theta(R_f),\pi)$ sowie $D(\phi)(\theta(t^*))=D(\psi)(\theta(t^*))$ für alle $\psi\in[\mathcal{D}_w\rightarrow\mathcal{D}_s]$. Mit $D(\phi)(q^*)=q^*$ gilt dann $q^* \gg D(\psi)(\theta(t^*))$ für alle Funktionen $\psi\in[\mathcal{D}_w\rightarrow\mathcal{D}_s]$, für alle $\theta=\{x^*/q^*\}$ mit $q^*\in\mathcal{T}(\Sigma^c)_w$ und für alle $\pi\in Occ(R_f)$ mit $R_f|_\pi=ft^*$ und $D(\psi)\models COND(\theta(R_f),\pi)$, d.h. F terminiert *stark*. ♦

Korollar 3.2.5

Sei $P\in\mathcal{FP}$ *tail-rekursiv*. Dann terminiert P *stark* gdw. P *call-by-name*-terminiert.

Beweis Übung. ♦

Mit Satz *3.2.4* folgt insbesondere, daß zum Nachweis der Terminierung einer *Schleife* keine Kenntnis über die durch die Schleife berechnete Funktion erforderlich ist. Bild *3.2.1* gibt eine Übersicht über die Ergebnisse der Abschnitte *3.1* und *3.2*.

Übung 3.2.1
Sei die Funktionsprozedur F_{funny} definiert durch

```
function funny(x:nat):nat ⇐
    if x=0
      then M
      else if funny(x–1)=N then K else funny(x+1) fi
    fi
```

Beweisen oder widerlegen Sie die Aussagen

(*i*) F_{funny} terminiert *call-by-name*,
(*ii*) F_{funny} terminiert *call-by-value*, und
(*iii*) F_{funny} terminiert *stark*

für alle $M,N,K \in \{0,1\}$. ♦

Übung 3.2.2
(*i*) Bestimmen Sie alle normal-rekursiven und alle *tail-rekursiven* Funktionsprozeduren des funktionalen Programms P_{sort} aus Beispiel *2.5.1*.
(*ii*) Beweisen Sie, daß P_{sort} *stark* terminiert. ♦

Übung 3.2.3
Zeigen Sie, daß das funktionale Programm P_S aus Beispiel *3.2.6*(*ii*) stark terminiert. ♦

Übung 3.2.4

Geben Sie eine *tail-rekursive* Funktionsprozedur F_{it_plus} an, mit der die Addition auf den natürlichen Zahlen berechnet wird. ♦

Übung 3.2.5

Wir nennen eine *Funktionsprozedur F primitiv-rekursiv* gdw. *F* nicht rekursiv definiert oder aber von der Form

```
function f(x:nat, y1:s1,...,yk:sk):s ⇐
    if x=0
      then g(y1,...,yk)
      else h(f(x-1, y1,...,yk), x-1, y1,...,yk)
    fi
```

ist, wobei $g \in \Sigma(\text{BM})$ oder **function** $g(y_1{:}s_1,...,y_k{:}s_k){:}s \Leftarrow ...$ primitiv-rekursiv ist und ebenso $h \in \Sigma(\text{BM})$ oder **function** $h(z{:}s, x{:}nat, y_1{:}s_1,...,y_k{:}s_k){:}s \Leftarrow ...$ primitiv-rekursiv ist. Ein *funktionales Programm P* heißt dementsprechend *primitiv-rekursiv* gdw. jede Funktionsprozedur in *P* primitiv-rekursiv ist.

Beweisen Sie, daß jedes primitiv-rekursive Programm *stark* terminiert. ♦

Übung 3.2.6

Man kann aus jeder Funktionsprozedur F_f ohne *geschachtelte* Rekursionen eine *normal-rekursive* Funktionsprozedur F_f' erhalten, in dem im Rumpf der Funktionsprozedur jeder Term der Form $if_s(...f(...)..., r_1, r_2)$ durch den Term $case\_s(... f(...)..., r_1, r_2)$ ersetzt wird, und so rekursive Aufrufe in den Bedingungen vermieden werden, wobei *case_s* definiert ist wie in Übung *3.1.7*.

Diskutieren Sie die Behauptung, daß F_f' *stark* terminiert, falls F_f *call-by-value* terminiert. ♦

3.3 Spezifikation funktionaler Programme

Wir betrachten jetzt Aussagen über die Funktion sem⟦P⟧, die durch ein funktionales Programm P definiert wird. Dabei gehen wir davon aus, daß P *terminiert.* Allgemein handelt es sich also um Behauptungen der Form :

(*3.3.1*) *Wenn* P *terminiert, so besitzt die Funktion* sem⟦P⟧ *die Eigenschaft* $\mathcal{E}$.

Man nennt ein funktionales Programm *P partiell korrekt* (bezgl. $\mathcal{E}$), wenn für P eine Aussage wie in (*3.3.1*) wahr ist. Dabei bezieht sich "*partiell*" auf die *Voraussetzung*, daß *P terminiert*. Gilt auch dies, so nennt man *P total* korrekt (bezgl. $\mathcal{E}$), d.h.

(*3.3.2*) P *terminiert und die Funktion* sem⟦P⟧ *besitzt die Eigenschaft* $\mathcal{E}$.

Zum Nachweis, daß ein funktionales Programm P partiell korrekt ist, müssen wir festlegen,

(*1*) *wie* Eigenschaften $\mathcal{E}$ über Funktionen *formuliert* werden,
(*2*) *welche Eigenschaften* $\mathcal{E}$ über Funktionen *wahr* bzw. *falsch* sind, und
(*3*) wie *festgestellt* wird, *ob* eine *Eigenschaft* $\mathcal{E}$ *wahr* bzw. *falsch* ist.

Wir müssen also (*1*) durch Angabe der *Syntax* eine *formale Sprache* – die sogenannte *Spezifikationssprache* – definieren, mit der wir Eigenschaften $\mathcal{E}$ funktionaler Programme *repräsentieren*. Man sagt auch, daß ein funktionales Programm durch die Ausdrücke der Spezifikationssprache *spezifiziert* wird. Des weiteren müssen wir (*2*) die *Semantik* der Spezifikationssprache definieren. Damit wird festgelegt, welche Ausdrücke der Spezifikationssprache *wahr* bzw. *falsch* sind. Schließlich benötigen wir (*3*) einen *Beweiskalkül*, mit dem wir formal präzise angeben, *wie bewiesen* wird, daß ein Ausdruck der Spezifikationssprache auch tatsächlich *wahr* ist.

Als Ausgangspunkt für eine Spezifikationssprache wählen wir zunächst die Sprache der Prädikatenlogik *1.* Stufe, d.h. wir spezifizieren ein funktionales Programm P mit Formeln aus $\mathcal{F}_g(\Sigma(P),\mathcal{V})$. Für das funktionale Programm P_{sort} aus Beispiel *2.5.1* können wir jetzt beispielsweise die partielle Korrektheitsaussage

(*3.3.3*) $\forall x{:}list\ sort(sort(x)) \equiv sort(x)$

formulieren, denn (*3.3.3*) ist Element von $\mathcal{F}_g(\Sigma(P_{sort}),\mathcal{V})$. Umgangssprachlich wird mit (*3.3.3*) ausgesagt:

(*3.3.4*) " *Wenn* P_{sort} *terminiert, so liefert die zweimalige Anwendung der Funktionsprozedur* F_{sort} *auf eine Liste* x *das gleiche Ergebnis, wie eine einmalige Anwendung.* "

Offensichtlich muß diese Aussage für einen Sortieralgorithmus F_{sort} gelten, d.h. (*3.3.3*) ist eine *notwendige* Forderung für einen Sortieralgorithmus. Die Forderung ist jedoch nicht *hinreichend*, denn (*3.3.3*) gilt auch für eine Funktionsprozedur **function** *sort*(*k*:*list*):*list* ⇐ *k*, also eine Funktionsprozedur, die *nicht* sortiert. Um die Semantik von F_{sort} eindeutig zu spezifizieren, muß man fordern:

(*3.3.5*) " *Wenn* P_{sort} *terminiert, so liefert* sort(x) *eine* geordnete Permutation *von* x. "

Die umgangssprachliche Spezifikation (*3.3.5*) läßt sich jedoch nicht als Ausdruck der Spezifikationssprache $\mathcal{F}_g(\Sigma(P_{sort}),\mathcal{V})$ formulieren, da wir die Begriffe "*geordnete Liste*" und "*Listenpermutation*" nicht durch Formeln aus $\mathcal{F}_g(\Sigma(P_{sort}),\mathcal{V})$ beschreiben können. Als Abhilfe erweitern wir das funktionale Programm P_{sort} um einen *Spezifikationsteil* S_{sort}. S_{sort} ist eine Folge $\langle F_{ordered}, F_{member}, F_{perm}\rangle$ von Funktionsprozeduren, so daß $P_{sort} \oplus S_{sort}$ ein funktionales Programm ist. Wir definieren die Funktionsprozeduren von S_{sort} durch:

```
function ordered(x:list):bool ⇐
    if x=empty
      then true
      else if tail(x)=empty
              then true
              else if head(x)≤head(tail(x))
                      then ordered(tail(x))
                      else false
                   fi
           fi
    fi
```

```
function member(n:nat, x:list):bool ⇐
    if x=empty
      then false
      else if n=head(x)
             then true
             else member(n, tail(x))
           fi
    fi
```

und

```
function perm(x,y:list):bool ⇐
    if x=empty
      then y=empty
      else if member(head(x), y)
             then perm(tail(x), delete(head(x), y))
             else false
           fi
    fi .
```

Mit dieser Erweiterung von P_{sort} können wir jetzt die umgangssprachliche Spezifikation (*3.3.5*) als Ausdruck der Spezifikationssprache $\mathcal{F}_{\text{g}}(\Sigma(P_{\text{sort}} \oplus S_{\text{sort}}),\mathcal{V})$ formulieren:

(*3.3.6*) $\forall x{:}list\ \ ordered(sort(x)) \equiv true \wedge perm(x, sort(x)) \equiv true.$

Da wir die Begriffe, die zur Spezifikation von P_{sort} benötigt werden, im Spezifikationsteil S_{sort} durch *Funktionsprozeduren* definieren, spricht man hier auch von *algorithmischer Spezifikation*.

Genaugenommen repräsentiert die partielle Korrektheitsaussage (*3.3.6*) nur dann die umgangssprachliche Aussage (*3.3.5*), wenn mit den Funktionsprozeduren F_{ordered} und F_{perm} die Begriffe "*geordnete Liste*" und "*Permutation einer Liste*" *genau erfaßt* sind: Durch eine partielle Korrektheitsaussage über ein funktionales Programm *P* wird jeweils nur eine Beziehung zwischen den (durch die Funktionsprozeduren von *P* berechneten) Funktionen beschrieben, wie etwa die Beziehung zwischen *sort*, *ordered* und *perm* in (*3.3.6*). Deshalb kann etwa aus (*3.3.6*) nicht geschlossen werden, daß F_{sort} tatsächlich ein Sortieralgorithmus ist, denn beispielsweise gilt (*3.3.6*) auch, wenn wir F_{ordered} und F_{perm} durch **function** *ordered*(*x*:*list*):*bool* $\Leftarrow$ *true* und **function** *perm* (*x*, *y*:*list*):*bool* $\Leftarrow$ *true* definieren.

Dieses Problem ist prinzipiell unlösbar und entsteht immer dann, wenn Eigenschaften der "realen Welt" mit formalen Mitteln *modelliert* werden. Beispielsweise gelten auch Aussagen der Physik, der Chemie, der Soziologie oder der Ökonomie nur *relativ* zu den *Naturgesetzen* bzw. *Postulaten*, auf die sich diese Aussagen gründen. Die Wahrheit der Naturgesetze ist aber prinzipiell *nicht* (mit formalen Methoden) *verifizierbar*. Man muß sich daher mit der *Erfahrung* begnügen, daß die postulierten Eigenschaften auch tatsächlich gelten. Dort, wo die Erfahrung gegen ein solches Naturgesetz spricht, also Phänomene beobachtet werden, die im Widerspruch zu postulierten Tatsachen stehen, werden die betroffenen Gesetze so modifiziert, daß sie auch die neue Erfahrung berücksichtigen und so den Widerspruch auflösen. Damit müssen dann alle Aussagen, die sich auf das modifizierte Gesetz stützen, erneut auf ihren Wahrheitsgehalt hin überprüft werden.

In unserem Zusammenhang bedeutet dies, daß wir lediglich *unterstellen*, daß die im Spezifikationsteil eines funktionalen Programms definierten Begriffe auch tatsächlich die von uns *intendierten* Begriffe modellieren. Für unser Beispiel heißt dies etwa, daß wir lediglich *glauben*, daß *ordered*(*x*) genau dann *true* liefert, wenn *x* eine *geordnete* Liste ist. Natürlich kann man versuchen, dieses Postulat relativ zu *weiteren* Begriffsbildungen (aus einem erweiterten Spezifikationsteil) formal zu verifizieren, etwa indem man fordert:

$$(3.3.7)\qquad \begin{array}{c} \forall x{:}list\ \ ordered(x) \equiv true \\ \leftrightarrow \\ \forall i,j{:}nat\ \ 1 \le i < j \le |x| \rightarrow element(x, i) \le element(x, j), \end{array}$$

d.h. fordert, daß *ordered*(*x*) genau dann *true* liefert, wenn die Elemente von *x* in aufsteigender Reihenfolge geordnet sind. Mit diesem Vorgehen entkommt man jedoch nicht dem prinzipiellen Problem, denn (*3.3.7*) gilt nur *relativ* zu der *Annahme*, daß mit $|x|$ die Länge einer Liste, mit *element*(*x*, *i*) das *i*.te Element der Liste *x*, mit $\le$ die "übliche" $\le$-Relation usw. berechnet wird.

Mit diesen Überlegungen stellt sich zwangsläufig die Frage, ob Programm*verifikation* überhaupt sinnvoll ist: Da wir beispielsweise *glauben* müssen, daß *ordered* die *intendierte* Bedeutung hat, d.h. Test, ob eine Liste geordnet ist, können wir genausogut *glauben*, daß *sort* die *intendierte* Bedeutung hat, d.h. Sortieren einer Liste. Damit ist eine formale Verifikation offensichtlich überflüssig.

Für unser Beispiel trifft dieser Vorbehalt sicher zu, denn die Funktionsprozeduren von P_{sort} sind nicht komplizierter als die von S_{sort}, so daß wir uns genausogut gleich *informell* von der Korrektheit von F_{sort} überzeugen können, anstatt zunächst *informell* die Korrektheit von $F_{ordered}$ und F_{perm} zu untersuchen, um dann Aussage *(3.3.6)* *formal* zu verifizieren.

Unser Beispiel ist jedoch im Hinblick auf diesen Aspekt der Programmverifikation irreführend, da nicht nur die Funktionsprozeduren in S_{sort}, sondern auch die Funktionsprozeduren des Programms P_{sort} sehr einfach sind. Die Situation ändert sich, wenn wir P_{sort} durch ein komplizierteres funktionales Programm ersetzen:

Beispiel 3.3.1

Das folgende funktionale Programm P_{hsort} definiert einen Sortieralgorithmus F_{hsort} = **function** *sort*(*x*:*list*):*list* ⇐ ... , der nach dem *Heapsortverfahren* arbeitet:

```
structure tip, node(left:tree, key:nat, right:tree):tree

function depth(h:tree):nat ⇐
    if h=tip
      then 0
      else if depth(left(h)) > depth(right(h))
               then 1+ depth(left(h))
               else 1+ depth(right(h))
           fi
    fi

function pop(h:tree):tree ⇐
    if h=tip
      then tip
      else if left(h)=tip
               then tip
               else if depth(left(h)) > depth(right(h))
                        then node(pop(left(h)), key(h), right(h))
                        else node(left(h), key(h), pop(right(h)))
                    fi
           fi
    fi
```

```
function bottom(h:tree):nat ⇐
    if h=tip
      then 0
      else if left(h)=tip
              then key(h)
              else if depth(left(h)) > depth(right(h))
                      then bottom(left(h))
                      else bottom(right(h))
                   fi
           fi
    fi

function swap(h:tree):tree ⇐
    if h=tip
      then tip
      else if left(h)=tip
              then tip
              else if depth(left(h)) > depth(right(h))
                      then node(pop(left(h)), bottom(h), right(h))
                      else node(left(h), bottom(h), pop(right(h)))
                   fi
           fi
    fi

function min.key(x, y, z:tree):nat ⇐
    if key(x) ≤ key(y)
      then if key(y) ≤ key(z)
              then key(x)
              else if key(x) ≤ key(z)
                      then key(x)
                      else key(z)
                   fi
           fi
      else min.key(y, x, z)
    fi
```

```
function sift(h:tree):tree ⇐
    if h=tip
      then tip
      else if left(h)=tip
              then h
              else if key(h)=min.key(h, left(h), right(h))
                      then h
                      else if key(left(h))=min.key(h, left(h), right(h))
                              then node(sift(node(left(left(h)),
                                                  key(h),
                                                  right(left(h))) ),
                                        key(left(h)),
                                        right(h) )
                              else node(left(h),
                                        key(right(h)),
                                        sift(node(left(right(h)),
                                                  key(h)
                                                  right(right(h))) ) )
                           fi
                   fi
           fi
    fi

function completed(h:tree):bool ⇐
    if h=tip
      then true
      else if depth(left(h))≠depth(right(h))
              then false
              else completed(right(h))
           fi
    fi

function insert(k:nat, h:tree):tree ⇐
    if h=tip
      then node(tip, k, tip)
      else if completed(h)
              then node(insert(k, left(h)), key(h), right(h)))
              else if completed(left(h))
```

```
                then node(left(h), key(h), insert(k, right(h))))
                else node(insert(k, left(h)), key(h), right(h)))
            fi
        fi
    fi

function make_heap_structure(x:list):tree ⇐
    if x=empty
      then tip
      else insert(head(x), make_heap_structure(tail(x)))
    fi

function make_heap(h:tree):tree ⇐
    if h=tip
      then tip
      else sift(node(make_heap(left(h)),
                     key(h),
                     make_heap(right(h)) ) )
    fi

function heapsort(h:tree):list ⇐
    if h=tip
      then empty
      else add(key(h), heapsort(sift(swap(h))))
    fi

function sort(x:list):list ⇐
    heapsort(make_heap(make_heap_structure(x))) .    ♦
```

Um nachzuweisen, daß mit der Funktionsprozedur F_{hsort} auch tatsächlich ein Sortieralgorithmus definiert wird, muß eine geeignete partielle Korrektheitsaussage wie etwa (*3.3.6*) für das funktionale Programm P_{hsort} gelten. Offensichtlich ist (*3.3.6*) auch ein Ausdruck der Spezifikationssprache $\mathcal{F}_{\text{g}}(\Sigma(P_{\text{hsort}} \oplus S_{\text{sort}}), \mathcal{V})$. Im Unterschied zum "einfachen" funktionalen Programm P_{sort} ist hier jedoch nicht offensichtlich, daß P_{hsort} auch tatsächlich einen Sortieralgorithmus implementiert. Die *Spezifikationsteile* sind dagegen für beide Programme *identisch*. Damit ist eine Verifikation von P_{hsort}, d.h. der formale Nachweis von (*3.3.6*) für das "komplizierte" Programm P_{hsort}, durchaus sinnvoll, denn damit wird bewiesen, daß F_{hsort}

auch tatsächlich einen Sortieralgorithmus definiert, *vorausgesetzt* der “einfache” Spezifikationsteil S_{sort} ist eine korrekte Modellierung der Konzepte “geordnete Liste” und “Listenpermutation”.

Dieses Beispiel illustriert die allgemeine Rechtfertigung für eine formale Programmverifikation, nämlich die (formal) *korrekte Reduktion* von *komplizierten* Aussagen auf *einfache* Aussagen, deren Wahrheit dann unterstellt wird.

Nachfolgend werden wir den Spezifikationsteil eines funktionalen Programms *P* nicht gesondert bezeichnen, da es für die weiteren Überlegungen unerheblich ist, ob eine Funktionsprozedur aus *P* zum eigentlichen Programm oder zum Spezifikationsteil gehört.

3.4 Semantik der Spezifikationssprache

In diesem Abschnitt definieren wir die *Semantik* der Spezifikationssprache $\mathcal{F}_g(\Sigma(P),\mathcal{V})$ eines funktionalen Programms *P*. Damit legen wir fest, welche Formeln aus $\mathcal{F}_g(\Sigma(P),\mathcal{V})$ *wahr* bzw. *falsch* sind. Beispielweise erwarten wir für das funktionale Programm $P=\langle F_{half}, F_{double}\rangle$ mit

function *half*(*x*:*nat*):*nat* ⇐
  if *x=0* **then** *0* **else** (**if** *x=1* **then** *0* **else** *1+half*(*x–2*) **fi**) **fi**

und

function *double*(*x*:*nat*):*nat* ⇐ **if** *x=0* **then** *0* **else** *2+double*(*x–1*) **fi** ,

daß die Aussage

(*3.4.1*) $\forall x{:}nat\ \ half(double(x)) \equiv x$

eine wahre Aussage über *P* ist, während die Aussage

(*3.4.2*) $\forall x{:}nat\ \ double(half(x)) \equiv x$

nicht für P gelten soll. Umgangssprachlich bedeutet (*3.4.1*), daß *half(double(q))* in P für *jeden Konstruktorgrundterm* $q \in \mathcal{T}(\Sigma^c)_{nat}$ zu q ausgewertet wird. Wir interpretieren also Aussage (*3.4.1*) als Abkürzung für

(*3.4.3*) für alle $q \in \mathcal{T}(\Sigma^c)_{nat}$ gilt: $half(double(q)) \equiv q$

und beweisen Aussage (*3.4.3*) durch strukturelle Induktion über q, vgl. Übung *2.3.14(i)*. Damit gilt Aussage (*3.4.1*) für P, wenn wir " $\forall x{:}nat$ ... " als Abkürzung für " *für alle* $q \in \mathcal{T}(\Sigma^c)_{nat}$ *gilt:* ... " deuten. Aussage (*3.4.2*) ist dagegen *falsch* für P, denn mit

$$double(half(succ(0))) \equiv double(0) \equiv 0$$

gibt es ein $q \in \mathcal{T}(\Sigma^c)_{nat}$, so daß $double(half(q)) \equiv q$ nicht gilt.

Wir können also zwischen wahren und falschen Aussagen für ein Programm P unterscheiden, indem wir für $\mathcal{F}_g(\Sigma(P),\mathcal{V})$ eine $\Sigma(P)$-Interpretation angeben, die "$\forall x{:}s\ \varphi[x]$" durch "*für alle* $q \in \mathcal{T}(\Sigma^c)_s$ *gilt* $\varphi[q]$" und jedes Funktionssymbol f wie in der denotationalen Semantik deutet:

Definition 3.4.1 (Theorie Th_P eines funktionalen Programms)
Sei P ein terminierendes funktionales Programm und $M_P=(\mathcal{M}, \mu)$ eine $\Sigma(P)$-Algebra. Dann ist M_P die *normierte Standardinterpretation* von P gdw.

(*i*) $\mathcal{M}_s = \mathcal{T}(\Sigma(P)^c)_s$ für alle $s \in \mathcal{S}(P)$, vgl. Definition *2.5.2*, und
(*ii*) $\mu_f = \delta_{P,f}$ für alle $f \in \Sigma(P)$, vgl. Definition *2.3.16*.

Die *Theorie* Th_P des funktionalen Programms P ist definiert durch $Th(M_P)$, vgl. Definition *1.2.2*. ♦

Da wir in Definition *3.4.1* voraussetzen, daß P terminiert, ist jede Funktion $\delta_{P,f}$ mit $f \in \Sigma_{w,s}$ ω-*total*, d.h. $\delta_{P,f}(q^*) \neq \emptyset_s$ für alle $q^* \in \mathcal{T}(\Sigma^c)_w$. Folglich gilt $\mu_f(q^*) \in \mathcal{T}(\Sigma^c)_s$ für alle $q^* \in \mathcal{T}(\Sigma^c)_w$ und damit sind sowohl M_P als auch Th_P wohldefiniert.

Da Th_P als Theorie der normierten Standardinterpretation von P, also einer Σ-Algebra, definiert ist, gilt (vgl. Übung *1.2.1*)

(*3.4.4*) $Th_P \neq \emptyset$,
(*3.4.5*) Th_P ist *konsistent*, d.h. $\neg\varphi \notin Th_P$ für alle $\varphi \in Th_P$,
(*3.4.6*) Th_P ist *vollständig*, d.h. $\varphi \in Th_P$ oder $\neg\varphi \in Th_P$ für alle $\varphi \in \mathcal{F}_g(\Sigma(P),\mathcal{V})$,

(3.4.7) $\psi \in Th_P$, wenn $\varphi \in Th_P$ und $(\varphi \rightarrow \psi) \in Th_P$ für alle $\varphi, \psi \in \mathcal{F}_g(\Sigma(P), \mathcal{V})$.

Die Theorie Th_P eines funktionalen Programms enthält *alle* (*bzgl.* M_P) *wahren Aussagen* über P, die als geschlossene Formeln aus $\mathcal{F}_g(\Sigma(P), \mathcal{V})$ geschrieben werden können.

Beispiel 3.4.1
Sei $P_{plus} = \langle F_{plus} \rangle$ mit

function *plus*(*x*, *y*:*nat*):*nat* $\Leftarrow$ **if** *x=0* **then** *y* **else** *1+plus*(*x–1*, *y*) **fi**

Dann sind folgende Formeln Elemente von $Th_{P_{plus}}$, wobei $u+v$ für *plus*(*u*, *v*) und u' für *succ*(*u*) steht:

(1)	$\forall x{:}nat \;\; 0+x \equiv x$
(2)	$\forall x,y{:}nat \;\; x'+y \equiv (x+y)'$
(3)	$\forall x{:}nat \;\; x+0 \equiv x$
(4)	$\forall x,y{:}nat \;\; x+y' \equiv (x+y)'$
(5)	$\forall x,y{:}nat \;\; x'+y \equiv x+y'$
(6)	$\forall x,y,z{:}nat \;\; x+(y+z) \equiv (x+y)+z$
(7)	$\forall x,y{:}nat \;\; x+y \equiv y+x$
(8)	$\forall x,y,z{:}nat \;\; x+z \equiv y+z \rightarrow x \equiv y$
(9)	$\forall x,y,z{:}nat \;\; x+y \equiv x+z \rightarrow y \equiv z$
(10)	$\exists x{:}nat \;\; x \equiv x+x$
(11)	$\forall x{:}nat \; \exists y,z{:}nat \;\; x \equiv y+z$
(12)	$\forall x{:}nat \;\; x \equiv 0 \vee \exists y{:}nat \;\; x \equiv y'$
(13)	$\forall x{:}nat \;\; \neg x \equiv x'$
(14)	$\forall x{:}nat \;\; x \equiv x' \vee \neg x \equiv x'$
(15)	$\forall x{:}nat \;\; x \equiv x$

Folgende Formeln sind keine Elemente von $Th_{P_{plus}}$:

(16)	$\forall x{:}nat \;\; x \equiv x+x$
(17)	$\exists x{:}nat \;\; x \equiv x'$
(18)	$\exists x{:}nat \;\; \neg x \equiv x$
(19)	$\forall x{:}nat \;\; \neg x \equiv x$
(20)	$\forall x,y,z{:}nat \;\; x+(y+z) \equiv (x+y)+(x+z)$. ♦

Mit der Theorie eines funktionalen Programms P können wir jetzt angeben, welche Aussagen über P *wahr* bzw. *falsch* sein sollen:

Definition 3.4.2 (Gültige partielle Korrektheitsaussagen)
Eine partielle Korrektheitsaussage $\varphi \in \mathcal{F}_g(\Sigma(P),\mathcal{V})$ über ein terminierendes funktionales Programm P *gilt für P* gdw. $\varphi \in Th_P$. ♦

Übung 3.4.1

(*i*) Beweisen Sie, daß $[t \equiv M_P(t)] \in Th_P$ für alle $t \in \mathcal{T}(\Sigma(P))$ gilt.

(*ii*) Beweisen Sie, daß für jedes terminierende Programm P eq_s und $\equiv$ in Th_P übereinstimmen und damit folgender Satz gilt: "Sei P ein terminierendes funktionales Programm, $x^* \in \mathcal{V}_w$ und $t_1,t_2 \in \mathcal{T}(\Sigma(P), \mathcal{V}(x^*))_s$. Dann gilt $[\forall x^*{:}w\ t_1 \equiv t_2 \leftrightarrow \forall x^*{:}w\ eq_s(t_1, t_2) \equiv true] \in Th_P$", vgl. auch Übung *2.3.4*. ♦

3.5 Beweise zur partiellen Korrektheit

Mit Definition *3.4.2* ist eine partielle Korrektheitsaussage über ein funktionales Programm P genau dann wahr, wenn $\varphi \in Th_P$ gilt oder P nicht terminiert. Da wir hier an *formaler* Programmverifikation interessiert sind, müssen wir "$\varphi \in Th_P$" *formal beweisen*, um zu zeigen daß φ für P gilt, wobei wir "P terminiert" *voraussetzen*. Es muß also beispielsweise ein mathematischer Beweis für "$\varphi \in Th_{P_{hsort} \oplus S_{sort}}$" geführt werden (wobei φ die partielle Korrektheitsaussage von *3.3.6* ist), um nachzuweisen, daß φ für $P_{hsort} \oplus S_{sort}$ gilt. Damit ist dann mathematisch präzise bewiesen, daß der Sortieralgorithmus von P_{hsort} aus Beispiel *3.3.1* immer eine geordnete Permutation der Eingabeliste berechnet - vorausgesetzt natürlich, daß die Begriffe "geordnete Liste" und "Listenpermutation" durch die Funktionsprozeduren im Spezifikationsteil S_{sort} korrekt modelliert wurden.

Zum Nachweis von "$\varphi \in Th_P$" verwenden wir den Ansatz der formalen Logik: Wir definieren *Axiome* sowie einen *Herleitungsbegriff*, mit dem dann ausgehend von den Axiomen *Formeln* aus $\mathcal{F}_g(\Sigma(P),\mathcal{V})$ *formal hergeleitet* werden können. Dabei werden wir sicherstellen, daß *nur* Formeln aus Th_P formal hergeleitet werden. Wir verwenden dazu einen (korrekten) *Beweiskalkül K* (der Logik *1.* Stufe), und damit ist dann "$\varphi \in Th_P$" formal korrekt *bewiesen*, wenn φ in K formal *hergeleitet* werden kann.

Definition 3.5.1 (Axiome AX_P für funktionale Programme)
Die Axiomenmenge AX_{BM} der Basismaschine BM ist durch folgende Formeln aus $\mathcal{F}_g(\Sigma(\mathsf{BM}),\mathcal{V})$ gegeben:

$$
\begin{array}{rl}
 & pred(O) \equiv O, \\
\forall n{:}nat & pred(succ(n)) \equiv n\ , \\
\\
 & eq(O, O) \equiv true\ , \\
\forall n{:}nat & eq(succ(n), O) \equiv false\ , \\
\forall n{:}nat & eq(O, succ(n)) \equiv false\ , \\
\forall n_1,n_2{:}nat & eq(succ(n_1), succ(n_2)) \equiv eq(n_1, n_2)\ , \\
\\
\forall x_1,x_2{:}s & if_s(true, x_1, x_2) \equiv x_1\ , \\
\forall x_1,x_2{:}s & if_s(false, x_1, x_2) \equiv x_2\ .
\end{array}
$$

Für ein funktionales Programm $P=\langle ...,F,... \rangle$ mit

$F = \textbf{function}\ f(x^*{:}w){:}s \Leftarrow R_f$

ist die Formel $AX_f \in \mathcal{F}_g(\Sigma(P),\mathcal{V}(x^*))$ gegeben durch

$AX_f := \forall x^*{:}w\ \ f(x^*) \equiv R_f.$

Für ein funktionales Programm $P=\langle ...,D,... \rangle$ mit

$$
\begin{array}{rl}
D = \textbf{structure} & cons_1(sel_{1,1}{:}s_{1,1}., \ldots , sel_{1,n1}{:}s_{1,n1}) \\
 & , \ldots , \\
 & cons_m(sel_{m,1}{:}s_{m,1}., \ldots , sel_{m,nm}{:}s_{m,nm}) : s
\end{array}
$$

ist die Formelmenge $AX_s \subset \mathcal{F}_g(\Sigma(P),\mathcal{V})$ durch folgende Formeln gegeben:

für alle $h \in \{1,...,m\}$ mit $n_h=0$:

$$eq_s(cons_h, cons_h) \equiv true\ ,$$

für alle $h \in \{1,...,m\}$ mit $n_h > 0$:

$$\forall x_1{:}s_{h,1},...,\forall x_{nh}{:}s_{h,nh}$$
$$sel_{h,j}(cons_h(x_1,...,x_{nh})) \equiv x_j\ ,$$

$$\forall x_1,y_1{:}s_{h,1},...,\forall x_{nh},y_{nh}{:}s_{h,nh}$$
$$eq_s(cons_h(x_1,...,x_{nh}),\ cons_h(y_1,...,y_{nh}))$$
$$\equiv EQ(<x_1,...,x_{nh}>,\ <y_1,...,y_{nh}>)\ ,$$

wobei $EQ(<x_1,...,x_{nh}>,\ <y_1,...,y_{nh}>) := eq_{sh,1}(x_1,\ y_1)$, falls $n_h=1$ und sonst
$EQ(<x_1,...,x_{nh}>,\ <y_1,...,y_{nh}>) := if_{bool}(eq_{sh,1}(x_1,\ y_1),$
$EQ(<x_2,...,x_{nh}>,\ <y_2,...,y_{nh}>),$
$false)\ ,$

für alle $h,h' \in \{1,...,m\}$ mit $h \neq h'$, für alle $j \in \{1,...,n_h\}$ und für alle $j' \in \{1,...,n_{h'}\}$:

$$\forall x_1{:}s_{h,1},...,\forall x_{nh}{:}s_{h,nh}$$
$$sel_{h',j'}(cons_h(x_1,...,x_{nh})) \equiv \nabla_{sh',j'}\ ,$$

$$\forall x_1{:}s_{h,1},...,\forall x_{nh}{:}s_{h,nh}\ \forall y_1{:}s_{h',1},...,\forall y_{nh'}{:}s_{h',nh'}$$
$$eq_s(cons_h(x_1,...,x_{nh}),\ cons_{h'}(y_1,...,y_{nh'})) \equiv false\ ,$$

sowie

$$\forall x_1,x_2{:}s\ \ if_s(true,\ x_1,\ x_2) \equiv x_1\ ,$$
$$\forall x_1,x_2{:}s\ \ if_s(false,\ x_1,\ x_2) \equiv x_2\ ,$$

wobei eq_{bool} definiert ist wie in Übung *2.1.1*.

AX_f ist das *Axiom der Funktionsprozedur F* und AX_s ist die Axiomenmenge der Datenstrukturdefinition *D*. Die *Axiomenmenge* $AX_P \subset \mathcal{F}_g(\Sigma(P),\mathcal{V})$ eines *funktionalen Programms* $P=\langle D_{s1},F_{f1},...,D_{sk},F_{fk}\rangle$ ist definiert als $AX_P := AX_{BM} \cup AX_{s1} \cup ... \cup AX_{sk} \cup \{AX_{f1},...,AX_{fk}\}$. ♦

Beispiel 3.5.1

(*i*) Für das funktionale Programm $P=\langle F_{zero},\ F_{plus},\ F_{times}\rangle$ mit den Funktionsprozeduren aus Beispiel *2.1.1* erhalten wir

$$AX_{zero} \ = \forall x{:}nat\ \ zero(x) \equiv eq(x,\ O),$$

$$AX_{\text{plus}} = \forall x,y{:}nat\ \ plus(x, y) \equiv if_{\text{nat}}(zero(x), y, succ(plus(pred(x), y)))\ ,$$

und

$$AX_{\text{times}} = \forall x,y{:}nat\ \ times(x,y) \equiv if_{\text{nat}}(zero(x), O, plus(times(pred(x),y), y)).$$

Damit gilt $AX_P = AX_{BM} \cup \{AX_{\text{zero}}, AX_{\text{plus}}, AX_{\text{times}}\}$.

(*ii*) Für die Datenstrukturdefinition D_{list} =

structure *empty*, *add*(*head*:*nat*, *tail*:*list*):*list*

erhält man AX_{list} als

$$\begin{array}{rl}
 & head(empty) \equiv O, \\
\forall n{:}nat, \forall x{:}list & head(add(n, x)) \equiv n\ , \\
 & \\
 & tail(empty) \equiv empty, \\
\forall n{:}nat, \forall x{:}list & tail(add(n, x)) \equiv x\ , \\
 & \\
 & eq_{\text{list}}(empty, empty) \equiv true\ , \\
\forall n{:}nat, \forall x{:}list & eq_{\text{list}}(add(n, x), empty) \equiv false\ , \\
\forall n{:}nat, \forall x{:}list & eq_{\text{list}}(empty, add(n, x)) \equiv false\ , \\
\forall n_1,n_2{:}nat, \forall x_1,x_2{:}list & eq_{\text{list}}(add(n_1, x_1), add(n_2, x_2)) \equiv \\
 & if_{\text{bool}}(eq_{\text{nat}}(n_1, n_2), eq_{\text{list}}(x_1, x_2), false), \\
 & \\
\forall x_1,x_2{:}list & if_{\text{list}}(true, x_1, x_2) \equiv x_1\ , \\
\forall x_1,x_2{:}list & if_{\text{list}}(false, x_1, x_2) \equiv x_2\ . \quad \blacklozenge
\end{array}$$

Die Axiome eines (terminierenden) funktionalen Programms verwenden wir jetzt als Axiome des Beweiskalküls *K*. Dieser Ansatz ist korrekt, denn es gilt:

Satz 3.5.1
$AX_P \subset Th_P$ für jedes terminierende funktionale Programm *P*.

Beweis Für $\varphi \in AX_P$ gilt $\varphi = \forall x^*{:}w\ t_l \equiv t_r$ für gewisse $t_l, t_r \in \mathcal{T}(\Sigma(P), \mathcal{V}(x^*))$. Damit gilt

$\varphi \in Th_P$ gdw. $M_P \models \forall x^*{:}w\ t_l \equiv t_r$, mit Definition *3.4.1*
gdw. $M_P[x^*/q^*] \models t_l \equiv t_r$ für alle $q^* \in \mathcal{T}(\Sigma^c)_w$, mit Definition *1.2.2*
gdw. $M_P \models \theta(t_l) \equiv \theta(t_r)$ für alle $\theta = \{x^*/q^*\}$, mit Lemma *1.2.1(ii)*
gdw. $M_P(\theta(t_l)) = M_P(\theta(t_r))$ für alle $\theta = \{x^*/q^*\}$, mit Definition *1.2.2*
gdw. $D_P(\theta(t_l)) = D_P(\theta(t_r))$ für alle $\theta = \{x^*/q^*\}$, mit Definition *3.4.1*
gdw. $eval_P(\theta(t_l)) = eval_P(\theta(t_r))$ für alle $\theta = \{x^*/q^*\}$, mit Satz *2.4.8*.

Man zeigt leicht $\theta(t_l) \rightarrow_P \theta(t_r)$ und damit, daß $eval_P(\theta(t_l)) = eval_P(\theta(t_r))$ für alle $\varphi \in AX_P$ mit $\varphi = \forall x^*{:}w\ t_l \equiv t_r$ und für alle $\theta = \{x^*/q^*\}$ mit $q^* \in \mathcal{T}(\Sigma^c)_w$ gilt, und folglich ist die Behauptung bewiesen. ♦

Korollar 3.5.2
$(AX_P)^{\models} \cap \mathcal{F}_g(\Sigma(P),\mathcal{V}) \subset Th_P$ für jedes terminierende funktionale Programm P.

Beweis Für $\varphi \in (AX_P)^{\models}$ gilt $I \models \varphi$ für jede $\Sigma(P)$-Interpretation I mit $I \models AX_P$. Mit Satz *3.5.1* gilt $M_P \models AX_P$, folglich $M_P \models \varphi$ und mit $\varphi \in \mathcal{F}_g(\Sigma(P),\mathcal{V})$ schließlich $\varphi \in Th_P$. ♦

Übung 3.5.1
Beweisen Sie, daß $eval_P(\theta(t_l)) = eval_P(\theta(t_r))$ für jedes terminierende funktionale Programm P, für alle $\varphi \in AX_P$ mit $\varphi = \forall x^*{:}w\ t_l \equiv t_r$ und für alle $\theta = \{x^*/q^*\}$ mit $q^* \in \mathcal{T}(\Sigma^c)_w$ gilt. ♦

Mit Satz *3.5.1* können wir jetzt einen beliebigen *korrekten* Beweiskalkül K der Prädikatenlogik *1.* Stufe verwenden, um ausgehend von AX_P Formeln aus Th_P herzuleiten. Wir schreiben $\Phi \vdash \varphi$, wenn eine Formel φ in K aus einer Formelmenge Φ hergeleitet werden kann und $\Phi^{\vdash}$ für die Menge $\{\varphi \mid \Phi \vdash \varphi\}$ aller aus Φ in K herleitbaren Formeln. Da wir fordern, daß K *korrekt* ist, gilt $\Phi^{\vdash} \subset \Phi^{\models}$, d.h. jede aus Φ herleitbare Formel wird auch durch Φ semantisch impliziert, vgl. Definition *1.2.2*. Damit gilt $(AX_P)^{\vdash} \subset (AX_P)^{\models}$ und mit Korollar *3.5.2* dann $(AX_P)^{\vdash} \cap \mathcal{F}_g(\Sigma(P),\mathcal{V}) \subset Th_P$. Wir können also "$\varphi \in Th_P$" *verifizieren*, indem wir φ aus AX_P *herleiten*.

3.6 Grenzen der formalen Verifikation

Natürlich stellt sich die Frage, ob *jede* wahre Aussage über *P* auch formal hergeleitet werden kann, d.h. ob $Th_P \subset (AX_P)^{\vdash}$ gilt. Mit der Korrektheit von *K* würde dann $Th_P \subset (AX_P)^{\models}$ folgen, d.h. jede wahre Aussage über *P* würde durch AX_P semantisch impliziert. Betrachten wir dazu ein Beispiel:

Beispiel 3.6.1

Für das funktionale Programm P_{plus} aus Beispiel *3.4.1* sei $A=(\mathcal{A},\alpha)$ eine $\Sigma(P_{plus})$-Algebra mit

$$\mathcal{A}_{bool} := \{T, F\},$$
$$\mathcal{A}_{nat} := \mathbb{N} \cup \mathbb{Z}^{+0.5}, \text{ mit } \mathbb{Z}^{+0.5} := \{m \in \mathbb{Q} \mid m = z + 0.5 \text{ für ein } z \in \mathbb{Z}\}$$

$$\alpha_{true} := T$$
$$\alpha_{false} := F$$

$$\alpha_O := 0$$
$$\alpha_{succ}(n) := n + 1$$

$$\alpha_{pred}(n) := \begin{cases} 0 & \text{, falls } n = 0 \\ n - 1 & \text{, falls } n \neq 0 \end{cases}$$

$$\alpha_{eq}(n,m) := \begin{cases} T & \text{, falls } n = m \\ F & \text{, falls } n \neq m \end{cases}$$

$$\alpha_{ifs}(b,u,v) := \begin{cases} u & \text{, falls } b = T \\ v & \text{, falls } b = F \end{cases}$$

$$\alpha_{plus}(n,m) := \begin{cases} (n - m) + 0.5 & \text{, falls } n \notin \mathbb{N} \text{ und } m \notin \mathbb{N} \\ n + m & \text{, falls } n \in \mathbb{N} \text{ oder } m \in \mathbb{N}\,. \end{cases}$$

Man zeigt leicht $A \models AX_{BM}$. Weiter gilt

$$
\begin{aligned}
&A[x/0, y/m](if(eq(x, O), y, succ(plus(pred(x), y)))) \\
&\quad = \alpha_{if}(\alpha_{eq}(0, 0), m, \alpha_{succ}(\alpha_{plus}(\alpha_{pred}(0), m))) \\
&\quad = \alpha_{if}(\mathsf{T}, m, \alpha_{succ}(\alpha_{plus}(\alpha_{pred}(0), m))) \\
&\quad = m \\
&\quad = 0 + m \\
&\quad = \alpha_{plus}(0, m) \\
&\quad = A[x/0, y/m](plus(x, y)) \text{ , also}
\end{aligned}
$$

$$A[x/0, y/m] \models plus(x, y) \equiv if(eq(x, O), y, succ(plus(pred(x), y))).$$

Für $n \neq 0$ erhält man:

$$
\begin{aligned}
&A[x/n, y/m](if(eq(x, O), y, succ(plus(pred(x), y)))) \\
&\quad = \alpha_{if}(\alpha_{eq}(n, 0), m, \alpha_{succ}(\alpha_{plus}(\alpha_{pred}(n), m))) \\
&\quad = \alpha_{if}(\mathsf{F}, m, \alpha_{succ}(\alpha_{plus}(\alpha_{pred}(n), m))) \\
&\quad = \alpha_{succ}(\alpha_{plus}(\alpha_{pred}(n), m)) \\
&\quad = \alpha_{succ}(\alpha_{plus}(n-1, m)) \\
&\quad = 1 + \alpha_{plus}(n-1, m).
\end{aligned}
$$

Fall $n \in \mathbb{N}$ oder $m \in \mathbb{N}$: Dann gilt

$$
\begin{aligned}
&1 + \alpha_{plus}(n-1, m) \\
&\quad = 1 + ((n-1) + m) \\
&\quad = n + m \\
&\quad = \alpha_{plus}(n, m) \\
&\quad = A[x/n, y/m](plus(x, y)) \text{ .}
\end{aligned}
$$

Fall $n \notin \mathbb{N}$ und $m \notin \mathbb{N}$: Dann gilt

$$
\begin{aligned}
&1 + \alpha_{plus}(n-1, m) \\
&\quad = 1 + (((n-1) - m) + 0.5) \\
&\quad = (n - m) + 0.5 \\
&\quad = \alpha_{plus}(n, m) \\
&\quad = A[x/n, y/m](plus(x, y)).
\end{aligned}
$$

Damit gilt

$A \models \forall x,y{:}nat\ \ plus(x, y) \equiv if(eq(x, O), y, succ(plus(pred(x), y))),$

und insgesamt dann $A \models \mathsf{AX}_{\mathrm{Pplus}}$.

Sei $\varphi_{ass}{=}\forall x,y,z{:}nat\ \ plus(x, plus(y, z)) \equiv plus(plus(x, y), z)$. Man zeigt leicht durch strukturelle Induktion über q:

$$\mathsf{M}_{\mathrm{Pplus}} \models plus(q, plus(r, t)) \equiv plus(plus(q, r), t)$$

für alle $q,r,t \in \mathcal{T}(\Sigma^c)_{nat}$. Damit gilt $\varphi_{ass} \in \mathsf{Th}_{\mathrm{Pplus}}$, d.h. F_{plus} berechnet eine *assoziative* Funktion, denn P_{plus} terminiert. Weiter gilt

$$\begin{aligned} &A[x/9.5, y/4.5, z/3.5](plus(x, plus(y, z))) \\ &\quad= \alpha_{plus}(9.5, \alpha_{plus}(4.5, 3.5)) \\ &\quad= \alpha_{plus}(9.5, 1.5) \\ &\quad= 8.5 \\ &\quad\neq 2.5 \\ &\quad= \alpha_{plus}(5.5, 3.5) \\ &\quad= \alpha_{plus}(\alpha_{plus}(9.5, 4.5), 3.5) \\ &\quad= A[x/9.5, y/4.5, z/3.5](plus(plus(x, y), z)), \end{aligned}$$

also $A \not\models \forall x,y,z{:}nat\ \ plus(x, plus(y, z)) \equiv plus(plus(x, y), z)$. Damit gilt $\varphi_{ass} \notin (\mathsf{AX}_{\mathrm{Pplus}})^{\models}$ und mit $\varphi_{ass} \in \mathsf{Th}_{\mathrm{Pplus}}$ folglich $\mathsf{Th}_{\mathrm{Pplus}} \not\subset (\mathsf{AX}_{\mathrm{Pplus}})^{\models}$. ♦

Mit Beispiel *3.6.1* gibt es also ein Modell A von $\mathsf{AX}_{\mathrm{Pplus}}$ mit $A \not\models \mathsf{Th}_{\mathrm{Pplus}}$. Solche Σ-Algebren bezeichnen wir als *Nicht-Äquivalenzmodelle* von $\mathsf{AX}_{\mathrm{Pplus}}$. Die normierte Standardinterpretation $\mathsf{M}_{\mathrm{Pplus}}$ dagegen ist ein *Äquivalenzmodell* von $\mathsf{AX}_{\mathrm{Pplus}}$, denn $\mathsf{M}_{\mathrm{Pplus}} \models \mathsf{Th}_{\mathrm{Pplus}}$ nach Definition *3.4.1* und $\mathsf{M}_{\mathrm{Pplus}} \models \mathsf{AX}_{\mathrm{Pplus}}$ mit Satz *3.5.1*. Wir definieren also:

Definition 3.6.1 (Äquivalenzmodelle und Nicht-Äquivalenzmodelle von AX_{P})
Sei P ein terminierendes funktionales Programm und A eine $\Sigma(P)$-Algebra. Dann ist A ein *Äquivalenzmodell* von AX_{P} gdw. $Th(A){=}\mathsf{Th}_{\mathrm{P}}$. Für ein Modell A von AX_{P} mit $Th(A) \neq \mathsf{Th}_{\mathrm{P}}$ heißt A ein *Nicht-Äquivalenzmodell* von AX_{P}. ♦

Übung 3.6.1
Sei P_{plus} das funktionale Programm aus Beispiel *3.4.1*.

(*i*) Zeigen Sie $\varphi_{ass,1} \in (\mathsf{AX}_{\mathrm{Pplus}})^{\models}$ und $\varphi_{ass,2} \in (\mathsf{AX}_{\mathrm{Pplus}})^{\models}$ für die Formeln

$\varphi_{ass,1} := \forall y,z{:}nat\ \ plus(O, plus(y, z)) \equiv plus(plus(O, y), z)$ und
$\varphi_{ass,2} := \forall x{:}nat\ \ (\ \forall y,z{:}nat\ \ plus(x, plus(y, z)) \equiv plus(plus(x, y), z)$
$\rightarrow \forall y,z{:}nat\ \ plus(succ(x), plus(y, z)) \equiv plus(plus(succ(x), y), z)\ )$.

(*ii*) Zeigen Sie

(*1*) $\varphi_{kom}, \varphi_{kom,1}, \varphi_{kom,2} \in Th_{Pplus}$, sowie
(*2*) $\varphi_{kom}, \varphi_{kom,1}, \varphi_{kom,2} \notin (AX_{Pplus})^{\models}$

für die Formeln

$\varphi_{kom} = \forall x,y{:}nat\ \ plus(x, y) \equiv plus(y, x)$,
$\varphi_{kom,1} = \forall y{:}nat\ \ plus(O, y) \equiv plus(y, O)$, und
$\varphi_{kom,2} = \forall x{:}nat\ \ (\ \forall y{:}nat\ \ plus(x, y) \equiv plus(y, x)$
$\rightarrow \forall y{:}nat\ \ plus(succ(x), y) \equiv plus(y, succ(x))\ )$.

(*iii*) Definieren Sie ein Nicht-Äquivalenzmodell N von AX_{BM} mit $N \not\models \forall x{:}nat$ $\neg x \equiv succ(x)$. ♦

Übung 3.6.2
Beweisen Sie, daß eq_s und $\equiv$ auch für *terminierende* Programme nicht in $(AX_P)^{\models}$ übereinstimmen und damit folgender Satz gilt:

"Sei P ein terminierendes funktionales Programm. Dann existieren $x^* \in \mathcal{V}_w$ und $t_1,t_2 \in \mathcal{T}(\Sigma(P),\mathcal{V}(x^*))_s$ mit $[\forall x^*{:}w\ t_1 \equiv t_2 \leftrightarrow \forall x^*{:}w\ eq_s(t_1, t_2) \equiv true] \notin (AX_P)^{\models}$ ", vgl. auch Übungen *2.3.4* und *3.4.1*(*ii*). ♦

Unter den Äquivalenzmodellen von AX_P unterscheidet man noch zwischen *Standard-* und *Nicht-Standardmodellen* von Th_P. Wir benötigen dazu einen Isomorphiebegriff für Σ-Algebren:

Definition 3.6.2 (Isomorphe Σ-Algebren)
Für ein Paar von Σ-Algebren $A=(\mathcal{A},\alpha)$ und $B=(\mathcal{B},\beta)$ ist eine Abbildung $\sigma{:}\mathcal{A} \rightarrow_S \mathcal{B}$ ein Σ-*Homomorphismus*, kurz: $\sigma{:}A \Rightarrow_\Sigma B$, gdw. $\sigma(\alpha_f(a^*))=\beta_f(\sigma(a^*))$ für alle $f \in \Sigma_{w,s}$ und alle $a^* \in \mathcal{A}_w$. Ein Σ-Homomorphismus $\sigma{:}A \Rightarrow_\Sigma B$ ist ein Σ-*Isomorphismus*, kurz: $\sigma{:}A \simeq_\Sigma B$, gdw. σ bijektiv ist. Die Σ-Algebren A und B sind *isomorph*, abgekürzt $A \simeq_\Sigma B$, gdw. $\sigma{:}A \simeq_\Sigma B$ für ein σ. ♦

Übung 3.6.3
Zeigen Sie, daß $\simeq_\Sigma$ eine Äquivalenzrelation auf Σ-Algebren ist. ♦

Bei zwei isomorphen Σ-Algebren $A=(\mathcal{A},\alpha)$ und $B=(\mathcal{B},\beta)$ kann also jedem $a^* \in \mathcal{A}_w$ durch $\sigma(a^*)=b^*$ *genau ein* $b^* \in \mathcal{B}_w$ zugeordnet werden, so daß sich die Operationen α_f von A auf $\mathcal{A}_w$ genau so "verhalten", wie die Operationen β_f von B auf $\mathcal{B}_w$. Anders gesagt, bis auf die *Bezeichnungen* der Trägerelemente sind isomorphe Σ-Algebren identisch. Mit dem Isomorphiebegriff für Σ-Algebren teilen wir jetzt die Äquivalenzmodelle von AX_P in *Standard-* und *Nicht-Standardmodelle* ein:

Definition 3.6.3 (Standardmodelle und Nicht-Standardmodelle von AX_P)
Sei P ein terminierendes funktionales Programm und A ein Äquivalenzmodell von AX_P. Dann ist A ein *Standardmodell* von AX_P gdw. $A \simeq_{\Sigma(P)} M_P$. Für $A \not\simeq_{\Sigma(P)} M_P$ heißt A ein *Nicht-Standardmodell* von AX_P, vgl. Bild *3.6.1*. ♦

Da die normierte Standardinterpretation M_P offenbar ein *Standardmodell* von AX_P ist, wird M_P auch das normierte Standard*modell* von AX_P genannt. Außer M_P gibt es noch weitere, *nicht-normierte*, Standardmodelle $N=(\mathcal{N},\nu)$ von AX_P. Diese unterscheiden sich von M_P in den Trägern $\mathcal{N}$ der jeweiligen nicht-normierten Standardmodelle, für die $\mathcal{N} \neq \mathcal{T}(\Sigma^c)$ gilt.

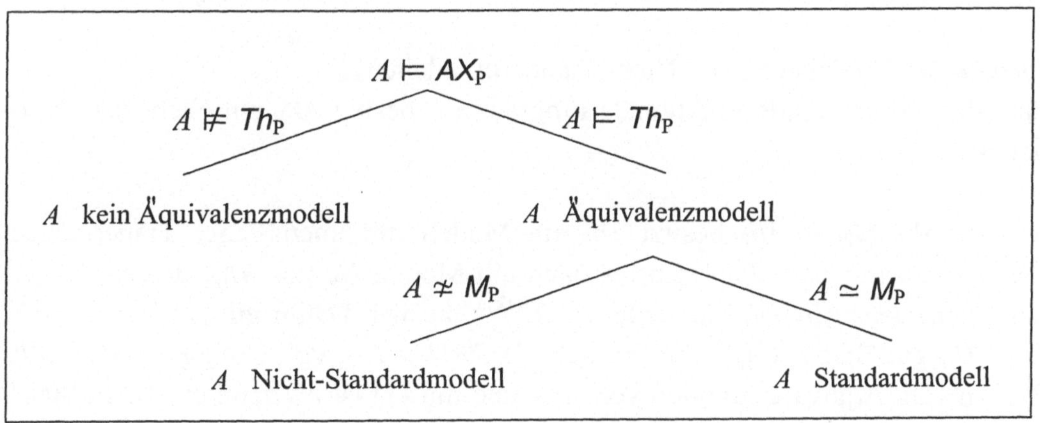

Bild 3.6.1 Äquivalenz- und Standardmodelle von AX_P

Beispiel 3.6.2
Für das funktionale Programm P_{plus} aus Beispiel *3.4.1* und die $\Sigma(P_{plus})$-Algebra $A=(\mathcal{A},\alpha)$ aus Beispiel *3.6.1* ist die $\Sigma(P_{plus})$-Algebra $N=(\mathcal{N},\nu)$ mit

$$
\begin{aligned}
\mathcal{N}_{\text{bool}} &:= \{\mathsf{T}, \mathsf{F}\}, \\
\mathcal{N}_{\text{nat}} &:= \mathbb{N} \\
\\
\nu_f &:= \alpha_f \qquad \text{für alle } f \in \Sigma(P_{\text{plus}}) \text{ mit } f \neq \mathit{plus}, \text{ und} \\
\nu_{\text{plus}}(n,m) &:= n + m
\end{aligned}
$$

ein *nicht-normiertes* Standardmodell von AX_{Pplus}. ♦

Man kann zeigen, daß neben den Standardmodellen auch tatsächlich *Nicht-Standardmodelle* von AX_P existieren. Dafür verwenden wir einen bekannten Satz der formalen Logik und schreiben dabei $|\mathsf{N}| \geq |\mathsf{M}|$, wenn die Menge N *mindestens* soviele Elemente wie die Menge M enthält, d.h. wenn eine *injektive* Abbildung $f{:}\mathsf{M} \to \mathsf{N}$ existiert.

Satz 3.6.1 (Satz von *Löwenheim* und *Skolem*)
Sei $\Phi \subset \mathcal{F}_g(\Sigma,\mathcal{V})$ und sei $A=(\mathcal{A},\alpha)$ eine Σ-Algebra mit $A \models \Phi$ sowie $|\mathcal{A}| \geq |\mathbb{N}|$. Dann gibt es zu jeder Menge M eine Σ-Algebra $B=(\mathcal{B},\beta)$ mit $B \models \Phi$ sowie $|\mathcal{B}| \geq |\mathsf{M}|$. ♦

Mit Satz *3.6.1* ist jede Formelmenge, die ein Modell mit unendlich großem Träger besitzt, durch eine Σ-Algebra mit *beliebig großem* Träger erfüllbar. Einen Beweis von Satz *3.6.1* findet man in Lehrbüchern der Formalen Logik.

Korollar 3.6.2 (Existenz von Nicht-Standardmodellen)
Für jedes terminierende funktionale Programm P besitzt AX_P ein Nicht-Standardmodell.

Beweis Mit $M_P \models Th_P$ besitzt Th_P ein Modell mit unendlicher Trägermenge $\mathcal{T}(\Sigma^c)_{\text{nat}}$, und mit Satz *3.6.1* gibt es dann ein Modell N_P von Th_P, dessen Träger mindestens genausoviele Elemente wie $2^{\mathcal{T}(\Sigma c)\text{nat}}$ besitzt. Damit gilt (*1*) $N_P \not\cong M_P$, mit $N_P \models Th_P$ gilt $Th_P \subset Th(N_P)$, und folglich (*2*) $Th(N_P)=Th_P$, vgl. Übung *1.2.1*(*v*). Mit (*2*) ist N_P ein Äquivalenzmodell von AX_P, und mit (*1*) ist N_P dann ein Nicht-Standardmodell von AX_P. ♦

Die Standardmodelle von AX_P sind (bis auf Isomorphie) diejenigen Σ-Interpretationen, mit denen wir die Semantik der Spezifikationssprache definiert haben, vgl. Abschnitt *3.4*. Mit Korollar *3.6.2* können wir *Nicht-Standardmodelle* allerdings nicht ausschließen, wenn wir allein AX_P betrachten. Wegen $Th(M)=Th_P$ ist jedoch die Einteilung von Äquivalenzmodellen M in Standard- und Nicht-Standardmodelle für die Verifikation unerheblich.

Mit der Existenz von Nicht-Äquivalenzmodellen dagegen können wir nicht jedes $\varphi \in Th_P$ mit einem korrekten Beweiskalkül K aus AX_P formal herleiten. Anders gesagt, dieser Ansatz ist *unvollständig*, denn es gibt *wahre Aussagen* über P, die *nicht* mit AX_P *formal beweisbar* sind.

Damit ist offensichtlich, daß die Formelmenge AX_P für unsere Zwecke nicht hinreichend gut geeignet ist. Es ist daher naheliegend, für ein funktionales Programm P nach einer Formelmenge $\Phi_P \neq AX_P$ zu suchen, so daß jedes Modell von Φ_P auch ein *Äquivalenz*modell von Φ_P ist. Dabei müssen wir natürlich fordern, daß Φ_P *entscheidbar* ist, den andernfalls könnten wir im Beweiskalkül K keine Herleitungen aus Φ_P berechnen. Solche Formelmengen Φ_P kann es jedoch i.allg. nicht geben, wie unmittelbar aus einem fundamentalen Resultat der Formalen Logik folgt:

Satz 3.6.3 (Erster Unvollständigkeitssatz, *Gödel*)
Sei $P_{ar}=\langle F_{plus}, F_{times}\rangle$ und Φ eine entscheidbare Formelmenge mit $\Phi \subset Th_{Par}$. Dann gibt es eine Formel $\varphi_\Phi \in Th_{Par}$ mit $\varphi_\Phi \notin \Phi^{\models}$. ♦

Einen Beweis von Satz *3.6.3* findet man in Lehrbüchern der Formalen Logik. Th_{Par} heißt die *Theorie der Arithmetik* und ist die Menge aller wahren Sätze über den natürlichen Zahlen mit Nachfolgerfunktion, Addition und Multiplikation. Die Formel φ_Φ in Satz *3.6.3* wird auch eine *Gödelformel* genannt. Die Gödelformel ist abhängig von der Formelmenge Φ und damit kann man die Unvollständigkeit nicht beheben, indem man etwa Φ um φ_Φ erweitert: Mit Satz *3.6.3* gibt es dann eine Gödelformel $\psi_{\Phi\cup\{\varphi_\Phi\}} \in Th_{Par}$ mit $\psi_{\Phi\cup\{\varphi_\Phi\}} \notin (\Phi\cup\{\varphi_\Phi\})^{\models}$, so daß die Unvollständigkeit erhalten bleibt.

Mit dem Gödelschen Unvollständigkeitssatz *3.6.3* gibt es also ein Nicht-Äquivalenzmodell von AX_{Par}, denn AX_{Par} ist offensichtlich entscheidbar. Der Gödelsche Unvollständigkeitssatz gilt jedoch nicht für jede Theorie Th_P. Beispielsweise ist die Theorie Th_{Pplus} aus Beispiel *3.4.1* (als Teil der sogenannten *Presburger Arithmetik*) *entscheidbar* und mit $\Phi := Th_{Pplus}$ gilt dann trivialerweise $Th_{Pplus} \subset \Phi^{\models}$ für eine entscheidbare Formelmenge Φ. Wenn jedoch eine Theorie "reichhaltig" genug ist, wie etwa Th_{Par}, so können ihre Elemente nicht mehr allein durch semantische Folgerbarkeit bestimmt werden.

Wir müssen uns also generell mit der Existenz eines Nicht-Äquivalenzmodells von AX_P für ein funktionales Programm P abfinden und folglich damit, daß kein korrektes Verifikationsverfahren "$\varphi \in Th_P$" für *jedes* $\varphi \in Th_P$ beweisen kann.

3.7 Korrektheitsbeweise durch Induktion

Trotz der Unvollständigkeit jedes korrekten Beweisverfahrens für Th_P müssen wir uns nicht damit begnügen, daß "$\varphi \in Th_P$" *nur* für alle $\varphi \in (AX_P)^{\models}$ verifizierbar ist. Da wir beipielsweise $\varphi_{ass} \in Th_{Pplus}$ und $\varphi_{kom} \in Th_{Pplus}$ beweisen können, vgl. Beispiel *3.6.1* und Übung *3.6.1(ii,1)*, ist es naheliegend, die dabei verwendete Beweistechnik der *Noetherschen Induktion* in einem Verifikationsverfahren nachzubilden. Man beweist etwa "$\varphi_{ass} \in Th_{Pplus}$" durch Induktion über $q \in \mathcal{T}(\Sigma^c)_{nat}$, indem man

für alle $r,t \in \mathcal{T}(\Sigma^c)_{nat}$:

$$(3.7.1) \quad M_{Pplus} \models plus(O, plus(r, t)) \equiv plus(plus(O, r), t) ,$$

und

für alle $q,r,t \in \mathcal{T}(\Sigma^c)_{nat}$:

$$(3.7.2) \quad M_{Pplus} \models \begin{array}{c} plus(q, plus(r, t)) \equiv plus(plus(q, r), t) \\ \rightarrow \\ plus(succ(q), plus(r, t)) \equiv plus(plus(succ(q), r), t) \end{array}$$

beweist und daraus mit der Noetherschen Induktion dann

für alle $q,r,t \in \mathcal{T}(\Sigma^c)_{nat}$:

$$(3.7.3) \quad M_{Pplus} \models plus(q, plus(r, t)) \equiv plus(plus(q, r), t) ,$$

also $\varphi_{ass} \in Th_{Pplus}$ folgert. Dieses Vorgehen ist mit dem Induktionsprinzip von Satz *1.3.3* korrekt, denn $(\mathcal{T}(\Sigma^c)_{nat}, >_{\mathcal{T}})$ ist eine fundierte Menge, vgl. Beispiel *1.3.1(ii)*.

Allgemein beweisen wir also "$\varphi \in Th_P$" für eine Formel $\varphi = \forall x{:}nat\ \psi[x]$ mit einer einzigen freien Variablen $x \in \mathcal{V}_f(\psi[x])$, indem wir

(*3.7.4*) $\psi[x/O] \in Th_P$ und
(*3.7.5*) für alle $q \in \mathcal{T}(\Sigma^c)_{nat}$: $(\psi[x/q] \rightarrow \psi[x/succ(q)]) \in Th_P$

zeigen (wobei $\psi[x/t]$ entsteht, indem wir x in $\psi[x]$ durch t ersetzen), und dann daraus mit der Noetherschen Induktion

(*3.7.6*) für alle $q \in \mathcal{T}(\Sigma^c)_{nat}$: $\psi[x/q] \in Th_P$, also $\varphi \in Th_P$ folgern. Wir formen diese Schlußweise äquivalent um: Mit

(*3.7.7*) $\psi[x/O] \in Th_P$ und
(*3.7.8*) $\forall x{:}nat\ (\psi[x] \rightarrow \psi[x/succ(x)]) \in Th_P$

gilt mit der Noetherschen Induktion

(*3.7.9*) $\forall x{:}nat\ \psi[x] \in Th_P$,

also $\varphi \in Th_P$. Mit Korollar *3.5.2* reicht dabei schon der Nachweis von

(*3.7.10*) $\psi[x/O] \in (AX_P)^{\models}$ und
(*3.7.11*) $\forall x{:}nat\ (\psi[x] \rightarrow \psi[x/succ(x)]) \in (AX_P)^{\models}$

um $\varphi \in Th_P$ zu beweisen. Man kann also versuchen, die Formeln in (*3.7.10*) und (*3.7.11*) mit einem Kalkül *1*. Stufe zu beweisen. Dieses Vorgehen ist korrekt, da mit dem Noetherschen Induktionsprinzip

(*3.7.12*) $\big(\psi[x/O] \wedge \forall x{:}nat\ (\psi[x] \rightarrow \psi[x/succ(x)]) \rightarrow \forall x{:}nat\ \psi[x]\big) \in Th_P$

gilt. Wir verwenden hier also eine Schlußweise der Form

(*3.7.13*) **wenn** $\varphi \in (AX_P)^{\models}$ **und** $(\varphi \rightarrow \psi) \in Th_P$, **dann** $\psi \in Th_P$,

vgl. Korollar *3.5.2* und (*3.4.7*) bzw. Übung *1.2.1*(*iv*). Die Formel in (*3.7.12*) nennen wir ein *Induktionsaxiom* von *P*. Ein Induktionsaxiom ζ hat allgemein die Form

(*3.7.14*) $\psi_1 \wedge \ldots \wedge \psi_n \rightarrow \psi$

mit $\{\psi_1,\ldots,\psi_n,\psi\} \subset \mathcal{F}_g(\Sigma(P),\mathcal{V})$, wobei wir fordern, daß ζ nur dann ein Induktionsaxiom von *P* ist, wenn $\zeta \in Th_P$ gilt. Die Formeln ψ_i sind die *Induktionsformeln* des Induktionsaxioms ζ. Induktionsformeln sind entweder *Schrittformeln* oder *Basisformeln*. Für das Induktionsaxiom von (*3.7.12*) ist beispielsweise $\forall x{:}nat\ (\psi[x] \rightarrow \psi[x/succ(x)])$ eine Schrittformel und $\psi[x/O]$ ist eine Basisformel.

Mit Induktionsaxiomen verifizieren wir "$\psi \in Th_P$" für gewisse $\psi \in Th_P$ auch dann, wenn $\psi \in (AX_P)^{\models}$ nicht gilt: Für ψ suchen wir dazu ein Induktionsaxiom

$(\psi_1 \wedge ... \wedge \psi_n \rightarrow \psi)$ von P und versuchen dann, $\psi_1 \in (AX_P)^{\models}$, ... , $\psi_n \in (AX_P)^{\models}$ zu verifizieren. Gelingt dies, so gilt $(\psi_1 \wedge ... \wedge \psi_n) \in (AX_P)^{\models}$, und mit *(3.7.13)* gilt dann $\psi \in Th_P$, denn $(\psi_1 \wedge ... \wedge \psi_n \rightarrow \psi) \in Th_P$. Beispielsweise können wir so $\varphi_{ass} \in Th_{Pplus}$ beweisen, vgl. Übung *3.6.1(i)*.

Andernfalls gilt $\psi_i \notin (AX_P)^{\models}$ für mindestens ein $i \in \{1,...,n\}$. In diesem Fall kann man versuchen, diese Induktionsformeln ψ_i *ebenfalls durch Induktion* zu beweisen: Wir suchen dafür ein Induktionsaxiom $(\psi_{i,1} \wedge ... \wedge \psi_{i,n} \rightarrow \psi_i)$ von P und versuchen dann, $\psi_{i,1} \in (AX_P)^{\models}$, ... , $\psi_{i,n} \in (AX_P)^{\models}$ zu verifizieren. Für diejenigen $\psi_{i,j}$, für die dies nicht gelingt, können wir einen weiteren Induktionsbeweis versuchen, usw.

Dabei ist es oft vorteilhaft, eine Formel $\psi \in Th_P$ mit $\psi \notin (AX_P)^{\models}$ nicht *direkt*, sondern eine *allgemeinere* Formel ψ', d.h. eine Formel für die $\models \psi' \rightarrow \psi$ gilt, durch Induktion zu beweisen. Man nennt eine solche Formel ψ' eine *Generalisierung* von ψ. Die Verwendung einer Generalisierung anstatt der ursprünglichen Formel ist *korrekt*, denn mit $\psi' \in Th_P$ und $\models \psi' \rightarrow \psi$ gilt offensichtlich auch $\psi \in Th_P$. Generalisierungen ψ' sind dann *vorteilhaft*, wenn aufgrund der *Unvollständigkeit* eines Beweisverfahrens für Th_P ein Beweisversuch für "$\psi \in Th_P$" scheitert, ein Beweis für "$\psi' \in Th_P$" jedoch gelingt.

Desweiteren ist es vorteilhaft, eine Formel $\psi \in Th_P$ mit $\psi \notin (AX_P)^{\models}$ vor einem Induktionsbeweis oder vor einer Generalisierung so weit wie möglich zu "vereinfachen", d.h. zunächst zu einer Formel $\underline{\psi}$ mit $(\underline{\psi} \leftrightarrow \psi) \in (AX_P)^{\models}$ *äquivalent umzuformen*, und dann $\underline{\psi}$ bzw. eine Generalisierung $\underline{\psi}'$ durch Induktion zu beweisen. Solche vereinfachten Formeln können etwa mit Hilfe eines Beweiskalküls K gebildet werden. Die Verwendung einer vereinfachten Formel anstatt der ursprünglichen Formel ist *korrekt*, denn mit $\underline{\psi} \in Th_P$ und $(\underline{\psi} \leftrightarrow \psi) \in (AX_P)^{\models}$ gilt offensichtlich auch $\psi \in Th_P$.

Beispielsweise beweisen wir so "$\varphi_{kom} \in Th_{Pplus}$", vgl. Übung *3.6.1(ii,1)*: Mit dem Induktionsaxiom aus *(3.7.12)* erhalten wir die Induktionsformeln $\varphi_{kom,1}$ und $\varphi_{kom,2}$ als

(3.7.15) $\forall y{:}nat\ plus(O, y) \equiv plus(y, O)$, und

(3.7.16) $\forall x{:}nat\ (\ \forall y{:}nat\ plus(x, y) \equiv plus(y, x) \rightarrow \forall y{:}nat\ plus(succ(x), y) \equiv plus(y, succ(x))\ )$,

für die $\varphi_{kom,1} \notin (AX_P)^{\models}$ und $\varphi_{kom,2} \notin (AX_P)^{\models}$ gilt, vgl. Übung *3.6.1(ii,2)*. Also versuchen wir diese Induktionsformeln auch durch Induktion zu beweisen: Wir formen dazu $\varphi_{kom,1}$ und $\varphi_{kom,2}$ um zu $\underline{\varphi}_{kom,1}$ und $\underline{\varphi}_{kom,2}$ mit

(3.7.17) $\forall y{:}nat\ \ y \equiv plus(y, O)$, und
(3.7.18) $\forall x{:}nat\ (\ \forall y{:}nat\ \ plus(x, y) \equiv plus(y, x) \rightarrow$
$\forall y{:}nat\ \ succ(plus(y, x)) \equiv plus(y, succ(x))\ )$.

Diese Umformungen sind offensichtlich *äquivalenzerhaltend*, denn es gilt $\{AX_{plus}\} \models \underline{\varphi}_{kom,j} \leftrightarrow \varphi_{kom,j}$. Mit dem Induktionsaxiom (*3.7.12*) für $\underline{\varphi}_{kom,1}$ erhalten wir jetzt die Induktionsformeln $\underline{\varphi}_{kom,1,1}$ und $\underline{\varphi}_{kom,1,2}$ als

(3.7.19) $O \equiv plus(O, O)$ und
(3.7.20) $\forall y{:}nat\ (\ y \equiv plus(y, O) \rightarrow succ(y) \equiv plus(succ(y), O)\ )$,

für die $\underline{\varphi}_{kom,1,1} \in (AX_P)^{\models}$ und $\underline{\varphi}_{kom,1,2} \in (AX_P)^{\models}$ gilt, vgl. Übung *3.7.1(ii)*.

Die Formel $\underline{\varphi}_{kom,2}$ *generalisieren* wir dagegen zuerst zu einer Formel $\underline{\varphi}_{kom,2}'$ mit

(3.7.21) $\forall y{:}nat\ \forall x{:}nat\ succ(plus(y, x)) \equiv plus(y, succ(x))$,

indem wir einfach die Prämisse der Implikation in (*3.7.18*) weglassen. Mit dem Induktionsaxiom (*3.7.12*) für $\underline{\varphi}_{kom,2}'$ erhalten wir so die Induktionsformeln $\underline{\varphi}_{kom,2,1}'$ und $\underline{\varphi}_{kom,2,2}'$ mit

(3.7.22) $\forall x{:}nat\ \ succ(plus(O, x) \equiv plus(O, succ(x))$, und
(3.7.23) $\forall y{:}nat\ (\ \forall x{:}nat\ \ succ(plus(y, x) \equiv plus(y, succ(x)) \rightarrow$
$\forall x{:}nat\ \ succ(plus(succ(y), x) \equiv plus(succ(y), succ(x))\ )$,

für die ebenfalls $\underline{\varphi}_{kom,2,1}' \in (AX_P)^{\models}$ und $\underline{\varphi}_{kom,2,2}' \in (AX_P)^{\models}$ gilt, vgl. Übung *3.7.1(ii)*.

Zusammenfassend haben wir also $\underline{\varphi}_{kom,1,1} \in (AX_P)^{\models}$ und $\underline{\varphi}_{kom,1,2} \in (AX_P)^{\models}$ gezeigt, und damit gilt $\varphi_{kom,1} \in Th_{Pplus}$, denn $(\underline{\varphi}_{kom,1,1} \wedge \underline{\varphi}_{kom,1,2} \rightarrow \underline{\varphi}_{kom,1})$ ist ein Induktionsaxiom von Th_{Pplus} und $[\underline{\varphi}_{kom,1} \leftrightarrow \varphi_{kom,1}] \in (AX_P)^{\models}$. Genauso gilt $\varphi_{kom,2} \in Th_{Pplus}$, denn $\underline{\varphi}_{kom,2,1}', \underline{\varphi}_{kom,2,2}' \in (AX_P)^{\models}$, $(\underline{\varphi}_{kom,2,1}' \wedge \underline{\varphi}_{kom,2,2}' \rightarrow \underline{\varphi}_{kom,2}')$ ist ein Induktionsaxiom von Th_{Pplus}, $\models \underline{\varphi}_{kom,2}' \rightarrow \underline{\varphi}_{kom,2}$ und $[\underline{\varphi}_{kom,2} \leftrightarrow \varphi_{kom,2}] \in (AX_P)^{\models}$. Damit gilt schließlich $\varphi_{kom} \in Th_{Pplus}$, denn $(\varphi_{kom,1} \wedge \varphi_{kom,2} \rightarrow \varphi_{kom})$ ist ein Induktionsaxiom von Th_{Pplus}, vgl. Bild *3.7.1*.

Um partielle Korrektheitssaussagen über P_{plus} zu beweisen, verwenden wir also eine Menge IND_{Pplus} von Induktionsaxiomen, wie etwa

(3.7.24) $\{\ \psi[x/O] \wedge \forall x{:}nat\ (\psi[x] \rightarrow \psi[x/succ(x)]) \rightarrow \forall x{:}nat\ \psi[x]\ |$
$\psi[x] \in \mathcal{F}(\Sigma,\mathcal{V}),\ x \in \mathcal{V}_{nat}$ und $\mathcal{V}_f(\psi[x]) = \{x\}\ \}$,

vgl. (*3.7.12*). Allgemein ordnen wir jedem funktionalen Programm P eine Menge IND_P von Induktionsaxiomen zu. Dabei fordern wir

(*3.7.25*) $IND_P \subset Th_P$ und
(*3.7.26*) IND_P ist entscheidbar.

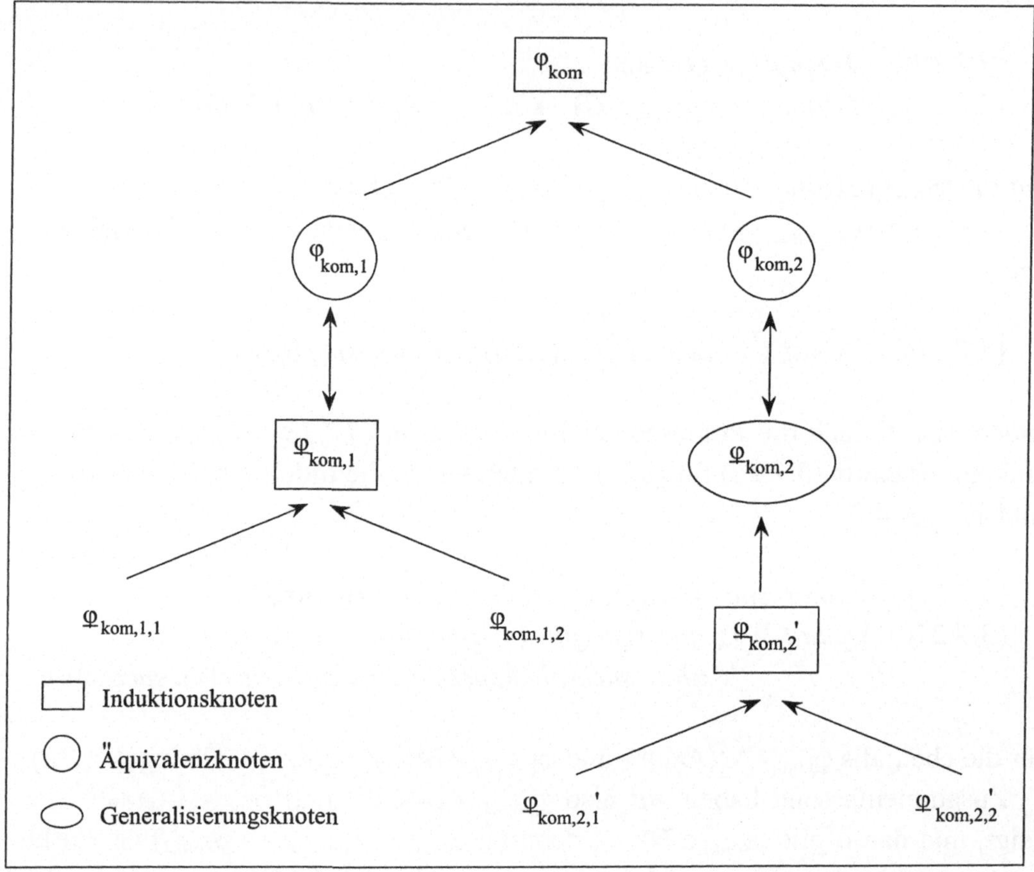

Bild 3.7.1 Ein Induktionsbeweisbaum für φ_{kom}

Um eine partielle Korrektheitssaussagen "$\varphi \in Th_P$" zu verifizieren, versuchen wir jetzt $\varphi \in (AX_P \cup IND_P)^{\models}$ zu beweisen. Gelingt dies, so gilt $\varphi \in Th_P$ mit Satz *3.5.1* und Forderung (*3.7.25*). Dabei muß IND_P mit Forderung (*3.7.26*) *entscheidbar* sein, denn andernfalls könnten wir in einem Beweiskalkül K (erster Stufe) keine Herleitungen aus $AX_P \cup IND_P$ berechnen, um $\varphi \in (AX_P \cup IND_P)^{\models}$ zu beweisen. Folglich bleibt die Unvollständigkeit jedes (korrekten) Beweisverfahrens für Th_P

bestehen: Durch Verwendung von Induktionsaxiomen haben wir unser Verfahren lediglich *verbessert*, denn mit dem *1.* Gödelschen Unvollständigkeitssatz *3.6.3* gibt es auch Gödelformeln für $AX_P \cup IND_P$, d.h. Formeln $\varphi \in Th_P$ mit $\varphi \notin (AX_P \cup IND_P)^{\models}$.

Man erhält einen korrekten (aber notwendigerweise unvollständigen) Beweiskalkül K_{IND} für Th_P, indem man den Beweiskalkül K um die Schlußregeln

(*3.7.27*) **wenn** $\psi_1,...,\psi_n \in Th_P$ **und** $(\psi_1 \wedge ... \wedge \psi_n \rightarrow \psi) \in IND_P$, **dann** $\psi \in Th_P$,
(*3.7.28*) **wenn** $\psi' \in Th_P$ **und** $\models \psi' \rightarrow \psi$, **dann** $\psi \in Th_P$,
(*3.7.29*) **wenn** $\underline{\psi} \in Th_P$ **und** $(\underline{\psi} \leftrightarrow \psi) \in (AX_P)^{\vdash}$, **dann** $\psi \in Th_P$, und
(*3.7.30*) **wenn** $\psi \in (AX_P)^{\vdash}$, **dann** $\psi \in Th_P$,

erweitert, und so die Schlußweise von (*3.7.13*) verfeinert. Regel (*3.7.27*) ist mit (*3.7.25*) und (*3.4.7*) korrekt, und die Korrektheit von Regel (*3.7.28*) ist offensichtlich. Da wir einen *korrekten Beweiskalkül K* vorraussetzen gilt $(AX_P)^{\vdash} \subset (AX_P)^{\models}$, und mit Korollar *3.5.2* sind dann auch die Regeln (*3.7.29*) und (*3.7.30*) korrekt.

Ein Beweis für "$\varphi \in Th_P$" in K_{IND} wird durch einen endlichen Vielwegbaum $B(\varphi)$ – einen sogenannten *Induktionsbeweisbaum* – dargestellt, vgl. Bild *3.7.1*. In $B(\varphi)$ wird jeder Knoten mit einer Formel aus $\mathcal{F}_g(\Sigma(P),\mathcal{V})$ markiert, wobei die *Wurzel* mit φ markiert ist. Jeder *innere* Knoten von B ist entweder ein *Äquivalenz-*, ein *Generalisierungs-* oder ein *Induktionsknoten*. Äquivalenz- und Generalisierungsknoten besitzen genau einen Sohn, und jeder Induktionsknoten besitzt mindestens zwei Söhne. Der Sohn eines Äquivalenzknotens mit Markierung ψ ist mit einer Formel $\underline{\psi}$ markiert, für die $(\underline{\psi} \leftrightarrow \psi) \in (AX_P)^{\vdash}$ gilt. Für einen Generalisierungsknoten mit Markierung ψ fordert man $\models \psi' \rightarrow \psi$, wobei ψ' die Markierung des Sohnknotens ist. Für einen Induktionsknoten mit Markierung ψ, dessen Söhne mit $\psi_1,...,\psi_n$ markiert sind, muß $(\psi_1 \wedge ... \wedge \psi_n \rightarrow \psi) \in IND_P$ gelten, und für ein *Blatt* mit Markierung ψ wird mit $\psi \in (AX_P)^{\vdash}$ gefordert, daß ψ in K aus AX_P *herleitbar* ist.

Ein Induktionsbeweisbaum $B(\varphi)$ repräsentiert einen Induktionsbeweis für "$\varphi \in Th_P$", denn für alle Knoten k mit Markierung ψ gilt $\psi \in Th_P$, wie man leicht durch Induktion über den Aufbau von $B(\varphi)$ zeigt:

Ist k ein *Blatt*, so gilt $\psi \in Th_P$ mit Regel (*3.7.30*). Für einen *Äquivalenzknoten k*, dessen Sohn mit $\underline{\psi}$ markiert ist, gilt nach Definition $(\underline{\psi} \leftrightarrow \psi) \in (AX_P)^{\vdash}$. Mit der Induktionsvoraussetzung erhält man $\underline{\psi} \in Th_P$, und mit Regel (*3.7.29*) gilt folglich $\psi \in Th_P$. Für einen *Generalisierungsknoten k*, dessen Sohn mit ψ' markiert ist, gilt nach Definition $\models \psi' \rightarrow \psi$. Mit der Induktionsvoraussetzung erhält man

$\psi' \in Th_P$, und mit Regel (*3.7.28*) gilt folglich $\psi \in Th_P$. Ist *k* ein *Induktionsknoten*, dessen Söhne mit $\psi_1,...,\psi_n$ markiert sind, so gilt nach Definition $(\psi_1 \wedge ... \wedge \psi_n \rightarrow \psi) \in IND_P$. Mit der Induktionsvoraussetzung erhält man $\psi_1,...,\psi_n \in Th_P$, und mit Regel (*3.7.27*) gilt folglich $\psi \in Th_P$. Damit gilt insbesondere $\varphi \in Th_P$, denn die Wurzel von $B(\varphi)$ ist mit φ markiert.

Damit haben wir das allgemeine Vorgehen zum Nachweis der partiellen Korrektheit funktionaler Programme beschrieben. Dabei ist der vorgestellte Ansatz trotz der prinizipiellen Unvollständigkeit für praktische Zwecke ausreichend. Für eine *Implementierung*, d.h. für eine *rechnergestützte Programmverifikation*, ist ein (möglichst effizientes) Verfahren zu entwickeln, mit dem ausgehend von einer partiellen Korrektheitsaussage φ ein Induktionsbeweisbaum $B(\varphi)$ *berechnet* wird. Dazu sind Verfahren erforderlich, mit denen (*1*) für eine gegebene Behauptung ψ ein *geeignetes* Induktionsaxiom aus IND_P berechnet wird, sowie Verfahren, mit denen (*2*) für ψ eine *geeignete* Generalisierung ψ' berechnet werden kann. Weiter benötigt man (*3*) Verfahren, um ψ äquivalent umzuformen, und um (*4*) eine Herleitung $AX_P \vdash \psi$ zu berechnen.

Übung 3.7.1

Zeigen Sie:

(*i*) $IND_{Pplus} \subset Th_{Pplus}$ mit IND_{Pplus} wie in (*3.7.24*) definiert.

(*ii*) $\{\varphi_{kom,1,1}, \varphi_{kom,1,2}, \varphi_{kom,2,1}', \varphi_{kom,2,2}'\} \subset (AX_{Pplus})^{\models}$, vgl. (*3.7.19*), (*3.7.20*), (*3.7.22*) und (*3.7.23*). ♦

Übung 3.7.2

(*i*) Sei $P_{double}=\langle F_{ge}, F_{half}, F_{double}\rangle$ das funktionale Programm mit F_{ge} wie in Beispiel *2.1.1* bzw. *2.1.2*, sowie F_{half} und F_{double} wie in Abschnitt *3.4*.

(*1*) Definieren Sie eine unendliche Menge $IND_{Pdouble}$ von Induktionsaxiomen für P_{double} und beweisen Sie damit $[\forall y{:}nat\ \ ge(y, double(half(y)))\equiv true] \in Th_{Pdouble}$.

(*2*) Zeigen Sie, daß die Forderungen (*3.7.25*) und (*3.7.26*) für Ihre Definition von $IND_{Pdouble}$ gelten.

(*ii*)(*1*) Definieren Sie eine unendliche Menge IND_{Pack} von Induktionsaxiomen für das funktionale Programm $P_{ack}=\langle F_{ge}, F_{plus}, F_{ack}, F_{gt}\rangle$ mit F_{ge} wie in Beispiel *2.1.1* bzw. *2.1.2*, F_{plus} wie in Beispiel *3.4.1*, F_{ack} wie in Beispiel *3.2.1*(*ii*) und eine Funktionsprozedur F_{gt} =

function $gt(x,y{:}nat){:}bool \Leftarrow$
if $ge(x, y)$ **then** (**if** $eq(x, y)$ **then** *false* **else** *true* **fi**) **else** *false* **fi** ,

und beweisen Sie damit $[\forall x,y{:}nat\ \ gt(ack(x, y), y){\equiv}true] \in Th_{\text{Pack}}$. Sie dürfen dabei für Ihren Beweis $[\forall x,y,z{:}nat\ \ gt(x, y){\equiv}true \wedge gt(y, z){\equiv}true \rightarrow gt(x, z){\equiv}true] \in Th_{\text{Pack}}$ sowie $[\forall x,y,z{:}nat\ \ gt(x, y){\equiv}true \wedge gt(y, z){\equiv}\ true \rightarrow gt(x, 1{+}z){\equiv}true] \in Th_{\text{Pack}}$ verwenden.

(*2*) Zeigen Sie, daß die Forderungen (*3.7.25*) und (*3.7.26*) für Ihre Definition von IND_{Pack} gelten. ♦

Übung 3.7.3

Sei IND'_{Pplus} die Menge aller Formeln der Form

$$\begin{aligned}
&\psi[x/O, y/O] \\
\wedge\ &\forall x,y{:}nat\ \ (\psi[x/O, y] \rightarrow \psi[x/O, y/succ(y)]) \\
\wedge\ &\forall x,y{:}nat\ \ (\forall z{:}nat\ \ \psi[x, y/z] \rightarrow \psi[x/succ(x), y/O]) \\
\wedge\ &\forall x,y{:}nat\ \ (\forall z{:}nat\ \ \psi[x, y/z] \wedge \psi[x/succ(x), y] \rightarrow \psi[x/succ(x), y/succ(y)]) \\
&\rightarrow \forall x,y{:}nat\ \ \psi[x,y]\ ,
\end{aligned}$$

mit $\psi[x,y] \in \mathcal{F}(\Sigma,\mathcal{V})$, $x,y \in \mathcal{V}_{\text{nat}}$ und $\mathcal{V}_{\text{f}}(\psi[x,y]) = \{x,y\}$.

(*i*) Zeigen Sie, daß Forderungen (*3.7.25*) und (*3.7.26*) für IND'_{Pplus} gelten.
(*ii*) Beweisen Sie "$\varphi_{\text{kom}} \in Th_{\text{Pplus}}$", vgl. Übung *3.6.1*(*ii*), unter Verwendung von IND'_{Pplus}.
(*iii*) Diskutieren Sie den Unterschied zwischen IND'_{Pplus} und IND_{Pplus} beim Beweis von "$\varphi_{\text{kom}} \in Th_{\text{Pplus}}$". ♦

Übung 3.7.4

Sei P ein terminierendes funktionales Programm.

(*i*) Skizzieren Sie ein Verfahren, mit dem "$\varphi \in Th_{\text{P}}$" für alle $\varphi \in \mathcal{F}_{\text{g}}(\Sigma(P))$ bewiesen oder widerlegt werden kann.

(*ii*) Eine Formel $\varphi \in \mathcal{F}_{\text{g}}(\Sigma,\mathcal{V})$ heißt *Existenzformel* gdw. $\varphi = (\exists x_1{:}s_1\ \dots\ \exists x_n{:}s_n\ \psi)$, $\psi \in \mathcal{F}_{\text{f}}(\Sigma,\mathcal{V})$ und $\mathcal{V}(\psi) \subset \{x_1,\dots,x_n\}$ mit $n{\geq}0$. Skizzieren Sie ein Verfahren, mit dem "$\varphi\ \in Th_{\text{P}}$" für jede Existenzformel $\varphi \in Th_{\text{P}}$ bewiesen werden kann. Wie verhält sich ihr Verfahren bei Eingabe einer Existenzformel $\varphi \notin Th_{\text{P}}$? ♦

Literaturverzeichnis

K .R. Apt und E.-R. Olderog: *Verification of Sequential and Concurrent Programs.* Academic Press, 1979

J. Avenhaus: *Reduktionssysteme.* Springer, 1995

F. Baader und T. Nipkow: *Term Rewriting and All That.* Cambridge University Press, 1998

E. Best: *Semantik - Theorie sequentieller und paralleler Programmierung.* Vieweg, 1995

W. Bibel: *Deduktion.* Oldenbourg, 1992

R.S. Boyer und J S. Moore: *A Computational Logic.* Academic Press, 1979

C.-L. Chang und R. C.-T. Lee: *Symbolic Logic and Mechanical Theorem Proving.* Academic Press, 1973

H.-D. Ebbinghaus, J. Flum und W. Thomas: *Einführung in die mathematische Logik.* Wissenschaftliche Buchgesellschaft, 1971

H. B. Enderton: *A Mathematical Introduction to Logic.* Academic Press, 1972

N. Francez: *Program Verification.* Addison-Wesley, 1992

J. H. Gallier: *Logic for Computer Science: Foundations of Automatic Theorem Proving.* Harper & Row, 1986

J. Giesl: *Automatisierung von Terminierungsbeweisen für rekursiv definierte Algorithmen.* DISKI Bd. 96, Infix, 1995

J. Loeckx und K. Sieber: *The Foundations of Program Verification.* Wiley-Teubner, 1984

D. W. Loveland: *Automated Theorem Proving: A Logical Basis.* North-Holland, 1978

Z. Manna: *Mathematical Theory of Computation.* McGraw-Hill, 1971

J S. Moore (Hrsg.): *System Verification*. Journal of Automated Reasoning, vol 5, 409-530, 1989

H. R. Nielson und F. Nielson: *Semantics with Applications*. John Wiley & Sons, 1992

M. M. Richter: *Logikkalküle*. Teubner, 1978

H. Rogers: *Theory of Recursive Functions and Effective Computability*. McGraw-Hill, 1967

C. Walther: *Automatisches Beweisen*. In *Handbuch der Künstlichen Intelligenz*. G. Görz (Hrsg.), 199 - 236, Oldenbourg Wissenschaftsverlag, 2000

C. Walther: *Criteria for Termination.* In "Intellectics and Computational Logic: Papers in Honor of Wolfgang Bibel", S. Hölldobler (Hrsg.), 361 - 386, Kluwer Academic Publishers, 1999

C. Walther: *Automatisierung von Terminierungsbeweisen*. Vieweg, 1991

C. Walther: *Mathematical Induction*. In *Handbook of Logic in Artificial Intelligence and Logic Programming*, Bd. 2, D. M. Gabbey, C. J. Hogger und J. A. Robinson (Hrsg.), Oxford University Press, 127 - 227, 1994

C. Walther: *On Proving the Termination of Algorithms by Machine*. Artificial Intelligence, vol 71, no 1, 101 - 157, 1994

Sachverzeichnis

Computer Associates

CA Computer Associates GmbH
Marienburgstraße 35
64297 Darmstadt
Tel.: +49 (0) 6151 949-0
FAX: +49 (0) 6151 949-100
Email: cainfo.germany@ca.com
Internet: http://ca.com/offices/germany/jobs/gerjobs.htm

Computer Associates – The software that manages eBusiness

Computer Associates (CA) entwickelt anspruchsvolle Software-Lösungen für das eBusiness-Management, die alle Aspekte des Prozess-, Informations- und Infrastrukturmanagements in sechs Schwerpunktbereichen abdecken. Dazu zählen unternehmensweites IT-Management, Sicherheit, Datensicherung und -wiederherstellung, Transformation und Integration, Portal- und Wissensmanagement sowie proaktive Analyse und Visualisierung. CA wurde 1976 durch Charles B. Wang in New York (USA) gegründet und zählt heute zu den größten Software-Unternehmen in der Welt.

Die Geschäftsstrategie von CA orientiert sich an der Integration. Durch die Verknüpfung bewährter und innovativer Technologien schützt CA die Investitionen seiner Kunden in Informationssysteme und Mitarbeiter. Die Offenheit und Erweiterbarkeit der Software-Lösungen erlaubt es, vorhandene Technologien weiterhin zu nutzen und im Zuge der Weiterentwicklung des eBusiness neue Technologien zügig einzuführen.

Cas moderne Informationsmanagementlösungen ermöglichen ein integriertes Management zentraler Geschäftsinformationen und deren Nutzung für neue Geschäftsmöglichkeiten. Sie umfassen aufeinander abgestimmte Portal-, Knowledge-Management-, voraussagende Analyse- und Visualisierungsfunktionen. Jasmine ist die eBusiness-Plattform für die umfassende Integration von Geschäftsprozessen, Anwendungen, Datenbanken, Partnersystemen und Daten. Mit Jasmine Portal können diese Informationsquellen zusammengeführt und den individuellen Anforderungen entsprechend personalisiert werden. Mit Hilfe der Neugents-Technologie – das sind auf neuronaler Netzwerktechnologie basierende Softwareagenten – ist es außerdem möglich, durch die Analyse von Daten aus früheren und aktuellen Transaktionen eines Kunden Geschäftsergebnisse zu prognostizieren.

CAs Infrastrukturlösungen gewährleisten ein effizientes Management der Kerninfrastruktur und einen stabilen und sicheren Geschäftsbetrieb bei der Anbindung von Kunden, Lieferanten, Partnern und Mitarbeitern. Die eBusiness-Infrastruktur ist das Fundament des eBusiness. Sämtliche Ressourcen – von konventionellen IT-Ressourcen bis hin zu drahtlosen Geräten – können in zusammenhängender, integrierter Weise verwaltet, gesichert, gesteuert und überwacht werden, damit das eBusiness rund um die Uhr verfügbar ist.